U0129416

出版人瑣記

彭 正 雄 著

圖書與資訊集成

文史哲出版社印行

國家圖書館出版品預行編目資料

出版人瑣記 / 彭正雄著. -- 初版. -- 臺北市：
文史哲，民 109.06
面： 公分 （圖書與資訊集成；29）
ISBN 978-986-314-510-3 （平裝）

1. 出版事業 - 臺灣 2.兩岸交流

487.7　　　　　　　　　　109013775

圖書與資訊集成　　29

出 版 人 瑣 記

著　　　者：彭　　　　正　　　　雄
出 版 者：文 史 哲 出 版 社
http:// www.lapen.com.tw
e-mail:lapen@ms74.hinet.net
登記證字號：行政院新聞局版臺業字五三三七號
發 行 人：彭　　　　正　　　　雄
發 行 所：文 史 哲 出 版 社
印 刷 者：文 史 哲 出 版 社
臺北市羅斯福路一段七十二巷四號
郵政劃撥帳號：一六一八〇一七五
電話886-2-23511028・傳真886-2-23965656

實價新臺幣四五〇元

二〇二〇年（民一〇九）六　月　初　　版
二〇二〇年（民一〇九）十月修訂再版三刷
二〇二二年（民一一一）二月十七日修訂三版

出版人瑣記

目　次

自　序

　　一九六二年二月十七日投入出版工作，行將近一甲子，謹以點滴瑣記結集印行。

　　一九七一年八月一日星期日（辛亥年六月十一日）文史哲出版社成立，開幕當天我國宣告退出聯合國。余迄今自行經營從事出版也近半世紀，印行學術、文學、古籍圖書三千多種，及兩岸出版交流三十餘年。

　　一九七一年八月三日星期二，傳記文學雜誌社（出版社）發行人劉紹唐來電邀聘兼任編輯，余專案編印《菊園集成》及《近代史料叢刊》兩套書約三十冊，於兩個月之後辭職，專心經營發展自己的出版志業。

　　一九八八年十月以出版業代表政府試行前往大陸交流，行前簽證手續，需從日本辦理簽證後經由日本搭機飛往上海，我們參加上海書展，定位為「破冰之旅」，是出版業首度兩岸交鋒。前年二〇一八年是兩岸雙方交流三十周年，而一九八七年十一月七日開放老兵探親返鄉，並非實際交流。

　　一九八八年試行之後，方有一九八九、一九九〇年兩岸出版業大規模交流於北京，臺灣出版人二百位與大陸二百位出版

人大排長桌，於北京人民大會堂面對面對等交流座談會商。才造就後續一九九一新加坡官方對談(海基會、海協會)以及香港九二會談促成當時兩岸認同的「九二共識」。

　　吾從事編輯浸潤中國古籍，進出國立故宮博物院圖書文獻處、書畫處及中央圖書館（今國家圖書館）善本室數十載。對先賢智慧感佩，而個人對版本學的喜愛與興趣，自忖宋明清版刻有所識別，於版本板刻有所心得。曾編校「湘鄉曾氏八本堂」手稿手札《湘鄉曾氏文獻》中，發現《曾文正公（國藩）日記全集》短缺兩年日記百餘篇，居然是被層層棉紙裹包著兩小冊子《綿綿穆穆室日記》（現已寄存國立故宮博物院）。

　　由於古籍版次一刷再刷容易漏字，余明白瞭解古籍圖書的裝幀及印刷演進過程尤為重要，故親自排版編著《圖說中國書籍演進小史》一書，祈盼社會大眾能明白中國書籍演進始末，也對文化傳承略盡棉薄之力。

　　本書提供個人多年來出版及兩岸交流淺見，敬祈各界賢達批評指教。

彭正雄 謹識 2020.06

　　　附及：校對稿 —— 古籍朱印〔參見封底摺頁〕，用毛筆墨色校改；現今校對稿墨色刷印，紅筆校正。

壹、出版事業經營論述

出版事業經營緒言

　　我們的祖先發明了紙和印刷術，成為傳布知識的利器，對人類貢獻至大。又不斷加以改進，留下了在品質和數量上都很可觀的出版品。可是百餘年前，國力不競，在很多方面，提起歐美以及日本，都稱之為先進國家。出版事業也是如此。不過近幾年經濟持續成長，出版業也沾了光，好像很熱鬧，可是比起那些先進國家的出版業，也祇還能說是在開發中。也正因為如此，所以出版業的天地也就不小，換句話說，是有發展餘地，值得投入的。

　　筆者從離開學校，服完兵役，便投入出版業，至今已有二十七年。而自行創業，也有十八年。追隨諸先進之後，和同業以及相關行業人士時相往來，對經營之道，得益良多。又在業務上，經常接觸文教界人士，對出版事業的認識，日漸深切。有時跟僑胞和外籍人士往返，並多次出國觀摩，對外國出版事業，認為多有值得我們取法而力求改進的地方。由於目前還缺乏這類書籍，因而打算寫本小書，對初從事出版事業的同道，

也許會有些幫助。所寫不免有些老生常談，其中也不無千慮一得，還請方家不吝教正。

近幾十年的出版業，不能說不興盛，以不到兩千萬人口，出版社經常維持在三千餘家光景，比例是夠高的，不過規模都很小，而且不穩定，每維持不久。甚至有不少出版公司，才印出一本書便休業了。就是我們心目中的大書局，比起美日等國，祇能算中小型的。最大的原因便是人口少，讀書風氣不盛，市場太小。而出版業需要的資金則不算少，回收時間又久，從取得稿件，到印製，行銷，收帳，牽涉的行業很多，外行人投入，常感到處處不易著手。可是固然不斷有人失敗，卻又不斷有人加入。不過有一點要認清的，在出版界想站得住腳，很不容易。當然也有些白手起家，經營得有聲有色。可見事在人為，只要能辛勤從事，全力以赴，成功的機會必然很大。

想投入出版業，先要問自己，目的何在，試加分析，不外幾點：

一、興　趣

在學校時喜歡讀書，畢業了自己出版書，從工作中滿足自己的興趣，豈不兩全其美。不過經營事業，尤其在今天，不能用玩票的方式，必須全心投入。創業時千頭萬緒，各種問題會弄得你頭大。等摸出門路，事業順利，也不可能閒著。想要讀書，尤其讀自己感興趣的書，機會是太少了。然而也有可能在你自己所編印的書中，發現新天地，轉移了你的興趣。總之，讀書是業餘的，出版是職業的，凡是職業化了，想持續讀書計

劃，是不太容易的。

二、工　作

找不到適當的工作，乾脆想法湊點錢，自己做老闆。這得你能把出版業經營成功才行。還有要認清：做老闆比做伙計辛苦的多，而且要負失敗的風險，而出版事業失敗的機率很高。

三、事　業

自認為出版業能傳播知識，弘揚文化。也能賺錢，經營得規模越來越大，結果名利雙收。這種例子不是沒有，而且還不算少。可是那些從出版界敗下陣來的，就不知有多少人了。有些出版業的名氣越做越大，可是招牌沒有變，老闆卻變了好多次。

照這樣說，出版業就不能碰了。是的，前面也說過：事在人為。清張之洞有勸刻書說：凡有力好事之人，若自揣得業學問不足過人，而欲求不朽，莫如刊布古書一法。但刻書必須不惜重費，延聘通人，甄擇祕籍，詳校精雕。（新書不擇佳惡，書佳而不讎校，尤糜費也。）其書終古不廢，則刻書之人終古不泯。如歙之鮑、吳之黃、南海之伍、金山之錢，可決其五百年中必不泯滅，豈不勝於自著書、自刻集者乎？（見《輶軒語》，附於《書目答問》）

他列舉了鮑廷博、黃丕烈、伍長曜、錢熙祚等做例子，這些人不過刊印了幾十種到一兩百種書。然而多是罕見而實用，

而且慎選底本，鄭重校刊。如今我們還是常常用得著。張之洞說無五百年不泯，是很保守的說法。

　　今天從事出版業，以編印新書為主，要比選刻古書還有價值。經營成功了，不僅可以滿足興趣，得到極有意義的工作，而且創造了對社會和個人都非常有意義的事業。值得我們全心投入。大多數經營成功的出版業，開創時的規模也是很小，而都由一本書一本書的印，長期累積起來，才能漸漸成長。

　　我們要有克服困難的精神，越是困難多，風險性大的工作，越富挑戰性，值得我們去努力奮鬥。何況出版業是利人利己，引人入勝的長遠事業，有了基礎，便越做越有成就。

　　要是你不知道如何經營法，筆者告訴你一些在理論和實際上的經驗，供你作為參考。不過所寫的也祇是原則，而運用之妙，存乎一心；或是一些事例，會因時、地不同。主觀認識和客觀的環境有別，貴在通權達變，以謀適應。

　　　　發表《文史哲雜誌》五卷一期，1988 年 8 月
　　　　　　原題：〈出版事業經營法・一〉

出版事業籌備

要經營出版業，得先訂幾個計劃。最重要的是：一、經營目標。二、資金和人員。三、房屋。四、申請登記。今分述如下：

壹　經營目標

又可以分為：出版方向和行銷方式。

一、要出版哪一類圖書

如：科學技術、社會科學、人文科學、企業管理藝術、休閒讀物、兒童讀物等。也可以兼營若干類，甚至是綜合性的。

選擇類別，可以參考幾個條件。譬如：（一）是你的專長。（二）對這類書很有興趣，而有相當認識。（三）你看好了有銷路，或是作者行銷的管道。

剛開始時，銷路最重要。叫好而不叫座，必定會有挫折感。如果財力不足，便難以為繼。要是合夥生意，股東便會有意見。而書的銷路，很不容易預估。想打開行銷管道，也是十分不容

易的事。搞不好吃了倒帳，更會弄得血本無歸，所以最要慎重。

二、行銷的方式

美、日、韓等國對出版品，多是產銷分離。我們目前則多是產銷合一，也就是說出版社多兼營門市，當然也有些中盤商，不過沒有相當關係。新出版社的書，信譽好的中盤商不一定肯接受，信用不健全的中盤商，會有交了書收不回錢的情形。直接找書店經銷，對新創的出版業也有困難。生意好而又信用可靠的書店，不太願意經銷新的出版社所印少量的書。勉強收下，也會放到不容易見到的角落。而且送書和收帳也得人力。自己直接銷售，則須要店面、人員，和做廣告。如何決定一種方式，很不容易，後面會專門討論這一問題。

三、銷售對象

（一）是走大眾化的路線，薄利多銷。比較暢銷的書，可採這一方式。不過越是暢銷的書，在市場上的壽命越短。或是經常需要修訂。再就是很容易引起同業之間看了眼紅，出來打對臺，引起競爭。有時惡性競爭，兩（或多）敗俱傷，而新創辦的出版社，可供競爭的本錢是很有限。

（二）像前幾十年影印古書，除了五經、四史等要籍，或是大專院校用做教材的書，銷路較好，可是印的人也很多。大多數較冷門的書，銷路是很有限。印上二、三百部，十多年都不一定銷得掉。當然印這些書，利潤通常較高。可是在印出之

後，成本回收便較慢。而得壓在倉庫裡，管理和銷耗，也要加以預估。不過這些「古典」圖書；固然不能暢銷，卻也細水長流，能經常維持一定的銷售量。

（三）以上所說比較兩極化，事實上書的銷路不但難以捉摸得定，而且還會有變化。出版業的老手，有時都不免跌破眼鏡。那麼新鮮人就更得長期摸索，才能漸漸得到些門路。

（四）等到經營有了基礎，而自己有適當的門市，也可以經售同業或個人的出版品，就是所謂外版書。有些書會自動送上門來。這時便要能妥為選擇。原則是：可以謀利。內容有價值，以盡出版者的責任。能夠配合本版書的促銷。最好能三者或其中兩者兼具。

（五）筆者認為最有意義的銷售是外銷。我國經濟成長屢有佳績，可是出版品的外銷金額，始終微不足道。而本身的金額固然也有成長，可是跟其他產品的成長速度，又遠不能相比。其實出版品是智慧型的產品，可以提升國家的形象，增進外國人士對我國的正確認識。而且附加價值也高，是很值得開發的管道。

貳　資金和人員

依據法規，登記出版社的資金，祇要新臺幣三十萬元即可，祇夠印三兩本小書的。當然資金祇有下限，沒有上限限制。一般情形，實際的資本額都比登記的要高得多。

如果是規模較大的公司，募股、認股自然有一定的章程。

獨資經營，全由自己籌措，也很單純。每個人都不免有自己的意見，這些意見不一定能行得通，又常各人堅持己見。即使經過協調，能夠得到一個較為能為大家接受的結論，也難保不再發生變化，那麼又得協調。如此周而復始，不僅浪費精力，甚至會傷到和氣。

比較麻煩的是合夥的生意，如果由合夥人共同出資，共同經營。那麼成員都是老闆，勞資合一，應該是很理想的搭配。可是文人相輕，自古如此，於今為烈。

還有中國人的通性，易於共患難而不易共安樂。生意做了幾年，賠了些錢，甚至賠光了。常會哈哈一笑，大家還是好朋友。如果能有盈餘，盈餘又很多，那麼如何分配，便很難擺得平。常會有人自認為出力多，貢獻大。而且生財、存書的盤計，應收帳如何折算，都不易有一個大家都能接受的公式。還有繼續經營的方針如何決定，爭執起來，常會不歡而散。

獨資好像簡單，不過如自備的資金不夠充裕，而後繼的支援乏力。到借貸資金經營，那麼變得負擔利息，而金融機構把書看做廢紙，是不接受做借貸的抵押品的。向私人借錢，利息偏高。即使能向親人借到低利以至無息的款項，又得欠上不易還的人情債。

很多出版社，在創業時，常是唱獨腳戲，能有家人抽空幫忙，就算好的了。就是到業務開展以後，如果印的書不多，而且印的書比較冷門，也每見祇有一兩個人的。或是採家庭經營方式，由家人在從事其他工作餘暇，從旁協助。遇到工作較忙，臨時請幾個工讀生，也就夠了。

如果是合夥生意，而每一股東也都能參與經營，那麼志趣

相投，利害相關，如再能和衷共濟，自然比請別的人要好得多。可是要是意見不一，那就很難排解，嚴重些會拆夥，甚至翻臉。所以必須能尊重他人，而且要有一人長於調停折衷，才能順利經營。人多便可以分工合作。不過也不宜分得太清楚。以免有人因故不能到工時，他人也能代做，並立即進入情況。卻也要能相互切實聯繫，以免誤事。

唱獨腳戲的最簡單。大公司自然得講求組織。如果是三、五個人，不滿二十個人的小規模經營，不妨分為編審、印製、行銷、行政等工作。

編審人員負責稿件的徵集、審查、整理，以及付印後的校對等工作。要有較廣博的知識，對市場、銷路有相當的瞭解。而且對能寫稿的人，能有良好的關係。一兩個人的能力有限，必要時可請特約編審，以及臨時請人幫忙。

印製人員負責版面設計、美工、印刷、裝訂等。屬於技術方面多。既要能保持相當的品質，又要能價錢公道，還得能按時交件。必須精明能幹，工作勤快，才能勝任。

行銷人員要能認清市場行情，切實瞭解批發商，寄售的書店信用如何。還得有及時收到帳，卻不傷和氣的能力。現在人工難找，而報酬又高。又得自己做送貨員。穩健的開車技術，和吃苦耐勞的精神，是最基本的條件。

行政人員包括經理、會計、出納、事務等。都是為配合推廣業務的。固然各有其專業知識和經驗，不過也得對出版業務能有相當的認識。

如果工作人員是合夥人，要能和衷共濟，為實現共同理想而努力奮鬥。「二人同心，其利斷金。」（《易‧繫辭》）尤其

如今經濟持續成長，從大的環境說，從事任何事業，祇要對社會有需要、有裨益的，都會有發展。那麼成敗之間，便看各人能力高下，和投入程度如何了。

當規模漸大，一個人忙不了，家人又幫不上忙時，便得請人。請人得注重幾個條件：一是工作能力和工作精神；二是操守；三是親和力。條件好的人員，一定得付給較高的待遇，以免遭人挖角。如果不肯付出待遇，則祇能找來條件差的人，而條件稍好的，也不願久留其位，如此一來又得身兼新兵訓練班長。頻頻換人，不斷訓練新人熟悉工作，對業務的推展，影響很大。

叁　房　屋

經營出版事業，必須要有固定場所，而在依法辦理登記時，房屋是必備條件之一。

自己能有適當的房屋最好，不然便得租賃。事實上若干出版社在開創時期常利用自己的住宅。生活和工作在一個地方，省錢又省事，而且必要時還可請家人幫忙照顧。可是印的書稍多，便書滿為患了。大致三、五十坪的住宅，堆上三、五千本書，就到處都是書了。工作人員一多，也影響家人的生活起居。

租房子的押金、租金、裝潢、傢俱，便是一大筆錢，都得先打算好。而且租金是持續性的開支，通常的情形，祇漲不跌，累積下去，便很可觀。裝修和傢俱，都要折舊。押金多了，會壓住資金。而且得擔負利息和貨幣貶值的損失。

　　房屋的位置也很重要。如果兼做門市，得位於交通方便的街道上。或是學校附近，消費力高的社區。以出版為主的，則要顧及到和印刷、裝訂等工廠，經銷的書店等往來方便的位置。如果能鄰近郵局、銀行等，自然在日常業務上，會得到一些方便，也是值得參考的。

　　還有一些消極的條件，如書很怕潮濕，不僅不能在可能淹水的地方，而且低濕之處，如防潮處理不佳的地下室，也要避免。油氣重的餐館等附近，輒較遭易火災波及。老舊的房屋，易生蟲鼠。樓上不僅不便於搬運圖書，而且書籍很重，一般的樓房，多不耐過重的圖籍久壓。尤其遇到強烈地震，更易損毀房屋。

肆　申請登記

　　訂妥經營目標，籌足資金，安排好人手，找定房屋，不妨著手進行。可是還有一件必備的事，那就是依法登記。登記可分兩方面，一是出版登記，向所在地縣市政府新聞處申請；一是營業登記，向建設局申請。

　　申請時除須具備資金、房屋等證明文件外，對申請人的年齡、學經歷等，也有限制。雖說政府機構，不斷強調便民，你自己按照程序去辦，也一樣辦得好。不過有些手續，仍難免繁瑣，不如花點錢請會計師代辦。因為他們有熟悉手續的專人，經常辦理，便要快得多。你又可以省下三番五次跑腿的時間，反而划算。

　　祇要證件齊全，而且合乎規定，約一個月時間便可以辦妥了。編印圖書，也不是三五十天的事。祇要把申請書表，送到受理單位，經收文登記。就可以開始印書了，祇留下版權書，等收到登記證字號後，印上版權頁，即可出書問世了。

　　關於出版業的法令規章，登記用表件、登記的手續和程序等，以及注意事項，後面當專立一章，加以說明。

　　有了人員資金、房屋、人員，又依法登記，出版社便正式成立，可以推出成品了。而出版業的出版品主要是圖書。印行一部圖書，先得有稿件，經過印製，行銷，再不斷改進。出版事業就是如此成長的。

發表《文史哲雜誌》五卷一期，1988 年 8 月

原題：〈出版事業經營法‧一〉

出版品之編審

出版事業經營的成功或失敗，最重要的關鍵，端在所印行的書，是不是能夠既叫好又叫座。當然這種書不是沒有，而是很難找到。不然，至少能抓到一樣。叫好是指書的內容好，對社會有貢獻。叫座當然是銷路好，賺得多。不過雖然明知可以賺錢，卻違背法令規章，或是有害社會，便不應出版。大致在創業時，或是資金週轉困難時，宜印些銷路好的書，以厚植根基，充裕資金。等到根基穩固時，也應選印些明知沒有銷路，認定會賠本，卻是很有價值的書。以回饋社會，促進學術文化的發展，達成出版事業的使命。

出版業不可能羅致作家、著作人作為成員。那麼便得有些人負責約集稿件，慎重審查，細心整理，才能付印。當然有些書也可以自行編輯。這方面的工作，規模較大的出版業，可以成立一個部門。名稱有編輯部、編譯所、編審會等，也許工作重心會有些差異，實在所負的任務是一致的。本文名為編審，涵蓋面較廣。

稿件的來源

稿件的來源，約可分三種途徑：

一、自行編撰

　　若干規模龐大的出版業，編審部門人才濟濟，有些稿件，便可以自行編撰。像民國初年的商務印書館，編譯所的規模便很大。在高夢旦先生擔任所長時，羅致了不少人才，而且要求的工作量不多，一卻給予高報酬，像是辦研究所，著實培養了一些學者，如史學家左舜生先生，不久前去世的陶希聖先生都是。所以無論自行編輯的書，或是對外稿的審查，在當時都具有相當的水準。後來由王雲五先生任所長，調整經營方針，配合當時的社會情況、教育政策，力求普及化。舊人稍稍散去，有些到了中華書局，有些創立開明書店，都各有成就。其影響之大，可想而知。

　　自行編譯有幾項優點：

　　（一）內容、體例、品質，時間都易於控制　　因為在編譯時從策劃、進行，到修訂、檢討，都（或多）是自己人。祇要人事健全，協調得宜，要比託付給局外人，更便於掌握。

　　（二）易於保密　　你想編譯的書，同業也許看上了。自己關起們來編譯，外人自然不容易探聽清楚。如果採用外包，固然也可以要求保密，總是較難控制。要是競爭性激烈的書，即使自行編印也得嚴防產業間諜。

　　（三）可以訓練人才　　像上述的商務編譯所，在編譯工作之外，也造就了不少人才，在質和量上都很可觀。就這一點來說，不論對自家，即使對社會，貢獻也很大。如果由外包，參與人員自然也可以從工作中得到進益，不過其效果自然不能和制度建全，有計劃的訓練相提並論。編譯人員的水準提升了，

不僅可以相對的提升所編譯的成品，以提升整個事業的形象。而工作人員從工作中得到進益，自然也提高工作興趣，增加向心力。如此循環下去，實在是事業經營成功的重要因素。

不過自行編譯也有其缺點：

（一）人才不易羅致　圖書的內容，五花八門。尤其今後的出版品，趨於窄而專門，出版業不可能一一羅致能適任的人員。即使請到了，又不能持續出版下去，於是不易人盡其才。

（二）不易管理　文人相輕，自古已然，於今為烈。幾乎人人都自覺有根通天梯，誰也不肯服誰。出版業的一大目標，是在追求利潤，自然不能和學術機構或大學相比。多數情形下，常要計日程功，而所擔任的工作，又需受某些規範強制約束。有時又得多人協調一致。有成就的老手，要他們屈己從人，固不容易。現在年輕人雖然每高倡自由意志，獨立思考，也難以駕御。如果不能有能折服眾人，善於協調，而又能任勞任怨，盡心負責的人主持。結果難免是一盤散沙。甚至誰也不服誰，以至抵消了各人的力量。

有一家經營很成功，規模也很大的出版社，很得力於廣交學術、教育界，約集了不少叫好又叫座的外稿。可是在自行編輯一部大書時，便因為主持人對參與人員，領導能力不夠，以致曠日持久，貽誤市場機會。內容比起同類的書，也並不見得出色。當然以目前的的環境，大部頭的書，是不能外包的。這裡衹是想說明自行編譯也有其困難之處。

（三）費用偏高　自行編譯，得多備工作人員，還得有適當場地、設備，以及所配合的行政人員和管理費用。人手少了，不敷調配。人手多了，工作上的淡季時，又難免閒置，或是不

能用其所長。

　　（四）缺乏彈性　有時遇到需要趕工的大量稿件，既有人力不足以應付，如進用新人，則在短期內未便能進入情況。趕工告一段落，如何辭退，多少會有點困擾。

　　（五）今後勞工權益，必然愈來愈受重視　這固然是好事。可是依據若干國家的經驗，往往工會會從中把持、要脅，甚至有外力介入，常會對業主造成一些不必要的困擾。所以公司行號，以至政府機關，常把若干工作外包，如小至環境維護，大至電腦操作處理，以減輕用人的麻煩，和對工作量的彈性需求。

　　事實上目前臺灣地區的圖書銷售量很有限，出版業的家數又多，所以規模都不大。多數出版社不僅沒有編輯部，甚至沒有專人處理編務。規模較大的，人手也不多。遇有需要時，或是邀請特約人員，借重其專長。或是招請臨時人員，或是工讀學生。事先約定，工作告一段落，或是到一定時期，便解除賓主關係。所以除了大部頭的書，如百科全書、辭典等，需要集中工作，才成立臨時編組的編輯部門外，即使是幾十本以至幾百本的套書，也多是擬訂計劃後，分別邀請特約撰者編寫。像早年商務編譯所的規模，一般是無從成立的。

二、外　稿

　　自行編撰圖書，既不容易，那麼祇有採用外製了。這也可以分做幾種情形。

　　特約稿件。擬定編譯計劃之後，如可加以分割，像是套書，

便可分請具有不同專長的人來撰寫。有時找到極具新聞性而看好可以暢銷的外文書，在取得原書（有時利用關係，甚至取得校樣。）便立即撕開，分請幾個人趕譯，隨譯隨排，負責任些的出版社，利用校對時，稍事統一譯文。這樣中文本可能和原版同步印行，甚至搶在原版書之前問世。如果自家翻譯，是很難趕工到這麼急的。

不過特約稿件事先得充分溝通，稿件能儘量符合，至少是接近約稿人的意旨。要是相去過遠，雙方便難以處理。除非過分離譜，一般情形下，特約稿件是不能退稿的。這一點事前得特別注意。必要時，情願雙方立下較明確的書面協定。

尤其在時間上，特約稿件每不易掌握。要是一次發行的套書，祇要是其中有幾位，那怕祇有一位拖著不交稿，那你再急也無可奈何。可是不能按期出版，在商譽上的損失，是出版社的事。

所以找人寫特約稿件，除了撰稿人的程度，對所要寫的書這一領域是否內行。是否負責任，不延誤時間，也得考慮。不要他接受了約定，不當回事，催急了，草草完卷，這種人還不少。還有一種情形，所約定的人名氣很大，接了約定自己不寫，找他的學生或是助理寫。如果他能託付得人，善為督導，完稿後又能切實加以校改。那麼和親自動筆也所差有限。就怕隨便抓個人，寫的時候不管，寫好也不認真看。而且把稿酬乾吞了大半，對實際上的撰寫人很刻薄。那麼寫的人即得不到利，也不用具名，還肯用心寫嗎？

所以找特約撰稿人，如果沒有什麼直接的瞭解，最好能找可靠的介紹人，作為中介，比較容易達成目的。

三、徵稿、投稿

約稿是由出版社事先請人撰寫特定的稿件。徵稿則是透過傳播媒體，短期的或長期的徵求稿件。最常見的是有些雜誌，在刊物中較顯著的地位，刊布稿約。有的作者便依稿約寄去稿件，這種稿件，品質高下不一。不過編審有裁量權，不合用的便可退稿，不像特約稿件那樣受限制。可是要注意，既是徵稿，最好是「園地公開」，不宜形成小圈圈，那豈不失去徵稿的意義了。而且這麼做傳開了，好的稿件不肯投進。所收到的多是不合用的，徒然增加處理上的負擔，反不如不徵稿省事。

因為目前的出版業規模多很小，除了大專教科用書、小說等類之外，出版社少有公開徵稿的。不過也會有的撰稿人，寫了稿件，卻找不到適當的地方印行，於是自行向出版社接洽；或是透過關係人介紹。那麼出版社的裁量權更大。如果沒有適當的介紹人，以目前的情行，肯接受作者投稿的出版社更少。

不過對這些稿件，如果內容有價值，對社會有益處，實在應有出版社接受，以鼓勵撰稿人，提升社會水準。可是市場既小，出版社的資金多有限，有時也感到心有餘而力不足。應該由政府或基金會來從事這類極有意義的工作。有幾家報紙，祇是偶而或定期的徵求文學作品。至於學術性著作，編譯館可以接受一些，詳見下文。

四、審　稿

有了稿件，不一定都能付印。不論是自行編譯的，或是特

約的，徵求到的，以及自行投稿來的，都得加以審查，這樣才能保持出版品的水準。消極的，避免印些不成熟的，多錯誤的，規格不合的書；積極的，則在建立以至提升出版社的形象。

較精密的審查，要經過下列程序：

（一）**初審**　大致看看內容是否太差，是否合於出版方針。通過了初審，才能進入複審。複審先審查內容。

（二）**審查內容**　最重要的是看是否充實，有沒有重大的或太多的錯誤。尤其是違背以至牴觸法令規章，或是有害社會的地方，要特別留意。審查人如果有意見，最好以書面寫出，以供修訂時參考。

（三）**審查結構**　如章節安排是否合理，章節名稱是否和內容相符而足以涵蓋。如果是學術性的論文，是否合於一般的格式、規範。

（四）**審查文字**　文字是否通順，所用的詞句，是否適合讀者閱讀。進而對記敘的文字，求其簡明流暢。如是文學作品，求其優美感人。如是說理文字，則重在結構嚴謹，且有說服力。

審查人更得是行家，而且能心細、負責。既不會苛求，更不能放水。否則，不是失去了可用的稿件，便是收下了不值得出版的稿件。這對出版社都是應行避免的損失。

重要的稿件，有時得開會審查。再交一位或幾位專人負責。所提出的審查意見，不妨再由會議通過或再加修訂。事實上規模不大的出版社，常請一個人負全部審查的責任。遇到較專門的稿件，則請特約人士審查。

稿子經過審查，而有審查意見，最好是能由審查和撰稿人當面溝通。親自或託人說項，請高抬貴手。審查人不肯接受，

難免得罪人，對審查人和出版社，都會造成困擾。如果受到請託的影響，則不免失去付審的本意。因此對審查人有保密的必要。

　　政府機關和學術單位，對有些稿件在審查時也強調保密，不過有的做得稍為認真，有的則徒具形式。倒是出版界，有些聲譽卓著的同業，對審查人的保密工作，做得真是周到。不僅在把審查意見交給撰稿人之前，先行打字或重抄，以免撰稿人從字跡認出審查人。從作業開始，由總編審決定請何人審查，而自行寄發，審查畢自行收件。最多祇有一個信得過的助手經辦。甚至審查費也由總編審具領轉發。其中還有扣繳所得稿稅問題，稅依法扣繳，不過由出版社承擔，以免由承辦會計，以至稅務機構得知審查人，真是做到密不通風。

　　審查的態度要客觀公正，不宜偏私，尤其要能不迷信權威。不能因為某人名氣大，能挖到他的著作，便當作寶貝。名氣大的人，成年東拉西扯，到處作秀，學生心目中的所謂秀鬼。講來寫去，老是那一套。忙得沒有工夫吃草，自然擠不出奶，勉強擠出一點，祇好多加些水，定然淡而無味。或是找學生、助理代筆，做槍手。前些年流行從香港或日本弄兩本大陸出品照抄。倒楣的也有給人揭開了的。近幾年大陸的資料逐漸開放，此風稍戢。

　　還有這些所謂名家，有的也多少讀過點書，本本分分，也許不失為尋常的知識份子，卻要以大師自居，肚子裡又沒有貨色，不是大言不慚，放言中國文化如何，西洋文化如何？再不然拾人唾沫星，翻來覆去，無非祇是些雞毛蒜皮。甚至動用剪刀漿糊，竊取他人的陳說，拼拼湊湊，倒也著作等身。從事出版事業，切不可為他們的虛名所迷惑。

　　倒是那些初出道的年輕人，如果腳踏實地，實事求是，寫出來的稿子，見解也許不夠成熟，卻也不無可取之處，則很值得鼓勵。出版界也可以利用機會，培植年輕人奮發向上，要比浪費紙墨，印些所謂名家的華而不實的作品要有意義得多了。培養新作者比邀請成名的作者要多費心血，不過很值得。

　　稿件經過審查，如果不合用，便應及早退稿。退稿總是不愉快的事。可以附一函件，懇切說明未能採用的原因。對於錯誤和缺點，不妨據實指出，而語氣要力求委婉。不過對一些自負甚高，不肯察納雅言的人，則宜避免給他借題發揮的機會。

　　至於可以採用的稿件。對於審查意見，不能照著改。而應和作者磋商，請他參考修訂。他如果不肯接受，或是祇肯接受一部分審查意見。那麼最好能再協調溝通。如果原著者有理由，自然應予尊重。如果是見仁見智，也不妨尊重原著者。甚至原著者堅持雖錯也不改，祇要不甚嚴重，也不宜強其要照審查意見去改。因為著者對所寫的文字，應負的責任總是最大。

　　其實最好的辦法，還是審查人能和原著者直接溝通意見，真理愈辯愈明，能集思廣益，總比獨學無友好。梁啟超寫了《墨經校釋》，送請胡適過目，胡適認為梁氏所採用的方法是錯誤的，根本不能成立。梁啟超毫不以為忤，把胡適的意見作為附錄，並希望胡適能以自己的方式討論墨經，讓他也能提供意見，以互相切磋。可惜胡適祇破不立。馮友蘭的《中國哲學史》寫成之後，在出版前曾經兩人審查，其審查報告對馮著褒貶互見，馮氏並未照改，而有答辯。這兩份審查報告，成為中國哲學史的附錄。是閱讀馮著以至研讀中國哲學史的重要文獻。這些都可說是學術界的佳話。

　　如今有些機構，對所處理的論文，經過審查之後，祇採用其總評或評分，決定是否通過。而審查意見則存查了事，對原著者「保密」，以免惹起爭議。這就太過分，失去付審的意義了。

　　審查人如認為稿件可以採用，然須加以修改，最好能請原著者自行修訂，以示尊重著作人。如今有些稿件是趕出來的，寫成後無暇再看一遍。即使不經審查，請他自己看，也會加以修訂的。無論如何，作者對自己寫的稿子，瞭解總是最深。除非他是新出道的，或是以外行的身份撰稿，再不然就是不負責任。

　　除非不得已，盡量避免逕行修改稿件，即使事先聲明，甚至訂在契約，也還是以提供意見，由作者自己改。有兩位老朋友，甲主編雜誌，向乙約稿。而甲把乙的稿子改了再發表。結果使得乙大不高興，由好友變成了仇敵。乙的理由是：你向我約稿，我應約交稿，你如有意見，可以提出商榷，或是退稿。如今你改了我的稿子，成為你的意見，卻用了我的姓名，這不可以的。固然這份雜誌的稿約，是訂明對來稿可加以修訂的。然改稿雖不違規，卻不合情理。

　　所以交付審查時，尤其是要審查到文字，最好以影印本給審查人，以免改動原稿，引起爭議。而且也可避免萬一遺失原稿，文章是自己的好，對原著者就難以交待了。

伍、標　購

　　稿件的來源，在自編和徵稿之外，還可以標購。目前經常

有稿件標售的，是國立編譯館。該館為了學術界人花了心血，寫成論著，卻找不到適當的地方出版。祇要合於該館的要求，經過該館審查通過，便付給稿費，目前是每千字四百元買斷。該館則在公開標售，底價是千字一百元，不足之數，由該館支付。如果標售的單價超過底價，撰稿人也不得提出任何要求。事實上的標價約在二百元上下，而超過的情形則很少。編譯館是認定做賠本生意，為的是補助學術性著作能有機會出版。還有標售不出去的稿件，則再由該館編印入「中華叢書」。不過該館希望能有出版業標去，而並不希望自行出版。

　　這就為出版業開闢了一項稿源，不僅在稿酬上可以節省近二分之一。而且徵稿、審稿等工作，都由編譯館做了。在出版時，得記明是編譯館審定的稿件，這對大多數的出版業來說，可以提高出版品的水準，當然也可以提高形象。祇是學術性的著作，銷路不大，稿酬雖可省些，仍然是一筆負擔。而且編譯館所收到的稿件，也許有相當的水準，卻多是沒有什麼銷路。因為如今銷路最好的學術論著，不外是能做大專院校的教科書，或是高等、普通、特種等考試等用得上的書。至於適於一般人閱讀而能有點銷路的書，常是找好出版者才動筆。或是自己比較容易找到人肯出版的。所以交到編譯館的稿件，通常都是沒有什麼銷路的，不過該館審稿能維持相當的水準，所以不夠成熟的學位論文之類，是不易進入這一範圍的。

　　編譯館所收，限於學術論著，對協助學術發展，有其貢獻。如果能有基金會或是政府機構，如行政院文化建設委員會等對於文藝創作，內政部等機構對於地方文獻，也能比照編譯館的

辦法，設立各種基金，那麼也可以補助若干有價值的著述得以印行，而作者的心血，也不致落空。當然先決條件要能很公正的審稿，以免像有些公設的高額獎金，讓人有發放養老金的感覺。

六、借　稿

大約從民國四十五年起這三十多年間，臺灣地區大量影印古書。估計所印的古書，當在兩萬種以上。不僅提供不少實用的、罕見的古書給學生、學者、圖書館，也行銷到歐美、東亞，以至中國大陸。有些出版社專門影印古書，而在民國五、六十年間，影印古書所佔出版品的比重頗大。而對這些古書，多祇是照原本影印，便無所謂編審了。當然選印那些書，也得摸清楚行情才行。

古書雖不必編撰，底本如何取得，則需要費些工夫。

臺灣原有的藏書不多，所藏也多是較為習見的書，版本又不夠好。三十七、八年從大陸來臺人士，讀書人固有一些，然在兵荒馬亂之際，能帶古書來的則不多，而且出版業也不容易接洽到。香港、日本，以至牯嶺街，後來的光華商場，也有些古書交易，不過可遇而不可求。

所以影印古書的底本，大部分得向圖書館借。當然不能白借，這也有成例可援，如抗戰前中央圖書館主辦影印四庫全書事宜，先印珍本初集五百部，由商務印書館承印。商務以影印本三十部贈予政府，中央圖書館代表接受，用於交換外文書籍。在這之前，商務編印《四部叢刊》《百衲本二十四史》等，所據底本，除部分採自涵芬樓收藏外，都是借自國內外公私收藏。有些私人藏書，如不透過適當關係，並給予優厚條件，是難以借到的。當時的條件如何，

還未看到有文獻記載。

　　臺灣地區的收藏機關，有的訂有借印辦法，如中央圖書館、臺灣大學等，要贈送影印本十五到三十部，僅以印製成本來說，負擔不是很重。有些機構，用這些影印本贈送給外國的圖書館，或是交換出版品，這樣影響還不算大，因為如不贈送或交換，這些圖書館未必肯花錢買。有的單位把贈送的影印本和國內出版商換書，這就影響到銷路了。影印一般古書，通常一次印二百到五百部，銷上兩三年，不一定能收回印製成本。過上十年，也不定賣得完。先佔去了三十部的市場，對出版業的負擔，其沈重可知。

　　影印古籍，自不必經過審查，卻必須能妥加編選。其原則仍不外是書的價值高，可以服務讀書人。銷路不錯，可以不致壓置成本太久。

　　不論稿件的來源如何，在決定採用後，付印之前，必須加以整理。因為作者在撰寫時，不一定對印製圖書的各項要求，都能充分瞭解，而能密切配合。而有賴編審以及印製部門的人員，以其專業常識，加以整理，才能付印。

　　即使是採用印成的書或古書，加以影印，也還得經過整理的工作。因為成書在印製時，也許不一定合於正常規格，又難免有缺頁，裝訂錯誤，殘損的地方，都須經整理，才能發現，而加以補正。所以整理書稿，也是編審工作中的重要過程。關係到內容的地方少，而多是技術方面的。所以從編審這一章分析出來，另成獨立一章，加以敘述。同時也強調其重要性，以引起從事編審工作的同道重視這一工作。

發表《文史哲雜誌》五卷一期，1988 年 8 月

原題:〈出版事業經營法‧一〉

出版品整稿與標紅

　　稿件通過審查之後，便可正式簽約印行。簽約牽涉到撰稿和出版者兩方的權利與義務，以至若干法令規章，還有稿酬等，留待後面再加說明。

　　審稿通常注重內容是否正確、充實，結構是否合理，文字是否通順，甚至銷路如何。所考慮的層次都較高。而整理稿件則偏於形式方面，使得在印製過程中易於進行，把所會發生的問題先行解決，以免造成困難，甚至錯誤，而難以解決。層次上雖較審稿為低，然而也是必須注意，不可忽略的步驟。

壹　整理稿件

　　因為有若干情形，稿件必須要經過整理。

　　一、撰稿人對印書不一定很內行，有人寫出的書未必都能合乎適宜於印行的要求。且舉例如下：

　　1.塗改挪動得太多，有時改來改去，刪除了又要保留。再次刪除、保留。成段的挪動，甚至中間隔了幾頁，排版時很容易發生錯誤。如果編輯人員能看得清楚，不妨加以注明，甚至對印刷廠人員說明。如果實在看不清楚，情願請作者說明，甚

至另行謄清。

2.兩人以至多人合寫的稿件，事先未能協調好，以至組織上，如章節項目的排列方式不一致，便須加以劃一。不然等到排好，校對時再加改動，便要麻煩得多，以至增加成本，多費人力、時間。如果印好了，想改正都來不及了。

3.即使是同一個人寫的稿件，要是時寫時停，或是幾種稿件夾雜著寫，也難免有前後不一致的情形。要是把幾篇論文編成一本書，更容易發生這一現象。甚至同一段話，幾篇文章都寫上一遍，雖然有繁簡之分，在各篇分別獨立時，也許有必要。合成一部書，便不宜於重複了。

二、本文之外，如章節，是否連續。如果僅是序數有脫誤，改正起來還很容易。要是把章節混作正文，那麼改正時便得多費手腳。因為通常章節都是佔到兩行以至多行的空間，往往要挪動很多版面，以至頁次。而挪動太多，常會發生錯誤。在兩種情形下最容易產生把章節混入正文，一是章節寫在增補的部分，位於天地頭或欄外。一是本來不想分章節的，完稿後才想在某一位置加分一個章節，而祇好用小字寫在行間。

我建議撰稿人最好在章節標題的上方，用紅筆標出，或者就用紅筆寫。

三、附注，如果附注隨著正文一起寫，便容易一致。可是有的作者，會在寫正文時祇寫明「注幾」，等正文寫好，再寫附注，這樣便會把附注的序數寫得重複或是跳號。這在校對時還不難改正。要是正文標明附注，在寫附注時沒有發現，因而漏寫，而這一附注的文字又較長，排好再增補，便又得挪動版面，因而產生錯誤。

　　我建議寫稿的人，能在附注上方或是旁邊，用紅筆做記號，或用紅筆在正文寫附注數字，這樣排版時便會特別注意，而減少錯誤。

　　寫稿的新手，常會輾轉附注，如注九，說見注六；到注十八，又說見注九；注二十四，再說見注十八。這樣，讀者如要查注二十四的說明，得輾轉查上四次，才能找到。很是麻煩。

　　還有附注的數目字，宜採用阿拉伯的記數法，而不用十、百等字。如十五寫成一五，六十寫成六○，八十一寫成八一，一百二十三寫成一二三。有的作者，會兩種寫法都用，那更得加以劃一。

　　當然整理稿件，也不能一一去查閱正文和附注是否一致。不過可以抽查，或是每一章節查一兩條，或是每隔幾條抽查一條。

　　四、整理稿件，好像祇是在形式求其整齊劃一，做點審稿人所不注意，或是不屑於留意的地方。其實如果能以審稿的態度去整理稿件，不僅可以預防在印製校對時的困擾或是錯誤，更能提高出版物的品質和出版社的形象。

　　譬如有些學術界人士，到晚年甚至身後編全集或論文集，往往在事前為了事忙，無暇整理。等到校對時，發現幾十年前的著作，已不合時宜，例如有些新的資料未能採用，新的說法未能加以討論。甚至自己的著作，前後也不一致，以致互相矛盾。於是大改特改，弄得已排成的版改不勝改，無法利用祇好重排。這種稿件，自不宜採用審查的方式，甚至是爭取到的。可是不妨請專人用整理稿件的形式，對作者提出一些建議。祇要是對的，應當會接受，這樣便可以在事前加以改正。如果不

肯接受，那麼在校對時自然不好意思再大事改動。至於所提出的意見，真的有價值而不為作者接受，固然不好便因此而退稿，不妨出版後以書評的方式發表，以供大家公斷。我們尊重作者，可是更愛真理。如果是見仁見智，各有所據，也可以愈辯愈明。

出版事業固然是要為學術界、社會人士服務。尤其撰稿人，更為出版業所依賴，甚至可說是衣食父母。不過如能對作者加以激勵、幫助，那麼意義更大。特別在審查稿件和整理稿件上。至於新出道的作者，可以說是一種教育。真正肯上進新出道的作者，會以這種出版社肯接受他的稿件為榮。而自大自傲的作者，也不妨用這一方式加以淘汰。那麼出版社的形象也就可以提高了。

稿件經過整理，便可印製了，可是在印製前，還待有些工作要做。

整理好的稿件固可以印製，可是也不一定就緊接著要交付印製。還得看整個的出版計劃，譬如資金是否充裕，是否是行銷季節，印刷業的營業情形。像每年春夏之間，是印製中小學教科書的熱季，印刷廠的生意正忙，如果不趕著銷售，不妨留到印刷業的淡季再印，可以減輕些成本，在人力上也容易配合。

可是已經審查通過，又整理好的稿子，也不宜壓得太久，以免失去時效。對作者也可以早日有個交待，以免等得太久，增加約稿的困難。有一家很有規模的出版業，積壓稿件出了名，作者都怕跟他們打交道。不過因為背景特殊，而且透過某些管道，印製的速度便可以特別的快，遠不是一般的出版社所能比得上的。

稿件在交付印刷之前得經過「標紅」。

貳　版式與標紅

標紅是編輯和印刷上的術語，意思是在要付印的稿件上，標明板式、行格、字體等。習慣上用紅筆通注，所以稱為標紅。

一、版　式

是橫排還是直排。不過在寫稿時，宜先決定是直排還是橫排，寫時即用同一式的稿紙，這樣排時便比較方便。如果稿件橫寫而直排，雖然也可以排，可是總不如用直行的稿紙寫好排。有時為了需要，還有橫本，就是寬比高長。或是方本，高寬度相等。

二、版面的大小

如今最通行的是二十五開，較小的是三十二開，十多年前很通行。較大的則是十六開，比三十二開加倍。一般的整張報紙是對開大小，印好時對折起來便是四開。再對折兩次便是十六開了。不過印成書，在裝訂時要切去一些紙邊，所以比折起的報紙要小些。再具體的說：二十五開的書是高二〇·八公分，寬一四·九公分。

如果有較大的圖表，最好用版面較大的書，以避免用摺頁，裝訂時既麻煩，看起來也不方便。而開本大的書，每頁容

納的字數也多，這還不完全是因為版面大。如二十五開，一般的情形，每頁可排七百二十字。如果是十六開本，每頁可排一千四百字。所以版面的比例是一倍半，而容納的字數則約是兩倍。

縮印字較小的書，為了減輕單價，採用四頁合一頁的方式，甚至採用十二開本。如鼎文版的《點校本二十四史》，祇有二十四本，如印成二十五開或三十二開，便得裝訂成一百本，印製成本相差到一倍以上。

不過開本太大，攜帶不便，通常用以印畫冊、地圖等不必常攜帶的書。至於開本小的書，則便於隨身攜帶，如人人文庫、三民文庫之類，都用四十開本。甚至如基督教的《聖經》，每把其中常讀的〈約翰福音〉等印成六十四開本。

書的開本大小，可視字數、內容、用途等決定。

三、行　格

這是版本學上的術語，意思是古書的每葉（雙面）或半葉（單面或今說為頁）多少行，每行多少字。古書多是雕板印刷的，不同時代刻內容不同的書，常採用相同的行格。如五代和北宋所刻的經注，是半葉八行十七字。南宋黃唐在浙江所刻的注疏合刻本群經，也是八行十七字。後來有十行本，便是清阮元在南昌所重刻的底本。明代李元陽在福建所刻的《十三經注疏》是半葉九行。所以鑑定版本時，可以參考各書的行格以考定其時代。清人江標便編有宋元本行格表。搜集了許多宋元兩代的刻本，和明代覆刻的宋元本，影寫宋元本。按照各書的行

格多少排列，很便於參考。

　　如今排印的書，行格多少通常是和版面大小成正比，和字體大小成反比。

　　以二十五（二十四，或菊十六）開本為例，用老五號字排（電腦一〇‧五 PT），通常每頁排十六行，每行四十四字，以排滿計，每頁共計七百〇四字。如果用新四號字（電腦十二PT），通常每頁排十五行，每行三十八字，每頁共計五百七十字。十六開本和三十二開本，行格便有增減。

　　不過採用同樣的版面和字體，行間的距離大小，也影響到行格。譬如上述二十五開排老五號字，排得密些，左右的空白小些，每頁也可排十八行。每行字數則增加有限，最多祇能再加三兩個字，再多天地頭便太小了。如果行間距離大些，也得排十四行，再大版面就不好看。當然還有一個法子，便是在行間加直線，仿照古書的格式，可以祇排十二行。至於每行字數，也祇宜減少三五個字。要是採用打字影印，也可增大字間距離，可是版面不好看。不過如今採用照像打字或是電腦打字，可是把字體拉長到四分之三，就是像長宋字，那麼一行的字數便可減少四分之一了。

　　印製書籍若採用打字排版，打字版面要印上行格，且以水藍色或淡灰色為宜，一方面書眉、頁碼容易對齊，另方面照相製版時不致感光連同文稿一同印出，而增添修版麻煩，如此可求印刷品質更近鉛印排版的效果。（**如附圖**，文史哲出版社設計傳統打字版面紙）：版面未滿，無行格可依，書眉、頁碼的位置，不易取齊。

　　決定行格，要看書的內容、字數，讀者的年齡，以及成本、

銷價等。

　如果是長篇小說，行格宜較密。排今體詩（絕句、律詩等）

附
圖

書名	編著者		出版地	出版社	頁數	備註
通治群經必讀諸書舉要	馬　浮	77	臺北	文史哲出版社	三四	
校正書目答問補正	柴德賡	77	臺北	文史哲出版社	二六三	
研究中國歷史的重要書籍簡目	張舜徽	77	臺北	文史哲出版社		
研究國學應讀之要籍	張覺治	77	臺北	文史哲出版社	三〇	
研讀群經的重要書目	王靜芝	77	臺北	文史哲出版社	一二	
國學書目舉要	熊公哲	77	臺北	文史哲出版社	五六	
中國文學系各科參考書	宋珊宗增輯	77	臺北	文史哲出版社	二〇	
經解要目		77	臺北	文史哲出版社	一三	〃
諸子要目	日・池田四郎次郎	77	臺北	文史哲出版社	一二	〃
支邢學入門書略解	日・池田四郎次郎	77	臺北	文史哲出版社	九〇	〃
近三百年來國學入門書目彙編	王志成	77	臺北	文史哲出版社	一六四	〃

於「近三百年來國學入門書目彙編」內

編（八冊）

二、古書讀法及研究法類

書名	編著者		出版地	出版社	頁數
古醫讀校法	陳鍾凡	54	臺北	商務印書館	一四七
古書校讀法	胡樸安	68	臺北	西南書局	一三四
古書讀法略例	孫德謙	57	臺北	商務印書館	三七二
古書今讀法	胡懷琛	50	臺北	臺灣啟明書局	五七九

關於國學概論的參考書

文史哲出版社　　　　直打　　5×17行
　　　　　　　　　　　　　　2.75×44字

而又沒有注解，行格宜疏。長篇鉅製，行格宜密。不到十萬字，以至三兩萬字的小書，行格宜疏。兒童讀物，要用大字，寬行。成人讀的，可用通行的五號字。老人視力漸弱，也宜用大字。

標紅對行格，不僅是每頁固定的行格。還有各種標題所佔的行數。有些出版者，喜歡把引用文字前後各空一行，其實沒有必要。曾見有的書，引用了很多簡短的文字，形成一頁之中，空白的行間太多，版面行格難看。通常對引用文字，採用低格的方式。有的一律低三格，有的低三格。有的低三格外，每段第一行再低兩格。有的祇一律低兩格，不過易於和每段開頭一行相混。有的甚至要低四格，不免太多，祇宜用於十六開本。

章節的標題，都是單獨佔行的。再下去所分的項目等，有採用階梯式的，不過除了動植物、圖書等分類表外，不宜低得字數太多。如今受公文書處理失當的影響，細目下的文字接排時，與首行的本文齊。如果這細目的名稱太長，而字數又不一致，版面便很雜亂。舉例如下：

壹、經部
　一、春秋
　　(一)公羊傳
　　(二)左傳
　　　甲、注釋
　　　　子、春秋左傳正義：周左丘明撰，晉杜預注、唐孔穎達疏。自劉向、劉歆、桓譚、班固，皆以左傳出左丘明，左丘明受經於孔子。
　　　　丑、春秋傳：宋劉敞撰，敞所作春秋權衡及意林，宋時即有刊本。

　　不是一氣寫成的稿件，尤其是多人編撰的，或是論文集、學報之類，格式不一。當然在編輯者的立場，最好全書採用統一的格式。可是有些作者，尤其是多產作者，每有自己習用的格式，如果一定要他捨己從人，有時也有困難，這就得善於溝通協調。

　　正文之外，卷首的序文、凡例、目次等。卷末的附錄、跋文、參考書目等，又各有其通用格式，或個人習用的格式。標紅的人也當注意。舉一個例子，如附注部分，有的人採用與正文相同的格式，第一行低二字，以後各行頂格。如果注文太長，也可分段。有的則第一行頂格，以後各行低兩格。

四、字體和大小

甲、就字體說：

　　（一）通常用的是所謂「宋體字」，其實現在的印刷字體，橫筆細，右端有一小三角，直筆粗的匠體字，宋代刻書根本不曾用過。大致北宋刻書，多仿歐體、顏體。南宋頗用柳體，閩中刻書，則仿瘦金體。元代及明初刻書，則仿趙體。可說多採用流行的書寫體。要到明代中葉的正德、嘉靖年間，才出現初期的匠體字，不過還不太匠氣，多少還有些書寫的意味，愈到後來匠氣愈重，然而直到明末清初，還不到今天的地步。要到康熙時，才成為定型。所以日本人稱為「清體字」，是很合於事實的。

　　可是這種字體逐漸形成，也歷時一百多年，匠氣愈重，流行愈廣，而且積重難返，劣字驅逐良字，直到今天，成為最通

行的字體。日本、高麗等國，也競相仿效，也是有原因的。

1.大致在視覺上，對橫輕豎重的字，較易習慣。譬如西方的英、法、德……等文字，也莫不如此。

2.雕板印書，易於施刀。

3.雕板時，都是寫了再刻，這種匠體字祇要工整便好，書手易於訓練。

4.中國字一般來說，橫的筆劃比直的筆劃多。

5.同樣大小的字，匠體字看得最清楚。

所以這種字流行最廣，也歷時最久。

（二）**黑體字**，也叫方體字，結構和所謂宋體字相同，不過筆劃的粗細一律，橫筆也如同直筆一般粗，而沒有小三角。夾在宋體字中，特別醒目，多用於做標題字，或要特別引起讀者注意的詞句。不過用來排正文，或是較長的段落，反而有一團漆黑的感覺。

（三）**長宋字**，與宋體字相似，然直的筆劃不太粗。如中華書局《四部備要》所用的字。長和寬是四比三。（按：目前鉛字、電腦字體稱仿宋字）

（四）**電腦字**，印量較多的報紙，近年多改用電腦排版，結構同宋體字，而筆劃一律，都較細。有些印刷業也用這種字體排一般的書籍印刷品。而且交件迅速，改動容易，極受客戶歡迎。

（五）**楷體字**，同樣大小的字，看起來便比宋體字要小一些，所以一般書刊，較少採用。而大陸雜誌因創刊號使用正楷，歷近四十年而不改，形成傳統。國民小學課本因用二號字排正文，而且宋體字與書寫體，有些在筆劃上小有出入，為了避免學生感到困擾，所以都用正楷。一般書刊，多僅用於標題，或

是排引用資料原文的部分。

　　(六)**照相打字**，可以把字拉長、壓扁，以至傾斜，變化多端。在印書刊正文外，最適於做標題，或是廣告、美工之用。目前單價較高，所以除行銷量大的書刊外，較少採用。書刊打字排版之標題、章、節、項目等均採用照相打字。（按：照相打字是 70 至 80 年代的產物；書版面照相打字洗成相紙，再製版印刷成書。現今電腦字變化無窮，有無版印刷，即數位印刷。）

　　乙、就大小而言：

　　一般書刊的正文，多用老五號字（鉛字版）。（按：目前電腦字 10.5pt）附注（注角）用新五號字（按：電腦字 9pt）。今將各種字體的大小、號類樣張附於本文之末。選擇字體和大小（傳統活字鉛字），可參考書稿的內容。

初號宋體 （六、五〇〇種）
國破山河在城春草木深

新初號宋體 （六、〇〇〇種）
慈母手中線遊子身上衣

一號宋體 （六、五〇〇種）
在極早之時期，在中國已自石刻中採取

油墨之發展，則與繪畫之歷史有密切之關係，蓋早

二號宋體　（一〇、〇〇〇種）

三號宋體　（一〇、〇〇〇種）

一般印刷機之情形，亦與手工印刷有密切之關係者：較小之布壓酒機，大致與印刷機之情形相仿，惟爲工作者之方便與操作精確計，

四號宋體　（一〇、五〇〇種）

印刷術之發展，較諸任何其他單獨之成就，顯然爲中古時代之工藝與近代工藝之前，劃成一條分界線。無論在形式上及實質上，均顯示一種新時代之

新四號宋體　（一一、〇〇〇種）

油墨之發展，則與繪畫之歷史有密切之關係，蓋早先印刷所用之媒質係取自繪畫者，

九號宋體　（一一、〇〇〇種）

油墨之發展，則與繪畫之歷史有密切之關係，蓋早先印刷所用之媒質係取自繪畫者，而非自書法家者，早先自木塊之印刷，係應各種薄膠畫顏料，而以沸油爲基者，但以

五號宋體　（一一、〇〇〇種）

在原文中證實其印刷乃自活動排版者，而且其技術之發展分成三個階段。在最早之印刷工作，其三

六號宋體　（一一、〇〇〇種）

目前墨燭各業逢勃發展，中小型企業受到政府鼓勵與協助，經營成功率較往年愈高，印刷業並不例外，更由於社會需要，印刷業已成爲民生必需行業，頗有供不應求之勢，印刷業餘有經營不善有告

初號正楷　（六、五〇〇種）

去年元月時花市燈如畫

一號正楷　（六、五〇〇種）

百戰沙場碎鐵衣，城南已合數重圍

二號正楷　（八、〇〇〇種）

在木刻與自活版金屬印刷之間之初步接觸，則包括

三號正楷　（七、〇〇〇種）

木頭模型之印刷，在較大型印刷工作，仍然用之。由木頭模型印刷

四號正楷　（八、〇〇〇種）

金屬活字模子之發展，對於原始之念必需精心之推敲，蓋活字模子之要

五號正楷　（九、二〇〇種）

活字之發展，因之可有三個顯著之階段：應用沙模鑄製法，以製造金屬活字；應用鉛模型而可調節之金屬活字模子之發明；衝子之改良及紫銅模型之製造。嚴格而言，活動字模之印刷，始自沙鑄造活字

六號正楷　（八、一〇〇種）

在木刻而自活版金屬印刷之間之初步接觸，則包括木頭之應用，木頭則作為金屬鑄製之媒質者，今日，吾人似已確認，所有早先之模型，均係木製者，吾人亦無必要以討論木頭模型印刷之可能性。木頭模

一號方體　（五、〇〇〇種）

晴時明月漢時關萬里長征人未還

二號方體　（五、六〇〇種）

印刷術之發展，較諸任何其他單獨之成就，顯然

四號方體　（五、三〇〇種）

目前臺灣各業蓬勃發展，中小型企業受到政府鼓勵與協助，經營成功率較往

新四號方體　（五、〇〇〇種）

係，蓋早先印刷所用之媒質係取自繪畫者，油墨之發展，則與繪畫之歷史有密切之關

二號長仿宋　（六、八〇〇種）

活字之發展，因之可有之階段：應用沙模鑄製法金屬活字；應用鉛模型而

三號方體　（七、五〇〇種）

造紙之歷史，乃是另一個主題，但是吾人可以證實，印刷術之

五號方體　（七、五〇〇種）

活字之發展，因之可有三個顯著之階段：應用模鑄製法，以製造金屬活字；應用鉛模型而可調

新五號方體　（七、五〇〇種）

在木刻與自活版金屬印刷之間之初步接觸，則包括木

六號方體　（五、三〇〇種）

之應用，木則作爲金屬鑄製之媒質者。今日，吾人似

三號長仿宋　（六、八〇〇種）

沙模鑄製在早先模製之歷史中，不乏明確之證據者，若其時係應用濕沙者，則其重要性更大，蓋此項方法，假定係發生於較

以此種技術，其成就係局限於之及高級之書籍者。其結果不能

日星鑄字行負責人張介冠向詩人嚴韻示範鉛字排版校稿打樣。

圖：鉛字排版打樣機，刷印校樣稿，提供作者或出版社編輯校對用。

傳統鉛字排版，撿字房撿字師父看稿撿字。排成書突顯雕刻鉛字印刷後，文字之美感，如今已被電子版取代。

發表《文史哲雜誌》五卷二期，1988 年 10 月
原題：〈出版事業經營法·二〉

圖書出版品的校對

校對可說是技術性的工作，校對人員須具備相當的語文基礎。如果是校專門的稿件，又得有該門類的專業知識。要細心、有耐性，不自以為是。

通常總認為排字印刷的書才要校對。而如今排字的方式，在鉛字之外，又有打字、照相打字、電腦打字等，在校對時，也各有其不同的需要注意之處。其實從前雕板印刷，以及近代通行的照相影印，也都需要校對。

一、校對的項目

校對的項目，自然以內容為主。而內容之外，還有一些事項，也都得注意，分述如下：

（一）行　款　正文一頁有多少行，一行有多少字，大致都不會排錯。可是印刷廠或打字行，在校對時需要挪動行款，為了省得改變較多的版面，有時會把行間的距離稍加伸縮，以便有的一頁之中，增多或減少一行。如不很留意，固然不易察覺，不過對全書的板面來說，則不統一，影響書的品質。

至於章節等標題各佔若干行，各應低若干字，章節序數與名稱中間各空若干字。全書也應一致。這在稍有經驗的拼版人，應

會注意到，可是有時會疏忽，在校對時要能加以改正，以求劃一。

（二）中　縫　直排書刊每頁的左邊，單頁排章節次序和名稱，右邊雙頁則排書名。辭典、索引之類的書籍，則排該頁檢索文字的起止，如筆劃、號碼，或是條目的第一個字。（如電話號碼簿住宅部分的上端部分）。線裝書書籍則排在折縫的中間，所以叫做「中縫」。

至於橫排的書刊，則排在上端的書眉處。

（三）頁　碼　直行排的書刊，在中縫的下方。也有的書刊把中縫省掉，或是如影印古籍的線裝書，原書已有中縫，不過頁碼各自起迄，影印時加上全書長編的頁碼。都常排在每頁的下端。

頁碼通常都是循序連續的，不過有的採用暗碼。如滿頁或是插頁、招頁的圖表，刊物的全頁廣告，篇章之末雙頁空白等，頁數照樣連續編下去，可是卻不印出來，排版時難免因疏忽而致誤。所以要叮嚀印刷廠何頁為空白頁，以免錯誤。

又如經過增訂的書，不更動原版的頁次，而有增加頁數的情形，則可沿用前一頁的頁碼，而加 a、b 或之一、之二，以示區別。如有刪除，或是原稿便有缺頁，最建議編輯人員在前一頁之末加注說明，以免讀者產生疑問。

書籍的頁碼，序跋、凡例、目次、附錄部分，通常都各自另行編頁碼。需要注意的，是要能一致。避免有的序文另起頁碼，而有幾篇序卻又接續編頁碼。

（四）字　體　除不同字體，如宋體、方體、楷體等外，還有大小，變化（如長宋、斜體）等，已見前述。

字體應按標紅所訂的規格排，不過有時也會混淆。還有遇

有比較少用的字體，如方體，在打字排版時，會以宋體代替或是多打幾次，而筆劃仍不如正規的方體字那麼粗。有些罕用字，會用拼的，不但要求拼得正確，而且還要力求美觀。

近兩年逐漸流行電腦排字，有些採用日本用的漢字，如曾是大報而如今仍還托大的報，把煥字排成煥字。過了幾個月才改正。而數字○字排成「○」小一號而較粗，看起來很刺眼，用了一兩年還未改正。那是比公營事業還官僚的報社。花錢找印刷廠，有權要求他用正確的字號。

還有標點，用電腦排字多適用橫排的。用到排直行的書稿，標點仍在左下角，看起來十分彆扭。至於引號，由橫變直則成為「」，也應要求電腦公司，得轉體做成正確的。尤其括號成為（　），更是不可忍受了。

二、正文的校對

正文的校對工作最為重要，不僅是量的方面佔全書刊最大，如有錯誤，會嚴重的影響書刊的品質，對作者、讀者，甚至社會，都會造成某種程度的傷害。

目前一般的書刊，都經過三次校對。（印刷廠在送校以前的校對未計算在內）分別是初校、二校、三校。初校和三校最為重要。因為初校的排稿，錯誤較多，校起來自然要多費精力。還有行款等如須挪動，也應在初校時便做決定。因為挪動版面，很容易產生新的錯誤，到二校以後，錯誤已少，再挪動版面，便影響前此校對的功效。

二校通常不如初校、三校那麼認真，甚至祇是檢查初校時

所校出應該改正的地方,是否已經照改了。校對的術語稱為「對紅」,因為校對通常用紅筆,意思是核對紅筆校改的地方。當然校對不厭其精,能對正原稿,必然也能發現初校疏忽的地方,以減輕三校的工作。

如果書刊祇校對三次,那麼三校便是最後一次校正,印刷廠據以改正後,便要付印了。如果仍然有錯誤,再要改正,便很困難。所以要特別慎重。為了分清出版社與印刷廠之間的責任,所以在最後一校交付印刷廠時,校對人員要在排稿上注明「可付印」,或是「請改正無誤後付印」,並簽名以示負責。如果一本書刊不是一次交付,那麼應加注第某頁至第某頁,或是用英文 PP5-96。經常有稿件發排的,可以把這些文字刻成橡皮印章,以備蓋用。初校、二校也可以如此。

當然如果需要,可以不僅祇校三次。尤其重要的稿件,不容許發生錯誤。難校的稿件,如統計圖表、地圖等。學術性的稿件,需要反覆推敲(其實應在定稿時便寫妥,可是有的人卻在交稿前不認真寫定,而要在校對時大改特改。這種人實在惡劣,出版社應列為不受歡迎的編著者。)自然可以增加校對的次數。不論校多少次,初校和最後一次都是最重要的。

其實由專任校對的人校很多次,遠不如請很多人分別去校。因為每個人注意之點不盡相同。一部書刊祇由一個人或三兩個人去校對,有些死角,總是不容易發現。換了若干不同的人,可以發揮各人的所長,或其特別注意之點,互相補充,易於精確。試舉個例子,江蘇省有沭陽、溧陽兩縣,常會錯成沐陽和漂陽。大約十多年前的中學地理課本便是如此,而且經過若干年,經過多次修訂、重印,都未能改正。這是因為沭、溧

兩字很少用到，而沐、漂則是常用的字。原稿如用行書寫的，校對時便不易辨認。如果有江蘇省人，或是到過，知道這兩縣的人校對，便很容易發現，而加以改正了。

而且校對次數多了，有些文句漸熟悉了，很容易滑過去，而不易發現錯誤。如果分請多人校對，每人祇校一兩次，便不會有這種情形。

所以由對書刊內容有相當認識，或是有專門研究，甚至編著者本人去校對，固然很理想。事實上也不盡如此。從前朱孝臧等校刻《彊村叢書》，除了分請一些對詞學有造詣的友好校正之外，還要他家的人力車伕也校對。車伕識字有限，看不懂詞，當然不肯做這枯燥無味的勾當。不過他用重酬，每校出一個字，給予一天的工資。看在錢的分上，也就埋頭苦幹了。還真能抓到些漏網之魚呢。有一些學術機構，在校對學術論著時，校對到相當滿意之後，會每行倒著校對一兩次，就是從行尾向開頭校去，便是避免內容校得熟了，雖然還有錯誤，也不易發現。

同時請多人校對，這一方法，在我國由來已久。從前採用雕版印書，在刻好一板後，除了由刊行人從事校對外，還會把校樣多印幾份，以至數十份，送請親友中的讀書人分頭校對，過了些時，（因為從前人口不似如今密集，而且交通郵遞遠不如當今方便，常需好幾個月。）搜集出來，再綜合整理，細心校正。所以刊本書，祇要是稍肯負責的人所刊行的，極少有錯誤。我們從中央圖書館、故宮博物院等收藏豐富的機構所編善本書目中，還可以找到若干刊本的校樣本。打開來看，連一點一畫，都不輕易放過。甚至剔板時應剔掉而未剔盡的，或是某

一筆劃誤剔了少許，都會校出。其認真不苟的精神，很令人欽敬。

如今的出版社，對於自行編譯的稿件，肯負責的，或許不能多找些同時分別校正同一部分稿件。至於向外面約來的，或是作者投稿，通常都由作者負責校對，校妥簽字付印。社中能指派校對人員校一次已經很好了。

由編著者校對，固然很好。可是編著者不一定都能熟悉校對工作。還有會轉請他人校對，如所託非人，不負責任，自然更難期望校得好。又有一種情形，便是作者趕時間印出書來，交稿卻又很晚，沒有稍從容的時間去校對。明知錯誤還多，卻也無可奈何。以筆者經營的出版社來說，有些學位、升等、用以申請獎金的論著，有作者在交出十多萬以至幾十萬字論文後，要求在半個月，甚至不到十天的迫促時間內要交件。出版社和印刷廠即使連夜趕工，他們也無法及時校對了。印出來的書，在品質上自然無從要求其怎樣令人滿意了。所以這兩年只好避免接受這樣的客戶，實在是迫不得已。

已印成的書，如果又發現仍有錯誤未能校出，仍然還有補救辦法，便是印成勘誤表附在後面。不過看書的人，很少會去留意勘誤表，所以沒有什麼效果。如果能刻成橡皮章，直接印在錯誤的地方，便開卷瞭然了，祇是版面有欠美觀。那麼還有個法子，便是印在薄紙上，貼在錯的地方，當然要費很多事。如果錯地方很關重要或是某幾頁錯得較多。可以校正後另行印出，把原來的割去，換貼校正的。這些都是不得已的措施，然總可稍加補救。

要是一本書錯得太多，改不勝改，祇好廢掉重印。曾有兩

家印書館，在業務上弄得不愉快。其中一家久著信譽的老字號，排印了一部學術性的工具書，第一冊便錯誤不止千出。給冤家買去，用紅筆勾出，也不附一個字的信，寄了去。那家總負責人是出版界的元老，面子掛不住。除了以後各冊認真校對外，第一冊重行發排再印，免費換給已購的客戶。雖然得付出雙倍的印製裝訂費用，這總還不失為負責的做法。

　　至於不負責任的，就不足為訓了。有一家也是老字號書局，當年的負責人既經營過數十年出版業，在學術界也享有盛名。翻印了一本大陸上所印的正史綜述之類的書，經一讀者細心校正錯誤，寄給他。而後來再印的各版，卻未能據以改正。導至校正的底本，也流落到舊書攤上，給一位常逛舊書攤的人發現了，不禁感慨系之。又有一家以服務學術界為口號的出版公司，印了一部極負盛名的學人傳記，名利雙收，居然把傳主的名字都弄錯了，其他可想而知。這些錯誤也經人告知，以後重印的卻一字不改。這種做法，印書再多，獲利再豐，也難成為出版家，祇能算是書商罷了。

三、互相配合

　　書要印得好，也要印刷廠能配合。校對更是如此。西洋人認為「手民之誤」，是誹謗印刷工人的說法。因為排版固然在所難免，不過著者或出版社可以校正。如有錯誤，應自行負責，不能諉過他人。而我們的印刷廠，的確會不能把校正了的地方完全照改，甚至錯的地方未改正，不錯的地方反而改錯了。

　　前些年有些小型印刷廠，採家庭化經營。有一家印刷廠，

在中華商場未改建前的竹棚中，承印一份學術刊物，也是交稿太慢，連夜趕工。作者還邀了一位友人去幫忙校對，到了半夜，老闆叫了宵夜，大伙吃完了他也不走。作者於是問他：「我們各忙各的，你也耗在這裡做什麼？」他答道：「你不要看我坐在這沒有事，祇要我一走，你們改了也沒有用。」當年的確如此，老闆一走，工人雖不致跟著走，可是便不會認真做。能找到如此盡心負責的印刷廠，才能保證品質。所以後來這家印刷廠生意越做越好，在中華路蓋了大樓。老闆一個人無法一眼看遍全工廠，找了些學歷高的擔任管理廠務的工作。對客戶的工作有了差錯延誤，想出各種說辭去搪塞。老闆也另謀發展，不能投入印刷廠，業務如何，不問可知了。

四、校對的方法

校對的方法，可以分為四種，分述於下：

（一）**讀校**　這一方式，由來已久，文獻所記，可以上溯到西漢末年（西元前一世紀末），劉向等校書天祿時所採用的，《別錄》云：

讎校者：一人讀書，校其上下，得謬誤曰校；一人持本，一人讀書，若怨家相對，故曰讎也。

（見《太平御覽》卷六一、《文選‧魏都賦》李善注引《風俗通》。）

不過一人讀，一人記其異同，不僅多費人力，而且讀比看的速度要慢得多。古書多是文字，很少用到符號或圖表，也許還容易些。要是校對今天的科技、統計方面的書，在文字之外，

還有各種符號，繁複的程式，很不容易讀得清楚。那麼用讀校法便行不通了。

所以這一方式，雖然起源很早，後人也許曾經沿用過一段時間。不過時移事異，在今天便不適用了。

（二）對校法　把原稿放在校樣的上面，先依次看原稿，再看校樣。左手指著原稿，右手拿筆點著校樣，順序移動，逐字逐句進行校對。遇有需要改動的地方，隨時用文字或符號記在適宜的位置

在校對時，目光要均勻且有節奏的注意到每一個字，並且默讀字句，一次三四個到六七個字為宜，很熟的文句，自然可以長些，不過有些錯誤，每會因此而滑過去。尤其在初校和最後一次的簽印校，最好不宜貪多。太長的文句，分次校完之後，應再從頭複閱一遍。校完一行或一個段落時，如果方便，可以核算一下原稿和校樣的字數，是否一致。錯字或顛倒的地方，改動比較容易，在字數上有出入，常要改易行款，移動較大，每異動而產生錯誤。

校對時，原稿應盡量接近校樣，以縮短頭部和目光移動的距離。不僅可以節省時間，增加校對的正確性，而且也可減少疲勞。

每校完三五行，便將原稿向左（直行排）或向下（橫行排）移動。常見校對時把原稿和校樣分開放置，一次校一句，或是很多字。這樣不免增加時間和疲勞，而且影響精確度。

（三）折校法　原稿放在桌面上，而把校樣所校到的那一行折到最右邊（直行），或最上邊（橫行），也不可太靠邊，以免看不清改動的地方。逐字移動，大致對準原稿，細心校對。

遇有錯誤，隨時用左手壓住校樣的位置，右手用筆去改正。校完原稿的一行，便折去。

這樣的校法，速度較慢，不過較精確，適宜於初校。尤其是一段文字，多次反覆出現相同或相近的文字，排版以至校對時，每易忽略，用這一方式，可以捕到那些漏網之魚。

有些機構和出版社，每依常用的版式，印成稿紙。也就是說：在排版時，一頁要排多少行，一行要排多少字。那麼每頁稿紙，也就印成多少行，一行多少字，在寫稿時，遇到章節的標題，照版面上應佔若干行，在稿紙上也就佔若干行。這樣在校對時，便很容易看出原稿和校樣，是否有字數上的出入。每段是否有行數上的出入。當然原稿在撰寫時，每有增刪。不過在校對時，逐行可以計算增刪的字數，再加以核計。

其實在雕板印書時，都是把原稿按照預先設計的行格，用稿紙謄好，再三番五次，仔細校對。改動稍多，便另謄一遍。最後據以書寫上板。雕成後，還要再經多次、多人校對，所以能夠減少錯誤。中央圖書館、故宮博物院等善本書目中，還可看到這一類待刊或付刊的清樣寫本。

（四）**不用原稿校對法**　校對工作，本只是依據原稿去改正。可是嚴格說起來，這衹是較為粗淺的步驟。因為原稿說不定也會有錯。雖然校對時也可以發現，而告訴編輯或原著者，作為參考。可是校對人員，注意力集中在原稿，便比較不容易去發現其中的錯誤。而且逐字逐句的校，注意力也分散了。

如果在初校之後，由原著者，或是對原稿內容很瞭解、有研究的人，撇開原稿，衹看校樣。憑著其學養，往往可以發現原稿的錯誤，或是提出不同的意見。（當然這一步工作，最好

在寫成之後，付印之前去做。）而且在校正時，因為不必去看原稿，僅看校樣，也易於連貫看下去，一氣呵成，不受打斷。有時會發現些以原稿對正校樣時，不易發現的錯誤。所以這一方式，有不少作者會加以採用。由於出版業，因為不容易找到適當的人選，較為困難。

這一種方式，有時仍得對正原稿，所以還屬於校對的一種方式。

五、照相及電腦排字校對

近些年印刷的方式，不斷推陳出新。就以排版來說：在傳統的用鉛字排版之外，先是用打字機打字。後來傳入照相打字，這幾年又有用電腦排字的。這幾種方式，在排好校對妥當之後，是用照相製版來影印的，所以和鉛字排版，在校對時有一很大的不同之點。

鉛字排版，在校對時直接記在校樣上，隨著需要加以塗改勾勒。而用打字排版，校樣有兩種方式。一是把校樣上面浮貼一張透明紙，那麼校對時，祇能記在透明紙上。初校用紅筆，二校用藍筆，三校用墨筆，由淺入深。如果先用深色筆，後用淺色，如在同一個地方有所改動，便較不容易看清楚。切忌直接記在打字稿上。因為是要於照相製版的，一用筆塗改，便沒有用了。

有經驗的校對，自然知道。而新手便弄不清楚。有一所大學的研究所，編印一種刊物，主持人分給研究生去校對，而未交待清楚，有人便直接記在打字稿上，結果都不能用了，而得

重新再打字，幸好頁數不太多。不然重打的費用就有可觀了。

　　這一方式還有缺點：一是浮貼的雖是透明，看起來還是不如直接看打字稿清楚。再則校對和打字人員改正時，如果沒有切實對正浮貼的紙，結果會形成要改的沒有改正，反而把附近原本正確的字改了。（鉛字排版偶也這種情形。）所以有的打字，在打好後，影印出來送校，那麼校對便可以和鉛字排版的校樣用同一方式，直接校在校樣上了。當然每次送校，都得影印一次，要增加一些影印的人力和物力。

　　至於電腦排字，如打好之後，已存入硬碟，自然可以直接校在校樣上。如果直接用打出的照相製版，便和照相製版相同了。電腦排版並可精細，直接落版製成平凹版更精美，費用較高昂。

六、影印書刊的校對

　　前幾十年，出版業影印了大量的古書。或只排版印刷的書，在再版時，多採用照相，然後影印的方式。既是據原書影印，好像就不需校對了，事實上不然。因為古書的書品如果很好，影印時效果自然便好。有的書品不好，或是後印本，板已模糊不清，如宋、元兩代刊行的書，有些板片，屢經修補，到明清兩代還用以印書，稱為三朝本，或稱為遞邅本，其漫漶的程度可知。即使印得較早，也有印刷不清，紙張破損，甚至缺葉、錯簡的情形。在影印前便得細心檢查、整理、補足，才能據以製版。

　　早年商務印書館影印《四部叢刊》、《百衲本二十四史》（其

實本意也是《四部叢刊》的一部分，因為數量特多，所以分別刊行。）、《續古逸叢書》等。遇到原書漫漶不清的地方，便加以潤描，由張菊生先生親自主持其事，遇有實在看不清的，便找其他可據的本子做參考，凡是改動的地方，都得經過兩三批人審定，最後由張先生決定。即使如此，仍然難以完全符合原書，如四部叢刊中的《說文解字》，用中央圖書館所藏同一系統的宋刊本對比，便有改得不夠慎重的地方。至於採用作為底本以外的善本，每取以校勘，作為校勘記。孫毓修便校了好多部書，所以他在目錄版本方面有些成就。如今很難有這樣負責的出版家了。

不過商務還是有近百年歷史的老字號，前些年影印文淵閣本四庫全書時，很用了一些整理的工夫。因收藏單位故宮博物的藏品例不外借，祇能提供影印機所印的。該館不惜投下大批人力物力，對於印出的，稍有瑕疵，便廢棄不用，而印到清晰為止。所以一百二十多萬頁（原書二葉，縮印合為一頁，所以共約二百五十萬葉的原書。）的全書，不僅清晰，而且沒有什麼印刷上的污損處。

這一套一千五百冊的龐然巨帙，後來由中國大陸和大韓民國據以翻印，就省事多了。雖然影印古書，無所謂著作權，（其實千餘年來，鄰國刊行我國人的著作，我們祇有鼓勵，而從不刁難。）依我國的法規，對於稀有傳本的古書或據以重排，或加工整理的，經登記後，可享有十年的製版權。當然對於無管轄權的地區或外國，便不適用了。

不僅商務，在民國五十幾年，華文書局影印《玉海》，底本是中央圖書館收藏的元刊本，該館藏有多部，都經修補過。

其中一部修補到清乾隆時，反而清晰的多，因為原版已所剩無幾，十之八九都是後來的補版，校對便比不上原版。所以該局不取，而就明代印本，從多種版本挑選，並互相配補。自然不少模糊不清的地方，於是招請人員加以修補。有些到該館看書的讀者，知道這一情形，很是欽佩。前後修補了半年光景，才能付印。後來有一家冒用外國招牌的書局，據以翻印。

影印古書，不僅不清楚的地方要潤描，修補。有時還不能隨意抹去原書所有的符號。抗戰期間，有一所學術機構，以一部邊疆民族文字的史料，交付石印。這種文字，在行間有圈點等符號，那是文字的一部分。誰知工人以為是版上的污損，全行抹去，等印出來，幾乎無從閱讀。戰時物力艱困，又不能廢去重印，祇好用人工一一加上，所投入的人力很是可觀。好在這書的需求不多，可以從容添加。這事可以作為影印古書的一個教訓。

書籍的印製

稿件經審定、整理之後，便可付印及裝訂。印刷和裝訂的品質，關係出版物的品質，所以也應注意。

印　　刷

印刷可略分為排字印刷和照相印刷。排字的方式又可分為鉛字和打字，而打字又有打字機打字、照相打字以及電腦排字。

照相印刷又可分為平版、平凹版、珂羅版、套色印刷以及彩色印刷。

今分述於後：

壹　活字印刷

排字也稱為活版，我國在唐代便已發明了雕版印刷術，到了宋代，布衣畢昇，又用膠泥活字印書，元人王楨，則用木活字印書。不過這些活字印刷物和活字，都早已不存。現存最早的活字本書籍，印於明代成化、弘治時期，而以錫山華氏和安氏兩家族最著盛名，所用為銅活字，清康熙時用銅活字印《古

今圖書集成》，凡一萬多卷。乾隆時則用木活字排印從《永樂大典》中輯出的佚書，名為「武英殿聚珍本」，有一百多種書。都是龐然巨帙。

不過活字版發明之後，我國印書仍以雕板印刷為主，活字印刷則很少利用。這是因為從前紙張既不易大量生產，印出的書籍，一時也不易出售、交換或是贈送。堆積起來，不僅需佔地方，而且書籍保管，須防火、防潮、防蟲鼠，很不容易。雕板印書，每次可以看需要情形，一次印幾十部，或是幾百部，等處理完了，再看需要情形，隨時把板片取出再印。如宋元時代所刻板片，明清時代還不時加以修補後再印書，便是所謂「三朝本」。韓國的海印寺，所儲「八萬大藏經板片」，刻於宋末，至今仍保存得相當完整，若干年前還曾用以印過藏經，如比照中國紀年，可說是宋刊民國印本。

而活字印刷，除非一次印得很多部，然印得太多了，又發生上述紙張和儲存的問題。印得少了，過了些時再有需要，仍需經過撿字、排字、校對、製版等過程，在人力和時間上，都並不方便。甚至在財力上，非但不會節省，花費反而比雕板印刷多些。這可用武英殿聚珍版作一說明。

清高宗編了《四庫全書》，因多到三萬六千多冊，近五十萬面，前幾年商務印書館以四面合為一面縮印，還裝成了一千五百大本。當時要是雕板印刷，所費人力、物力太多，費時也很久，所以祇鈔寫了七部。而有些已經亡佚的書，在纂修時從《永樂大典》中輯出的一百多種書，很有廣為流傳的價值。這時朝鮮人金簡建議，如採用活字印刷，既能省很多錢，而且也快得多，高宗採納了他的主張。可是工作開始以後，多次追加

預算，結果比雕板印刷花費反而多上好幾倍。後來各地方感到
需要這套叢書，可是活版印完便拆掉，好讓活字可循環使用。
於是福建、廣東、……等省先後雕板重印，而沒有一次採用活
字印的。如今聚珍版，也就是木活字所印的，流傳下來已很少。
而各地翻雕的，則傳本較多，這是因為可以利用雕成的板片，
多次印刷的緣故。不過，這次木活字印刷，把印刷的方式和過
程，留下一部記錄，便是「武英殿聚珍版程式」，收入四庫全
書，並收入《武英殿聚珍版叢書》，這是古來第一部印刷術專
書。

　　所以活字印術，雖在幾百年前便已發明，不過實用性始終
不大。現代所用的鉛字排印法，則是清末從西洋傳入，而經陸
續改良的。

　　近四十年臺灣的鉛字印刷，也隨著經濟成長，而有幾次變
化。在民國五十年以前，印刷廠很少有資金購置鑄字機和銅模
去鑄字，而多向鑄字工廠買鑄好的字。又因鉛字較貴，而人工
很便宜，所以在印刷後，多把鉛字一一歸架再用，以節省成本。
這樣印出的書，新字部分印出的較為清晰。而舊字所印的，因
已經過磨損，所以筆劃較粗。因為版面不甚一致，有欠美觀。
前代活字印本，也往往如此。後來印刷廠漸具規模，多自備鑄
字設備。又因工資漸高，拆版後的落字不再歸架，排版全用新
鉛字，版面自然較為美觀。近十多年經濟結構改變成分工細而
專業化，而且房價和工資皆漲，所以有專營的鑄字、揀字工廠。
於是印刷廠祇請拼版師傅，而把稿件交由鑄字廠代揀，不但節
省成本，速度快，而且所具備的罕用字也較多。這兩年國民所
得日高，就業容易，而揀字工作環境不佳，所以工人難請，影

響到老闆請不到工人。而印刷機又不免產生噪音，為鄰居所排斥，鉛字印刷雖不致受到淘汰，也許要走上專業區的路子。

鉛字印刷的優點在版面清晰美觀，校對比較方便確實。有時間性的稿件，如果每章都從單頁起排，可以很快排印出來。不過要注意品質管制，有些不太負責的工廠，非但校出的錯誤，不一定照改，甚至錯的未改，反把附近對的地方改錯了。或是角上給印刷機震動得跳出來的鉛字，隨意植入，甚至有把字倒著或橫著放置的情形。又有因壓條震起印出一道黑槓的情形。負責任的印刷廠，對這些情形，都會加以防範。

我國古今文字，超過五萬個，較常用的不到一萬字，可是其他的四萬多字，還是會偶然出現，如人名、地名，某地方性專用的字。特別是牽涉到古籍，如群經、諸子，更是觸目都是罕用字。有些字可以用兩個偏旁拼成。至於不能拼的字，祇好用刻的。如今刻一個字，不僅工資高，要新臺幣三十元，而且良工難請，刻出的字，難求其美觀，甚至不很正確。

排字印刷，在印完後，便須拆版。他日如果要重印、重排，不僅需要揀字、拼版，也又得校對。如果對內容沒有什麼更動，這些花費都可省掉。方式有兩種：一是做成紙型，近年則改做塑膠型，等再要印時，取出澆製鉛版便可付印。不過如需改動，祇能換幾個字，如果文字有增減，便有困難，更不要說是改動行款了。另一方法是依據印出的成品，照相製版影印，這樣效果通常比澆鉛版稍差些，不過可以做較多的改動。

事實上鉛的硬度不高，不耐磨損，印上幾千份便不行了。所以如果印的數量較多，如報章雜誌、教科書等，都是排校好了，並不直接用鉛字印刷，而做成塑膠型，再澆製多份鉛版，

分批印刷。或是衹印幾份樣張，據以用較精密的照相製版影印方式印刷。這樣還有一種優點，便是不會像用排成的鉛字版直接印刷，會震起鉛字或壓條，以致發生錯誤，或污損版面。

貳　打字排版

鉛字排版的成本較高，而臺灣的人口總數不算很多，讀書風氣不夠盛，所以書籍的銷路有限。尤其如筆者所經營的文史哲出版社，所出的書比較冷門，便得力求減低成本。那麼可以採用打字照相的印刷方式。這種打字機的構造比一般的較為精密，打出的字很清晰，行列很整齊。而整個成本在二十年前，還不到排鉛字的一半，近些年好的打字員難找，報酬又不斷調高，不過還可以節省三分之一光景。

打字排版還有一個好處，便是字盤中的字，也許還不如鑄字廠多，可是可以從收字多的字典之類找出剪貼，甚至像篆隸、甲骨文等，可以空出格來用手寫。就這一點說，比鉛字排版還要方便。不過如古文字之類，還是用手寫本影印容易維持正確無誤。要是打字員的技術好又負責任，機器新而不會鬆動，鉛字也新而未磨損，製版印刷再精細些，印出來的效果，都比起鉛字印刷，並無遜色。

打字排版不方便之處，在急須交件的印刷物，不能如鉛字排版那樣趕工。又在校對上也受限制。如果是錯字，改換成正確的，比較簡單。要是加或刪減文字，便比較麻煩。字數少的，可以不更動行款，把上下文的若干字擠著打或是打得疏散些。

字數多，尤其要移動行款，便得動刀子割開重拼了。

又因為打成的稿件，是直接用以照相製版的，所以不能直接在上面校對，於是有兩種方式。以前都是貼上透明的薄紙，校在薄紙上。而且初校宜用紅筆，二校用藍筆，三校用黑筆，這樣顏色由淺入深，較易分辨。如三校還不夠，不妨加用綠筆、紫筆等。在打好字送校時，如是沒有這類校對經驗的生手，一定得叮嚀他們切勿直接校在打字稿上，不然的話，一經塗改，便不能用，祗好重打，不僅多花錢，而且要延誤時間。編者以及打字行，都得注意這一點。

第二種方式是打好以後用影印機影印，就用影印的送校，如果為了節省影印的人工和費用，不妨就在影印稿上做初校到三校的工作，而用不同顏色的筆。如果為了趕時間或是為了求精確，而分由多人校對，則可一次多印幾份，同時分頭進行，再加整合，以憑改正。

打字這種工作，很是單調，而且長年都得聽那單調的噪音，尤其在打字行裏。所以工作意願不高，而很多人都不肯久於其任。新手又難免多些錯誤，所以如今除了篇幅較短的文件，或是學位論文等不求永久保存的印刷物，便漸漸不採這一方式了。

叁　照相打字

約在二十年前，引進所謂照相打字，事實上是把一個個字找出，用按鈕印在感光紙上。非常清晰，而且字體的變化極多，

不僅可大可小，筆劃也可粗可細，甚至可以依任一比例拉長或壓扁，以至成各種角度的傾斜。剛開始時，因費用很高，所以多用於打字排版稿的標題，以及美工、廣告設計等。後來應用漸廣，收費降低，也有要求高品質的印刷物，採用這種打字。而這種打字的工作環境較好，若干打字行的熟手，有機會便轉換過來，所以一般說來，打字員的水準要高些。再持續普及化，能再降低機器的成本，可以取代打字機。不過各有用途，也還不能淘汰打字機。

這種打字的成品，因為字體變化花樣繁多，對版面設計，可以適應多種要求。不僅可以補助打字機所打的稿件，使得不致太呆板，比鉛字排印，更富於變化。

其校對工作的注意事項，可以參考上文打字排版那一部份。

肆　電腦排字

近年電腦很風行，幾家大報，用電腦排版，已行之多年。剛開始時，不僅不快，反比排字慢，而且字體也欠美觀，經多次改進，如今已既快又容易改動，而字體也加以改良。一般印刷廠，也有不少以電腦排版相號召的。不過品質高下不一，收費多少，出入都很大。有的字體很難看，有的經校對後要改動時，每多刁難。

還有電腦排字，多用於橫排的稿件，改排直行的，標點和括號，位置、方向便不對了。從事這一行的人，對這些小的地方，不可忽略，其實多輸入幾個轉為直行用的標點符號，祇是

一件輕而易舉的小事，疏忽了便會給客戶留下不好的印象。

　　電腦排字，迅速、確實，可以改動的幅度也大得多。如果需用的份數不多，可以利用印表機印出。又可輸入磁碟保存起來。祇是目前的費用稍高，在不久的將來，不難成為排字印刷的主流。若干有遠見的印刷業老闆，已動腦筋轉換到這一條路上去。

伍　照相影印

　　三十多年前的出版業，以影印古書為主，走在重慶南路一段，書店入門處的風漬書，牯嶺街上的舊書攤，多是文史方面的。不僅對從前的線裝書採影印方式，即使是近人的注解論述，也是據早年的排印本影印。近十多年，科技掛帥，風漬書、舊書攤，漸由科技和畫報之類的休閒讀物所取代。

　　所以從民國四十五年起的十多年間，影印現存的書成為出版業的主流，此後新排的書漸增，不過影印的書還是不少，如商務印書館影印的《文淵閣本四庫全書》，便有一千五百○一大本。總計三十多年來影印的舊籍，當超過兩萬種，是很可觀的數量。不僅滿足了本地的學人、學生、社會人士的需求，外國人也大量採購。甚至大陸在還未提出什麼三通四流時，便已利用轉口，採購若干出版物，近些年在數量更是增加不少。

　　其實即使是新版的書，再版時除非改動較多，不然為了節省費用和人力，也多採用照相影印的方式。而照相印刷，在品質和費用上，出入很大。下文分別說明。

　　早期的影印方式，是所謂石印，在清末民初，以至抗戰前後，風行一時，效果雖然不算好，可是成本低，所以印了不少書，對傳布書籍，很有貢獻。

　　近幾十年在臺灣所採用的印刷方式，則是所謂蛋白版（平版），效果比石印版（民國四十年間在臺北漢口街二段老共同印刷廠尚有此印刷）要好得多，近三十年影印的書籍，主要是這一方式。不過因為用硝酸銀、酸水、冰醋酸，不僅有臭味，而且會污染下水道，因環境保護既不受歡迎，而今已改用乾片蛋白的製版印刷，雖價格稍高些，但品質因而提高。如果再刷時，只需澆版即可印刷，節省不少費用。

　　平凹版印刷與平版印刷使用化學藥水及作業程序有些不同，是將顯影液、漂白液、定影液……化學藥品，使圖片及文字留存在版上使它凸出，其他無文字圖片的地方腐蝕為凹平，即為平凹版的出現。平凹版印刷效果比平版（蛋白版）印刷的版費高出四倍之多，一般印量在千本以下不宜用平凹版，成本過高。印量多，圖片多，為達到效果好，那就用平凹版印刷，分攤起來也就合算了。

　　珂羅版是極精密的印刷，成本高昂。印製古畫採用珂羅版最能刻畫出每一細緻的線條與濃淡巧構。但在臺灣氣候之關係，不適宜用此一印刷。

　　套色印刷，是將文字版套印幾種顏色，現今中學參考書常有此種印刷。又：民國四、五十年代彩印是以手工分色套印，今人工高昂，手工分色，已不合時代潮流，效果落伍了，成本也頗高，現已為精密的機器所取代，而且又快又便宜些。

　　彩色印刷，現今是用高科技的精密雷射掃描機分色，分色

成為四色組版（紅、黃、藍、黑），印出精美原色彩的圖片。而近十年來我國科技昌明，印刷已不遜外人，唯機器不能自製，以西德機種最為精密，印刷品質最高。

印刷的方式雖是花樣繁多，最常用的則是排字印刷和照相影印。如何選擇適宜的方式，取決於幾個條件：

一、時　間　如果是急件，必須選擇能趕工的方式，譬如鉛字排印，如果印刷廠規模大，而且工作效率高，幾十萬字的一部書，五六天之間便能趕排出來。電腦排版，如果程式好，更是快速。祇要想到報紙，包括地方版和廣告，可以到三十多萬字，有的報系有三四分報紙，都在同一工廠印刷，那麼每天排印的，都要超過一百萬字，其快可想而知。不過慢工雖不一定出細活，為了趕時間，常不能保持高品質。

二、品　質　如果要永久保存，像是有紀念性的或是精密的圖片，尤其要供宣傳用的。那麼就得選用精美的印刷方式，如高水準的照相印刷，當然成本也就得增高。

三、成　本　印製的成本關係到銷售量，售價、利潤等。

1.銷售量大，如能預估到幾千部甚至超過萬部。那麼製版費用，便因分攤而使單位成本不高。不過印工是與印製數量成正比例的，則可選擇費用較低的方式。相反的，如印售比較冷門的書籍，每次祇印三、五百部，便要在製版費用上精打細算，印工便不需計較了。

2.銷路雖然不大，可是購書的客戶消費能力高，可以採用高訂價，那麼不妨也採用高價位的印製方式，以提高品質。相對的，售價要低廉，如銷售對象是少數的學生，那麼便要選用低價位的印刷方式。

　　3.對於經典名著，或是對學術、社會很有用的書，雖然明知沒有什麼利潤，甚至會賠本，仍應採高品質、高價位的印製方式。反而對於那些價值不甚高，如占卜星相之類。又如學生習作，祇供短暫性的觀摩，而無長期保存價值，不必印得太講究，便宜採用低價位的印刷方式。

　　四、圖書的性質　珍本古籍、名人手跡、碑帖等，祇宜影印，如係批校本，如胡適手稿，便用多色套印。彩畫、風景、建景等，宜用彩色。

發表《文史哲雜誌》五卷三期，一九八九年元月
原題：〈出版事業經營法・三〉

圖書的銷售

　　出版社的出版品，要能有順暢的銷售管道，才能有盈餘。一方面是將本求利，一方面可以繼續投資，編印新的出版品，擴大經營範圍，以達成經營的理念，以增進服務社會的能力。相對的，如果所編印的出版品再好，可惜銷路不好，不僅會壓置資金，而且也需要倉庫堆放，人員管理，又難免有些損耗。對社會來說，有了書而不能供大眾利用，也是一種資源閒置，甚至可說是浪費。

　　可是圖書要能賣得出去，屬於商業範圍。必須透過各種管道，能讓讀者知道，從而依自己的需要，加以選擇，進而採購，並進而推薦給親友。或是自己不買，而推薦給需要的人，或是圖書館、資料室購買。甚至本不打算購置，而受到一些因素誘導，於是去購書的管道，有下列四種：

　　一、自己出版，自行銷售。就是自印自銷，或說產銷合一。

　　二、專營出版，而委託他人代為出售。就是產銷分離。

　　三、出版品既自銷而也託人代銷。

　　四、既銷售自己的出版品，而也銷售他人的出版品。

固然銷售管道也不外這幾種，而實際情形，卻也很少有出版社單純的採用某一種方式，今分述於後。

一、產銷方式

早些年的出版社，多是產銷合一。自己銷售並不一定要設門市部，譬如在郵局開立劃撥儲金帳戶，便可以透過郵購銷售。不過近年出版事業日趨發達，放眼書店中，彩色繽紛，令人目不暇給，如果沒有各種促銷方法，單靠郵政劃撥，很難把書銷出。這與三十年前出版業剛起步，若干基本的、常用的書，市面上都找不到。誰要印出幾本，不必自我宣傳，讀者間便會輾轉相告，自然可以坐以待幣了。

可是如今也有新的產銷合一的模式，譬如《讀者文摘》，常推出一些精編精印，內容頗為大眾化的書刊。都不必刊登廣告，而祇以自行寄發的宣傳品，直接與客戶溝通，而且強調不在市面發售，並附送一些實用的贈品。靠著《讀者文摘》刊物的知名度與可信度，自然可以造成相當的銷路。當然這一憑藉，不是可以憑空創造出來，也就是說，不足為法。

相類似的情形，是編印成部頭相當大的套書，內容不必充實，卻要找個知名度高的人寫篇序，或是掛名做編審之類。裝訂不必堅牢、看起來卻很精美。訂價從高，折扣也大。招攬一些推銷員拿著印成的書，到處推銷，當然回扣也很誘惑人。不過這祇能偶一為之，而不能以這一方式去經營成功出版事業。

二、門市部

所以正式的銷售方式，還是設立門市部。小本經營的出版社，剛開始多是在住宅中做起，編輯、門市，以至倉庫，都在

自宅，工作人員也就是家人。工作上固然方便，生活上則受太多的干擾，尤其是門市，吃飯時，休息時，都隨時會有客人上門。一般說來，買書的人還算斯文，不過也偶有令人生厭的惡客。而住家要求清靜，門市則要求便於招徠顧客，或是顧客容易找到、看到。很難兩全。

　　所以等到出版社規模較大，或是希望擴大營業範圍，就得專設門市部。出版社的門市部，倒不一定要在鬧區。臺北的書店街 ── 重慶南路，當初遠不如延平路、西門町繁華。倒是近幾年重慶南路日漸熱鬧，房租跟著上漲，不僅新的出版社無從染指。即使自有房屋的老字號，如中華書局、大中國圖書公司，都把一樓出租，而祇利用二樓，這樣門市的生意當然少了很多，然而比所收的房租，是微不足道的。至於公館，市面遠不如西門鬧區、延平北路，不過緊靠臺灣大學，是政治大學和幾所專科學校進入市區的必經之路，所以書店、出版社持續增加。進而與重慶南路的書店街，有連成一線的趨勢。而新興的西區，不僅人口漸多，而且形成新的商圈，於是新學友、金石堂等較大型的書店，便都看上了這些地區。這都可以作為選擇門市地點的參考。出版社的門市部，不一定在街道上，尤其是比較專業的書店，可以設在巷道甚至市郊。例如文海、爾雅等出版社、新興書局。

三、店員的甄選與管理

　　有了門市，就得善為經營，不要說謀取盈餘，就是必不可少的開支，如房租、人事費用等開支，都很可觀。在度小月時，

能賺得到也不容易。最主要的當然得有能善為經營的負責人。不僅要能會做生意，也要對出版有充分的瞭解，才能勝任。曾有人說：要能記得兩千種書名，才能在重慶南路的書店做店員。其實記些書名，祇是基本條件。曾有一客戶，要三民書局找些關於《水經注》的書，送到的包括了胡適手稿，大獲讚賞。胡適對《水經注》很花了些工夫，這是史學界的事，賣書的人能知道，已屬難能。胡適手稿共十集三十冊，前三分之二都是關於考證《水經注》的，後三分之一則多係文學。單從書名，是看不出與《水經注》有什麼關係的。賣書能達到這一境地，可說超過不少圖書館員了。當然一般門市的店員，未必有這麼高竿，而應是資深的才能有這層造詣。有了這種店員，不僅可以提升書局的形象。就經來說：一部胡適手稿的利潤，會超過當時市面上所有《水經注》的總和。而且會贏得客戶的信賴，多委託書局找書。這種店員，單靠年資久，工作經驗累積，不一定便能培養得出來，而要能平日在工作中多用心，從與客戶應對中多注意，自能漸有所得。至於知識程度，不一定要如何高。昔年如孫殿起，編有《販書偶記》、《販書續記》，王文進編有《文祿堂訪書記》，都是目錄、版本方面的要籍。他們都是從長年在北平琉璃廠鬻書，所培養出來的。有的同業，把出版業看做文化事業，看來不為無因。不過也並不盡是如此，有些人做了一輩子，甚至世代相傳，仍祇能算是書商。從宋到清，建安余氏都經營書業，甚至引起清高宗注意，記入《書林清話》，也並不能與上述孫、王相比。其實書商也沒有什麼不好。商務印書館在九十多年前創辦時，便取名為「商務」，沿用至今不改。不過在追求商業利潤之外，抱有弘揚文化事業的理

想，其對中華文化的貢獻，不也是很大嗎？

門市規模較大，店員相對增多，便須有管理的方法。臺灣地區的店員，一向工作時間長而待遇偏低。近年實行勞動基準法，仍然沒有多少改善。每天工作時間普遍超過八小時，比百貨公司或若干行業好的地方，是書店的店員可以坐著，至少可以輪流坐著休息。待遇不高，是普遍情形，在同等待遇的條件下，如能在工作生活上加以改善，便可增加店員的向心力。書店的店員，原來也得全天站著的，後來有家書店備有座位，可讓店員坐著，才逐漸改變過來。以致在書店形成一項通例。對店員選擇工作，也可算是一個可以供參考的條件。也有的書店在午間讓店員可以休息半個小時，甚至備有床位，可以小憩。那麼下午的精神自然會好些，在工作上自然會打起精神。也有的書店每天會備有大鍋綠豆湯，供同仁隨時自行取用，效果比喝水、喝茶要好的多。這都是惠而不費的。如今交通進入黑暗時期，不一定什麼地區，什麼時候會大塞車，大家都很難控制準時到班。好在書店在上午顧客不多，少數人遲到些時影響不大，不過也不能不管，如果一一登記留下記錄，不免有些傷感情。於是有的書店由店員自行約定，遲到的按時間象徵性的繳些罰金，每個月採累進制。老闆並不過問，而留做郊遊、同樂會時的公款。更有的書店供應膳宿，而且辦得很認真。人與人相處，都是將心比心。付出的必然會有回報。至於店主刻薄成性，或在工作上常有些不必要的挑剔，徒然弄得惡名昭彰，沒有人肯應徵。當然也有不明行情的人，不過發現誤上賊船，必然求去，或是暫時作為找新工作的墊腳石，成為新手的訓練班。一個店舖老是些缺少向心力的新手，經營的成果就不問可知了。

四、設　備

　　門市的設備，書店比較單純，主要是書架。缺少經驗的經營者，常委託傢俱廠商代做，或是買現成的，往往不適用，浪費空間。如今的出版品，以二十五開為主，精裝本大約是二一·五公分。所以每層的高度加多二公分，以便取放書即可。至於寬度，則要加倍再寬點。這樣外面放一排，裏面還可以放些複本，以備售出時隨時補充，或是客戶一次不祇買一本時，也不必去庫房取書。還有大套的書，可以把首尾兩本擺在外層，當中部分擺在內層。三十二開本的書已很少。除非經常有數量較多的本版書採這一版式，否則即可利用二十五開本的格子。至於十六開本的書，可在書架的上層或下層，斟酌情形做一兩層。其精裝的尺寸是二十七公分。當然寬度便夠於內外兩排。可以外面放一排，裏面的空間則把書貼著後面的板放，就是和外面的一排垂直。

　　書架宜用木製，通常用夾板，要求其堅固。因為書較重，成年累月壓著橫板，如果壓得變形，或是接頭處破損脫落，以致不堪使用。不僅重做要再花一筆錢，而搬動一次，也須耗費大力，影響營業。至於活動書架，固然可以調整每層的高度。不過費用既高，而且堅固的程度較差，不適用於書店的門市。書架不必像百貨公司的貨架，講求裝潢。有的書店在上端裝上壓克力版做的分類的類名。不過要與架上所放的書一致。如有變動，便隨時更改，以免名不符實。

　　書架上陳列的書，大致按內容分類，而要有些變通。不能比照圖書館那麼有一定順序。譬如開本大的書，便不能全按內

容排，而祇能排在較相近的位置，以適應書架的尺寸。最重要的是銷路比較大的書，要放在中間幾層，視線容易看到的位置。較冷門的書可放得高些或低些。很少有人問津的，則放在角落不為人注意的地方。不過店員要能記得，以備顧客查詢。要是外版書或寄售書，還需在結帳時能隨時找出。

五、委託銷售

至於完全採產銷分離的私營出版業，目前還少見。祇有一些政府機構的出版品，自行銷售，既需有人管理，又需促銷，往往不願去這麼麻煩，於是委託書店總經銷。如早些年商務印書館曾經銷中央研究院、故宮博物院的出版品。中華書局曾經銷臺灣銀行經濟研究室編印的《臺灣史料叢刊》等。不過這些出版品銷路有限，而房租、人工價位逐漸高漲，於是少有書店肯做了。祇有學生書局，配合其人文學科專業書局的性質，代銷一些同類的學報。不過既不易有什麼銷路，進貨也不是很方便，可說兼有服務性質。

至於私人的出版品，為了發書、收帳等瑣事，多有委託書店銷售，或是總經銷的。這雖不屬於出版業的範圍。不過有的出版業，是從私人印書做為起點的。還有為了登記、納稅等煩瑣事務，就以私人印書的形態出版些書，當然數量不能多。以上是就產銷的方面而言，至於專營銷售而不自己出版的業者，早些年祇有中盤商，專門代客戶發書給各地大小書店，而不一定做門市。尤其有些雜誌，便委託中盤代發，倒也解決一些缺少銷售網的出版者的問題。不過他們祇肯接受銷路較大的書，

至於一年銷不出三兩百本的書，如古籍，他們是沒有興趣的。

　　民國六十年代能源危機，有的出版業和書店因維持不下去而倒閉。開頭幾家出於不得已，同業間還可諒解、承受。後來有人混水摸魚，惡性倒閉，進而引起連鎖反應。所得的書，用切貨方式，流入路邊攤，以二、三折低價出售，引起市場混亂。這種不正常的情形自然維持不久。新的秩序、行規建立之後，便消失了。

　　八年前，公館開設了金石堂，規模很大，位置適中，專銷外版書的門市，而不自行出版，開頭大家認為維持不長久。誰知不但經營情況良好，而且陸續在重慶南路、火車站前、羅斯福路三段、忠孝東路，如今更向南進軍，九〇年之間，由一家到一百多家，大令當年的行家跌破眼鏡。其實在金石堂之前新學友雖也由自營出版業開始，進而擴大門市，大量經銷外版書，並且開設分店，與三民書局等以本版書為主，而也兼售外版書的情形不同，便已指出了圖書業的一條新路。不過這是事後的先見之明了。還有光復書局經營的光統書局。大規模以至專門銷售外版書的門市越來越多了。不過要形成日本、韓國那種產銷分離的地步，還得有一段時間。商場的傳統，是不易打破的。

　　自印自銷，規模再大，總難在各地普設分支機構，必然有賴於同業代銷，才能使銷路普及。即使如商務印書館在大陸時，全國各地設了幾十家分館，不過大陸太大，直接銷售的地域也很有限。

　　委託同業代銷，開始很困難。因為出書不多，又未打開知名度，所以殷實字號，不願接受，勉強收下，也多放到較不顯

眼的地方。接受得甘脆些的同業，往往收帳時拖泥帶水。要得等到書出得多，編印得好，闖出招牌，才較好辦。還有可以委託一家同業代為轉發，而給予比一般批發價要大的折扣。或是延期結帳，甚至兩種方式並用。

書店門市兼賣外版書，除了可賺取折扣的利潤外。因為某一類以至各類圖書較齊全，也可以連帶增加本版書的銷路。有時不一定是為了生意經，而也可提高書店的形象。

前兩年有位讀者在報刊上發表他購書的感想。他在一家強調企業管理的大書店，想買一部唐君毅先生的著作，書架上沒有找到，問店員，說是有，仍然找不到。找到管理部門，用電腦一查，說是前兩天還有，剛賣掉。如果需要，過三兩天再來。他順路走到出版該書的學生書局，從書架上取下一本，發現赫然正是剛才那家書店退掉的。原來那家書店的企業經營方式，是架上的書，多久沒有賣掉，計算房租、人工等費用，再擺下去已不合算，便行退貨。而學生書局肯以出版較冷門的人文學科著述作為專業，不汲汲於營利，則令人欽佩。又有一次在三民書局的書架發現一本找了許久而不得的冷門小書，書已老得發黃，足見置架已久，該局也不以絕版書而獅子大開口。從而論定三家書局品位的高下。也就是上文所說的書商與出版事業的分野。

六、促銷方式

出版業發達，出版品既多，要想銷路好，便得有各種促銷手法。當然最主要還是要內容充實，印製精良。不過同樣的書，

落入不同的出版者，銷路會大有差別。最常見的促銷方法，便是登廣告，不過廣告費太高，登得天數少，面積小，效果有限。登得天數多，面積大，固然可以多銷些，卻往往賣得的錢，不夠廣告費，不要說還有工本、人工了。所以連最有效果的出版廣告，中央日報副刊下端，費用也比一般廣告低得多，卻也常常不能滿檔。至於電視，以秒計算，不是出版業所能考慮的，除非是電視公司自己的出版品。

　　至於直接寄發廣告，設計、印刷、紙張、郵費、寫地址等人工，也很可觀。再有就是利用書訊方式登記為新聞紙，可以節省郵費。不過得經常編印才行，祇適用於大規模的出版業。而郵局也多次調整郵費結構，新聞紙的郵費比例也提高了。

　　圖書館路也有變數。二十多年前，聯合報和中國時報（當時是聯合版和徵信新聞報），爭著譯印日本小說《冰點》，競相減價，大為暢銷。鹿橋的《未央歌》，由商務印書館出版，銷路平常。後來有人翻印，商務便印普及本，壓低售價，以資抵制，結果成為暢銷書。這還是小說。中央研究院史語所編印的《甲骨文集釋》，是很冷門的學術性專書，也因抵制盜印壓低售價而銷路大增。這些書的單價都不算高。近兩年的《中文版大英百科全書》，因「盜版」而使每部售價由一萬多元壓到三千八百元，最近且有索價僅到二千八百元的。估計前後售出不下萬部，很難想到有這麼多的人需要大英百科全書。當然用書擺設總比用洋酒之類要有點文化氣息。當盜版，以至同業相爭，都不足為訓。不過要不是相爭不下，開頭便壓低售價，是否便會有這麼大的銷路，就很難說了。

七、服務顧客

　　早在民國四十年代，中國文藝協會在重慶南路有一出版單位，出書不多，銷路有限，於是把正廳作為閱覽室，供青年學生利用。這完全是嘉惠學子的用心，而與出版社的經營無關。後來漢中街幼獅書店的門市部，在樓梯口設有幾個座位，並有小桌面，供讀者利用，且不限定看該店的書。重慶南路的純文學出版社，也備有座位，供讀者坐著看書。國語日報的出版部，更鋪了地毯，供兒童或坐或臥去看書。這些書店，都不管你是否買書，看多久也不會遭到店員的白眼。三民書局門市擴大後，也在二樓的一個角落鋪了地毯，讓讀者坐著看書。不過東方書店在書架前面設有座位，因在一樓，又位於鬧區，成為約會、休息、聊天的場所。非但失去服務讀者的本意，而且秩序也不易維持，祇好擺上書了。

　　臺北市寸土寸金，撥出一塊地方供讀者利用，哪怕再小，書店的付出也不小。而讀者在利用這些空閒看書之餘，遇有感興趣的書，自然便會買下來。

　　有的書店用打折扣的方式促銷。或是挑出一些書，當做回頭書，減低售價。真的有什麼慶賀，如開業十周年之類，偶一為之，未為不可。要是經常性的打折，易使顧客有預期心理，會影響平日的業務。又如以贈品促銷，雖然在商業上，不妨偶一為之。不過這些手法，都不足為法，用多了，不免有損形象。

八、售後服務

在零售的交易上，常有「貨物出門，概不退換」的規定，在今看來，售出的貨品，正應保證品質。圖書不僅單位的數量大，而且一本書都是幾百頁以至千餘頁，祇要其中一頁，甚至一小部分污損、破裂，或是印刷錯誤或不清楚，都應負責退換。早年的正中書局，對顧客函詢書有污損，可否退換時，便立即寄上一本完好的書，並附上道歉函，以及回郵郵資，傳為美談。當然最好在印製時便能做好品質管制。

文史哲出版社印行張錦郎先生的《中文參考用書指南》，因新的參考書時有新書問世。所以要每隔一段時期，便加以增訂。而在兩次增訂版之間，遇有新出參考書，便印成小冊，讀者可以免費索取。而在每冊書後，都附有說明，顧客如收到書後，函告地址，在增訂資料印成後，便主動寄送，以盡到售後服務的責任。不過這一方式，少有同業採用，有些顧客疏於注意，所以成效不算好。

十、公營出版品

出版圖書當然要想銷售出去。不過機關、公營的出版品卻是既賣不出去，想買的人也買不到。因為他們不必計較盈虧，賣了還得記帳，盤存，賺到的都得歸公。《資治通鑑今注今譯》，列入中華叢書，先由國立編譯館出版，分好幾年都出不齊。後來由商務印書館印行，很快便出齊了，而且多次再版。國立編譯館積存的早先印製的幾本，堆在庫房，潮濕破損，前年祇好賣給舊書攤。

外國的圖書館、學術機構，最怕和公家的出版單位打交

道，三番五次函電查詢，都得不到答覆。尤其遇上連續性的出版品，當中缺幾本，真是急煞人也。大陸的出版業，可說都是國營，去買過書的人都嘗過那愛理不理的滋味。

其實公家出版品中，也有很有價值的。而且都是用納稅人的血汗編印的。印行後卻既賣不出去，也買不到，太不合理了。應由新聞局、內政部、文建會，或是國立中央圖書館、國立編譯館等有關單位，統一管理發售事宜。今祇委託正中書局一家，希望各地城市多幾家書店經銷，給予相當折扣。並把銷售成績，列為主管考績的參考。

出版業的倉儲與管理

　　古人形容書多，常說「汗牛充棟」。其實用來形容私人藏書，自然不算少，甚至夠多的了。如果用於出版業的倉庫，實在算不得什麼，而且會持續不斷的增加。

　　臺灣地區人口祇有兩千萬，國人讀書的意願不高，所以圖書的銷售數量很有限。除了關於學生考試用書外，一年能有三、五千冊的銷路，已經可算是暢銷書了。一般圖書，尤其是古籍，無論是據舊本重印，或是新的注釋，有關論著一次印製三、五百部，已算是夠多了。除非可以供大專院校學生做課本，才可以印到一千部左右。

　　書不能多印，而銷路有限，便有相當高比例的成品，要長年積壓在倉庫中。這還是初版的情形，要是再版的書，銷路更是有限，卻又不能印製得太少，以免單位成本過高。在銷售上，還得經常推出新的出版品，才好帶動早先印行的書能有些銷路。這樣不斷增加，固然累積了存書，卻也同時增加倉庫的需要。

一、倉庫的條件

出版業的倉庫要求的條件很多：

1.倉庫固然不比門市，不必在市區或是交通線上。不過也

得相當方便。最好是距離門市、管理及編輯部門都較近，最好又能距離裝訂工廠也不過遠。以便於圖書的進出。

2.**圖書既怕火又怕水**。所以要避開較易引起火災的地區，尤其不能淹水。不過臺灣地區的都市、城鎮發展得很快，若干偏遠地區，不一定什麼時候人口稠密，消防上的顧慮便多了。而從來不會淹水的地區，甚至是山坡地。也因建屋缺少規劃，甚至是濫建，堵塞了排水通道，而有一天便會淹水。

3.**倉庫的結構非常簡單，寬大而不需多隔間**。可是除非自建或是需要量很大。專門建造倉庫租售的建築物不多，如果利用一般住家或辦公用的房屋，隔間較多，尤其廚房、衛生間，倉庫並不需要，便不易充分利用其空間。

4.**如今的房屋已多是鋼筋水泥建造的樓房**。然有的因位置、建築等影響，易生潮濕，或是通風不良，都不宜用做倉庫。

5.**圖書的重量很大**。不要說如今的房屋建材、結構，每多偷工減料。即使作為一般用途，已夠堅固的房屋，仍多承受不住圖書的重量。圖書館的樓板載重量，比一般用途的房屋要高得多。而出版社倉庫的載重量，比圖書館又要高。因為空隙的需求小，書籍堆置要密得多。當然在一樓便沒有顧慮。可是一樓租售金額較高，易於潮濕，甚至淹水，也較易生蟲鼠等損害。有地下室的仍有如樓房。

不過書庫也不宜於用樓房，除了樓板須能承受很高的載重量之外，經常要搬進搬出，也不方便。

6.**圖書最易生蟲**。而臺灣地區常年平均溫度高，雨水多，潮濕重，更易於滋生各種損害圖書的蟲類。最常見的如蟑螂、蛀蟲等。油墨有相當防蟲的效果。所以有的印刷、裝訂廠，利用反覆多次試印，滿布油墨的紙張包裝。雖很難看，卻不全在

省些紙張。不過數量有限，不能充分供應包裝之用。

7.**庫房中要有適量的日光燈**。為了方便工作人員，仍宜保留或裝設自來水和抽水馬桶。除非緊鄰辦公處所。為了防潮，可裝置除濕、抽風等設備。

8.**圖書倉庫的設備很簡單**。書架可以用角鋼組合，既方便裝卸，承受重量也大，價錢也便宜。每層可舖夾板。尺寸可參考夾板的規格，如三或四尺寬，六或八尺長。至於高度，則視房屋的高度而定。放置的方位，宜與光源（窗戶）平行，而避免垂直。可以多利用自然採光。

9.**地下室的租售價，通常較低，不過要考慮到淹水、潮濕、通風等因素**。而依據法令，都市中的地下室多限制其用途。

10.**搬動書庫，非常不容易**，須付出搬遷車輛、人工的費用，在管理上，既得在搬出、搬進時需人籌劃、照料、管理。而在搬動時，最容易把在原倉庫放置的位置，高下、內外倒置。至於難以避免的損耗，還是小事。

所以倉庫如是租用或是借用的，必須要考慮到能有較長的利用期限。以免常要搬動倉庫。

二、倉庫的管理

圖書倉庫的管理，看起來很簡單，因為書多是包得方方正正，乾乾淨淨的。不像金屬物品那麼重，也不似玻璃類製品易碎，更不會有毒氣或惡臭，而且說起書來，常說是書香。實際做起來卻很不容易。正因為每一包都是方方正正的，所以不易從外形上便能一眼就看出裏面是什麼書。甚至打開一包，也不易馬上從封面裝訂看出是什麼書。而一座庫房，常要儲存幾百

種各門各類的書。有些書的書名很相近似，祇有一字之差。甚至書名全同，要從著者去分別。更有著者、內容全同，而版本不同。在提取時都要分別清楚，不能混雜。而庫中的存書，經常要提出，都得留下記錄。書架上便到處留下一些空間。可是遇到有新書進庫房，又得要比較集中一處的空間。如何能適應這些經常性的搬動，便既得有全盤的打算，也要不怕煩瑣，做經常性的適應。而最重要的，便是安全。

(一)安　全

一切工作，安全第一。書庫的安全，可分做三分面：

1.首要的是人員的安全。　圖書雖是有角有稜，然質地是紙張，不會傷害人。可是進庫房的書，多是大包，有相當的重量，在搬動時，尤其要放置到高處，或是從高處搬下時，要特別小心，以防失手落下。如果是兩人搬動，一高一下，很可能傷到砸傷在下面的人，或是把站在高處的人摔下。

因為進出倉庫的書數量很多，在搬動時，常會貪圖省事，一次要搬很多，可以少搬幾次，便容易造成傷害。即使同一個人，經常可以搬動某一重量的書，而遇到疲倦過度，或睡眠不足、生了小毛病，都會影響體力。故要減少每次搬運的重量，以免造成傷害。又如年事較高，或腰部健康欠佳的人。從地上或低處搬起重物時，最好先蹲下，再用腿部的力站起來。而要避免彎下腰去搬動，用腰部的力量直起身來，以免傷及腰部。

如用搬運車搬書，推動時不可貪快，尤其經過交叉走道時，更要當心兩側來人，如果帶了兒童進庫房，就更得小心。庫房面積不大，推得快些慢些，對工作量的影響很有限。最好只用拖的，人在車前，便不易撞到他人，不過推比拖要多

力。

　　為了取高處的書，常要用梯子或鋁梯子，一定要做得牢固，因為還要加上書的重量。如有損壞，一定要隨時修好。不可湊合著用，以免因小失大。

　　2.房屋設備的安全。　除了專為堆放書籍建造的庫房，一般房屋的樓板，多很難長期承受得住，很容易引起樓板以及橫樑變形，甚至龜裂。便應及早注意。一時不能搬遷，也要早日減少進書，以減輕負荷。尤其遇到地震，更容易使得房屋毀損。

　　如果是木造的庫房，在防潮、防火、防蟲方面更要注意。木質最容易生白蟻，所以書架也最好少用木製。鋼鐵的載重量很大，不過螺絲要上得緊，避免歪斜。尤其是正面向前後傾斜最易倒下來。遇上地震，更是危險。

　　書架遇有不穩或有彎曲等現象，要及早補救或更新。

　　書既怕火又怕水。所以電線、電器要維修良好。自來水管不能有破損。排水通道要經常維持暢通。甚至預防樓上因排水不良而殃及樓下。

　　3.書籍的安全。　注意防潮、防火、防蟲，要作為經常性的工作。遇有火警，更要及時處理，以免擴大損害。譬如白蟻，其破壞力既大，繁殖速度又很驚人。

　　圖書雖不是易碎物品，不過仍易受到損壞，如大包的書從高處落下，更易損及書角以至書背。如果大包書用繩綑綁，在搬動時要避免去提著，以免損及下面的書。

　　庫房要嚴禁烟火，照明要用電燈或手電筒，而避免用蠟燭。打開電燈開關或水龍頭，而遇到停電、停水時，也應隨手關好，以免來電來水時造成損害。

　　如果庫房住有管理或看守人員，最好有專用房間，而且另

有門戶出入。即使對庫房也留有門戶，可以裝設金屬門，以隔絕火的通道。

(二)記　錄

圖書是出版業的重要，也是主要的資財。不但要維護其安全，也要能留下正確的記錄。而圖書又進進出出，數量變動不定。不僅總數，每一種書也都得有正確的記錄，而且都能及時記下。

關於庫存圖書，以及進出情形，每天要有流水帳，詳記每種書進出的情形。甚至一種書的不同版本，同一版本的不同裝訂，如平裝或精裝。同一裝訂而封面顏色不同，也應分別記明。

根據流水帳，祇能知道每天庫存情形。至於每一種書的存量，則不易從流水帳中看出來。所以得另立一種依每種書進出情形以及庫存的帳簿。每書一張，至少佔一行或數行。詳記書名、著者，如有需要，更應記明不同的版本、裝訂、封面顏色等。如係外版書或寄售書，則應記明來源。再則記明收進庫房的數量，最好注明存放位置。每次提取出庫的數量，都應詳細記明，並算出庫中存書，俾能一目瞭然。

每年年底，或股東大會前，或是訂一時期，做一帳面盤存。與上次盤存做一對比，在這一段時間，各種書進書多少，出書多少，庫存多少，列表對照。

這些帳目，不僅在為財產做記錄，也可供營業及印製部門做重要參考。根據某一種書庫存情形，去決定何時再重印，或是對大量需求的客戶做準備。如果某一種或某些書庫中已無存書或是存量很少，而印製、營業部門仍不知道，或想知道而不能很快取得資料，必然影響營運。所以即使是獨資經營，也不

可不備有這些記錄。圖書太多又常有變動，記憶不甚可靠，還是得有一本正確可靠的帳目。

至於庫中進書，多是大批的，也應隨時記入流水帳，再記到每一種書庫存的帳目中。至於經銷或盤存他人的外版書，寄售書，數量就不一定會多。不過不管多少，都得隨時帳目清楚。尤其經銷或寄售的書，庫存還得提供客戶結帳時的依據，正確而適時的記錄，比本版書還重要。

倉庫的圖書，進出、庫存的帳目，固然要確實。而每次進出圖書，經手人都要能記載清楚，單據尤其要妥慎保管。不過這祇是記錄，同樣重要的，是庫存圖書，都能各在定位，需要時便能隨手取出。

(三) 書有定位

圖書館、書店門市部、私人藏書，多是五顏六色，大小厚薄不一，書背、封面都有書名、著者、出版社等項。那一本書是什麼書，很容易分得清楚。而且大致按類放置。有人放得凌亂些，卻也亂中有序。

倉庫中堆放的書則不然，都是用看來差不多的紙張，成一包包大小很接近。外面雖也都會標上書名和數量。可是與其他相近似堆集起來的書，實在很不顯眼，不易分別。所以必須妥慎管理。否則任何一種書，或是一套書中的一冊，放置的地方弄不清楚，等需要時卻明知倉庫中有，帳冊也記得很清楚，然而找不到。真是祇緣在此山中，雲深不知處。

所以除了在每一包書上標明書名之外，書架上明顯的地方，不妨也貼上標籤。不過因庫存書的數量常有變動，所以架上的書，常會搬動，以便騰出空間，放置進庫的書，那麼書架

上的籤條就得當時予以改動。即使每包書，每只書架，都標得清楚，仍不易據以找書。

　　輔助的方法，是做整個庫房的存書位置圖，先以每一書架的位置，每架每一層的左右兩面，都畫出一個格子。可以印成若干空白的備用。再把庫存的書，依位置填上。遇有搬動，隨時依實際情況改動。改得過多時，可以另造一份。或是影印一份，再把改動多的部分，另用白紙寫出貼上，再行影印。

　　最根本的方法，還是要把每書所放位置，記在每種書庫存情形的帳冊中，要找什麼書，便可一索即得。

　　這些記錄，看似煩瑣，可是找不到書，在堆集如山的庫房中偏找不得，相較之下，平時多費些事還是值得的。

　　也許有人說，把書分類放不就好了。即使不能很確實知道某書的位置，依序去找，也不難找到。

　　不知出版社的倉庫，書不能都分類放。譬如新出一部書，按類放置，豈不要搬動好多書。

　　而為了便於管理，放置圖書有幾項原則，部頭大的，銷路少的書，可放在角落，或高層、低層、取放不甚方便的地方。

　　經常要提取的書，放在最易提取的位置，如門口，走道旁，架上當中的位置。部頭小的，存量不多的，宜放在易於看到的位置，或是把這些書都集中放置，以免夾到大堆頭中，需要時找不到。

　　原則如此，究竟怎樣放才好，需要從經驗中體會。

　　規模不大的出版社，常沒有專人管理倉庫，而由一個人專任。不過也得訓練另一人對庫存圖書大致情形有相當瞭解，否則萬一那個人不能執行職務，單憑各種記錄，再如何詳明，他人也不易進入情況。

　　圖書倉庫的管理，惟一不操心的，是不擔心盜竊。倒也不是沒有發生過，而是很少出現，而且是與店主關係密切，甚至是內賊。所以倉庫雖不必裝鐵門鐵窗，倒是在人員上，要多費點心。

附　錄

平版印刷淺談

壹、前　言

　　在我們日常生活中，舉凡各式各類的書籍、報紙、雜誌、畫刊、地圖、鈔票、郵票、證券、商品廣告、海報、信封、名片、請帖、月曆、包裝紙、賀年卡，甚至於罐頭盒、牙膏管、花色布料⋯⋯等，無一不是印刷的產物，可見得人類文化愈進步，對印刷的需求也愈來愈迫切。　國父就曾在實業計畫第五計畫的第五部，專列了「印刷工業」一章，昭示國人發展印刷事業，那麼身為一個與印刷息息相關的現代人，能不對它有番初略的認識嗎？本刊編輯組有鑑於此，又見印刷技術的博大精深，實非理論空談的生手，所能獻曝，故僅就最為簡易、價廉、適用範圍最廣的平版印刷做一初探式的概論。

貳、平版印刷的嚆矢

　　平版印刷的嚆矢，應遠溯於西元一七九八年塞納菲爾德所發明的石版印刷，而石版印刷的發明對塞氏來說，又算是一種

偶然：由於塞納菲爾德是一位奧國作曲家且在他那個時代，凸版或凹版的印費都很高，就在這種資本條件的限制下，塞氏便想自己來印曲譜。一天，他無意間用了脂肪墨條把賬記在石版上，數日後卻發現字跡不褪，於是他就進一步的研究，終於發明了石版印刷，而今我們所普遍使用的平版印刷，便是根據這種水、脂互相排斥的原理。

平版印刷顧名思義，就是印版的印刷面與非印刷面一律平坦同高。印刷的時候，在印紋部分（有圖文的印刷面）保持一層富有油脂的油膜，而無印紋部分（無圖文的非印刷面）則保持一層可以吸收水分的膠膜，在印版上塗了油墨之後，印紋部分便吸收了油墨、排斥水分，無印紋部分則吸收水分而形成抗墨作用，經印刷機加壓接觸後，便能將油墨轉印於承印物上（如紙張）。又其複製方法較凸版（活字版、鉛版）及凹版簡便，雖然印速及表現力稍有不及，然因有製版快速、版面大、便於套印彩色、成本低廉等優點，所以一般書報、雜誌、廣告……或彩色圖文等印刷品，如無特殊需要，幾乎百分之九十五以上都是採用平版印刷的，因而平版印刷的發明晚於凸版和凹版，迄今也僅只一百八十多年，然在三大印刷版式中的成就，卻是最為快速的一個。

叁、平版印刷的種類

平版印刷自石版印刷發展以來，已改良成下列五種印版——平面版、平凹版、平凸版、PS 版及委安版、直接紙平版。

一、平面版

平面版就是上節所述利用水墨抗衡而版面水平的印刷版，其製作的方法又有多種，其中以蛋白製版法為代表，因其簡易方便又經濟實用，因此國內一般業者多樂於採用。茲以本刊為蛋白版所印製，特條述其作業程序於下節的「製版」。

二、平凹版

平面版雖製版簡單，但因印紋部分所載之墨膜較薄，易致印件色調平談；且支持印墨的膠膜，又易在印刷途中，遭化學溶液的侵蝕破壞，而致耐印力低。所以設計了平凹版，也就是在製版時使印紋部分稍稍下凹約 0.0003～0.0004 吋，則印紋上的印墨可堆積較厚，且印墨有凹槽限制其範圍，除了墨色會提高外，耐印力也會增高（一般可印十萬刷以上），目前國內的多量印刷及彩色印件，百分之九十五左右均用平凹版。

而平凹版之印刷，與平面版完全相同，是用平版橡皮印刷機的，就因其製版和印刷全如平版之便易，而印刷成果又近似凹版的精美，是平版中的凹版（事實上印紋下凹程度極淺），故簡稱為平凹版。

三、平凸版

平凸版亦稱乾平版或間接凸版，乃使版面之印紋部分略凸起約 0.01 吋，也是用普通平版的印刷方法，屬於平版中的凸版。

一般平版如平面版及平凹版印刷時均需用水潤面（水墨反撥原理），所以會有紙張受潮伸縮、套印不易精確的缺點；而平凸版則不必用水，因為其無印紋部分下凹不需油墨，則無潤

水的必要，因此每版的耐印力又較平凹版為高，通常可達十倍以上。但平凸版國內較少採用，係因國內尚未有如此大的印刷數量。

四、PS版及委安版

PS版我國印刷界稱為「預塗式平版」，乃美國3M公司於一九五〇年所創，其與前述幾版比較主要在於感光劑的不同，使製版更為便速、品質更為良好，而且製好的版可保持一年左右，能減省一些作業上時間的麻煩；然唯一的缺點是成本過高，且每版僅適用一次，對於數量低的印件頗不經濟，所以國內是不採用的，目前僅有歐、美、日出品PS版的商品。

委安版國人稱為「自塗式平版」或「易塗式平版」，所用的感光劑亦同PS版，製版手續亦甚簡易，成本卻較之為低，惟每版亦僅能使用一次，但對講求時間和節省人力的美國而言，此種成本仍屬經濟可採的。

五、直接紙平版

直接紙平版就是市面上所謂的快速印刷，此類印版是直接以紙版為版材，費用低，但效果較差。

肆、印刷的先決要素

一個好的印刷製品的先決要素，必當有合乎印刷標準的原稿，如無合乎製版適性及印刷適性的原稿，卻想得優美的印刷

品，那便無異是緣木求魚。

　　印刷所用的原稿，大致可概分為三類即文字原稿、圖畫原稿及照像原稿。

　　一、文字原稿有手寫稿、打字稿、印刷稿之別。可視需要，來決定做排版或照相製版。供排版用者，必須字跡清楚，以便排版師傅檢字、組字（註：排版就是活字版印刷，屬於凸版的一種，組排成所需的版面後，就可直接付印，所以不經照相和製版兩個步驟）；而供照相用者，除清晰外，還需線條濃黑、反差對比鮮明。

　　二、圖畫原稿有連續調圖畫及線條圖畫之別。前者如炭畫、水彩畫、國畫、油畫等，後者如漫畫、線條插畫、圖解等都是。其中又各有黑白、單色、彩色之分，此類原稿製版之前必先照相，故其色調以濃強適合感光為佳。

　　三、照相原稿有黑白照相與彩色照相之分。其中亦各有陰片、陽片和反射、透明之別；陰片、透明原稿就是底片、幻燈片、透明圖，陽片、反射原稿則如圖畫和沖曬的相片等。要言之，以濃度正常反差適中為佳。

伍、平版印刷的程序

　　平版的種類雖多，但其印製的程序，都需經過照相→製版→印刷→裝訂等四大步驟，而今只以「印刷」一詞總蓋其名，大概就是沿稱古代手工一刷一印的情形吧！

一、照　相

供印刷製版用的照相，謂之製版照相，它與我們日常生活用小型相機攝影的普通照相是不同的，製版照相需用專製的製版照相機（又稱複照儀）在室內操作，如將原稿做黑白的照相，將彩色透明片、底片或相片做分色或網版的照相工作（註：蛋白版的照相併於蛋白版製版程序一起講）。

所謂的分色照相，就是利用濾色鏡將彩色原稿的色光分解成紅、藍、綠三色，然後依原稿的色相，將做成的分色陰片互相重疊，如要得黃色，便將紅色陰片和綠色陰片相疊，其所以要如此作業，乃配合彩色「套印」的需要：因為彩色印刷係利用顏料將色光吸收，即用分色時未感光的原色印墨，先後重複印於同一被印物上，如此三原色交替重疊的結果，便可印出與原稿相同的彩色，這就是我們常聽人家說的「彩色套印」。

至於網版照相的作業，就是為了表現圖片分明的深淺度、線條的清晰度、及遠近高低的立體感，其方法是在鏡頭和感光片中，置一道網屏，透過網屏將連續調的原稿，攝成粗細大小不同的不連續的網點或網線像，其後再來製版，便能保持原稿的效果。

如果，連續調原稿不經網版照相而直接製版，則會有因露光不充分，膠膜硬化不徹底，導致色調失落的情形，且有吸墨飽和的現象，印刷時必致印刷品濃淡不

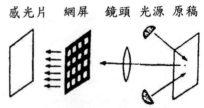

感光片　網屏　鏡頭　光源　原稿

網版照相示意圖

分，滿版單色。

二、製　版

製版就是將照相所得的底片，製成可供印刷的版面，其方法很多而且手續最為繁雜重要，又版式不同（有凸版、平版、凹版、孔版四大類）程序各異，限於篇幅，在此僅對班刊所印用的蛋白版作一說明：

①首先配製酒精和硝酸銀做為感光劑，倒入寬大的短槽，然後沈入玻璃片浸泡，取出，充做製版照相機的底片（乃取玻璃用過洗淨仍可重覆使用的方便經濟），把原稿的圖文攝在玻璃片上，此時所顯的像並不是很清楚。（一九六〇～一九九〇年常使用）

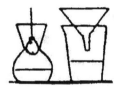

①配製感光液

②用蘇打洗刷玻璃片上不必要的廢料，再用硝酸銅使像顯清楚。

②洗刷並腐蝕版材

③取金屬鉮版置於迴轉器浸泡於蛋白和化學藥水所做成的感光液中。

④加熱烤乾鉮版上的蛋白感光膜

③置版於迴轉器　④烤乾感光膜
中流佈感光液

⑤上下疊放玻璃片和鉮版於曬像框中。

⑥抽去空氣（使感光鉮版

⑤置感光版與陰像　⑥抽去空氣，並
底片於曬像框中　轉至垂直位置

和玻璃片能完全吻合）後，旋轉曬像框成垂直的位置。

　　⑦用高度光熱照射，使玻璃片上的像，投影在鋅版上，大約經過 30 秒到 1 分鐘後就能取出。

⑦露光

⑧感光版上塗佈顯像墨

　　⑧在感光鋅版上塗抹顯像墨。

　　⑨擦勻顯像墨後要吹乾。

⑩1 用流水沖洗

⑨擦勻，吹乾

　　⑩再先後使用藥水和清水沖洗，除去鋅版上無圖文部分的墨跡或殘渣，鋅版上就有清楚　　的顯像。

⑩2 顯像

⑪塗佈樹膠液

　　⑪塗佈樹膠液，防止版面搬運的磨損。

　　⑫吹乾或烘乾後即可送到印刷廠印。

⑩3 清除殘膠

⑫吹乾付印

三、印　刷顯像

　　現在平版印刷普遍使用的印刷機，稱顯像為橡皮機。橡皮機是印版滾筒與加壓滾筒間置一包有橡皮布的滾筒，印刷時油墨先印在橡皮上，然後再轉印於紙張，故為一種間接印刷。又蛋白平版是用橡皮機來印的，所以也有人稱蛋白版為橡皮版。

四、裝　訂

　　裝訂乃成書的最後步驟，印刷廠印好的紙經裁切→摺紙→配負→打本→糊封等幾個過程後，裝訂就告完成。除了有方便閱讀和保存的好處外，裝訂還具有欣賞、美觀的藝術價值。

　　裝訂的種類依形式來分，有平裝、精裝、中裝三大類：

㈠平裝

　　有穿線平裝、縫線騎馬裝、縫線平裝、鐵釘騎馬裝、鐵絲平裝、膠水裝、機械裝、活頁裝等八種形式。

㈡精裝

　　又叫做洋裝，其內部與平裝完全相同，只不過外殼不同而已，有硬面及軟面兩類，依書背的不同，又有圓、方之分。硬面者堅固耐用，便於保存，圖書館和一般西書，均用此法；軟面者便於翻閱，多為字典之類的工具書所採用。

㈢中裝

　　即我國傳統的裝訂方式，如手捲式捲軸裝、折頁式旋風裝、經摺裝、蝴蝶裝、包背裝、線裝等等，手續麻煩，且耗人力，現已不常使用。

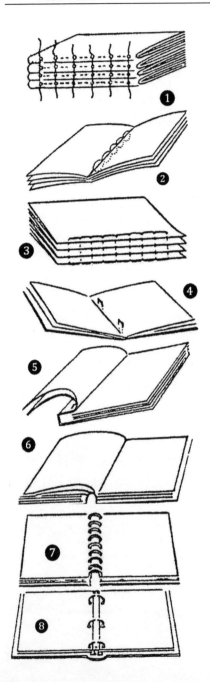

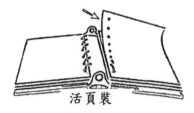

活頁裝

圓背

方背

軟面

精裝的三種型式

①穿線平裝
②縫線騎馬裝
③縫線平裝
④鐵釘騎馬裝
⑤鐵絲平裝
⑥膠水裝
⑦機械裝
⑧活頁裝
平裝的八種型式

包角

鑲包角

線裝書的包角

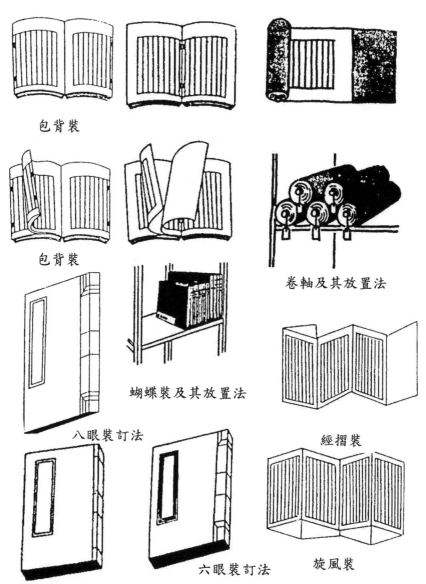

包背裝

包背裝

卷軸及其放置法

蝴蝶裝及其放置法

八眼裝訂法

經摺裝

四眼裝訂法 　線裝書的種類

六眼裝訂法

旋風裝

陸、小　結

　　印刷的版式雖然很多，但書刊的印製則以使用平版和活版兩種為多，今淺論班刊所採用的平版印刷，難免有些「資料取捨」的疏忽和遺憾。

　　因為印刷有許多專技名詞，而且許多製作的原理，乃屬物理和化學的範疇，所以對於化學反應的情形，在此就沒有一一詳述；又印刷與裝訂的作業，須師徒的傳授，和有熟練的技術與經驗，故僅簡言其種別及程序。惟希望本報告能給同學一些平版印刷的概念，或帶給同學一些資料參考的方便，如此便已達到我們編輯的目的了！

　　　　　　　為政大中一甲班刊《塵跡》編寫
　　　　　　　1984 年 5 月 17 日

貳、學術交流及兩岸出版交流

臺灣地區古籍整理及其貢獻

　　近四十多年臺灣地區對古籍的典藏、傳佈與整理，與文教和學術研究關係很大，也互相影響，卻少有人做一通盤的論述或檢討。今敘述其經過情形，檢討其得失，並論其今後發展，以就正於方家。

　　這篇報告自應以整理為主，可是在四十年代末期以前，臺灣地區典藏的古籍數量有限，所以也說不上什麼整理的工作。近四十多年對古籍整理工作有些成就，因素固然是多方面的，而較充沛的古籍原本，實提供了豐富的資源才能滋長，所以記述較多。

一、典　藏

　　中央圖書館等從大陸播遷來臺的機構，初因無足夠的場地，圖書文獻均放置箱中，堆集在庫房裡，而庫房又偏處鄉間，每找一書，必須搬動若干箱子，而每箱又都塞得滿滿的。歸還

時則要依相反程序歸原。要找一部書，手續繁、需時久。後來陸續在臺北興建館舍，能將書籍打開堆起來，有如書櫃，找書大為方便。以至設置書櫃或書架，對書庫的溫度、濕度，均控制在適宜度數，以免藏品受到損害。

　　臺灣地區，跨過北回歸線，常年氣溫很高，濕度很大，甚且含有鹽份，還有白蟻也很容易滋生，對古籍保存（對銅器以及書畫等古物，侵蝕尤其嚴重，所以國立故宮博物院的藏品維護良好，很受國際上重視，這是題外話，今不贅。）非常不利。如線裝書習用的布函，用馬糞紙製成，極易生蟲，有一所國立大學的一些藏書，祕藏而少加翻動，便遭蛀蝕，影響所及，該校一位退休名教授，身後其家屬把他生前的藏書捐給學校，其中線裝書部份，便不肯接受，至於原有蟲蛀的書，更堅決拒收。這顯然是因噎廢食。又有一所學術機構，把一部鎮庫之寶的宋刊本，鎖在保險櫃中，祕不示人。有一次，貴賓來訪，取出亮相，書全濕了，幸好紙質佳，還未損壞。

　　所以對古籍的保存，也累積了一些經驗。早期堆積庫房中底層的箱子，從地面墊起一尺多高，經常打開門窗，以保持通風。木箱內還有鐵皮箱，以妨萬一遭水浸。箱內多放樟腦丸，既可防蟲，也是乾燥劑。後來菸酒公賣局附設的樟腦工廠停辦，政府特准專案進口。近年改用新開發的防蟲劑效果良好。臺灣大學、中央圖書館等都設有薰蒸室，除對自藏的圖書經常輪流處理外，也酌情代他館處理。

　　至於布函多已捨棄改用夾板，對藏書量多的單位，由函改板，費用很可觀。像中央圖書館等便逐年編列預算陸續改裝。

　　保存古籍書最重要的是隨時保持通風良好。較少翻閱的書

籍，每經過幾個月更要檢查一下。宜用木櫃來調節溫度，請切忌用密閉的鐵櫃，若不去翻動在多雨地區更是不宜。古人每說曝書，其實書不宜在烈日下曝曬，若潮濕了可在通風良好的情況下讓其風乾，在還未很乾之前便應合起壓住它以免紙張起皺。機器製造酸性的紙，更不能常置太乾燥的場所。大陸發現一些千年左右的古書，固然貯存在乾燥的密窟，甚至埋藏在地下。由於空氣不流通很少接觸氧氣，也難避免損壞。

各收藏古籍機構，除承襲舊有經驗外，也因應地區的環境，採用新的科技，以至吸取外國經驗互相結合，並不斷謀求改進以求對古籍的維護做到最好的情況。

一九八四年中國圖書館學會，召開一次國際性的「古籍鑑定及維護研討會」，編印論文集一冊。其中固然以古籍鑑定為主，也有一些是關於維護古籍技術和經驗，很值得參考。

要整理古籍必先要有相當數量古籍書，以便於參考。這些古籍必需維護良好不至受損，且放置得宜便於取閱才能談及整理。

二、編　目

古籍收藏雖然很分散，而有些機構並無完善的書目供讀者查閱，即使如中央圖書館（下文簡稱中圖），在一九五七年編印善本書目三冊，然其中並不包括該館非善本的古籍。到一九七一年由中圖主持，彙編善本及普通本線裝書聯合書目，參與機構共有八所：

中央研究院歷史語言研究所（史語所）

國立故宮博物院（故宮）

國立中央圖書館（中圖）

國立臺灣大學（臺大）

國立臺灣師範大學（師大）

私立東海大學（東海）

臺灣省立臺北圖書館（北圖，後改為國立中央圖書館臺灣分館）

國防研究院（後裁併入陽明山莊）

各單位就其收藏，分善本與非善本的線裝舊籍，編成分類目錄（多採〈四部分類法〉），統一版式排印。再就這八家書目，分善本與非善本，各編成綜合的書名及人名索引。所謂聯合書目係這兩種四部綜合索引，而並未能如中國大陸集數十所重點圖書館，編成綜合的分類目錄。而且在今天看來，這八家收藏機構，有的藏書有增益，或需修訂，如中圖便有修訂本，故宮則善本與非善本合為一目。又如政治大學、文化大學、臺灣省文獻委員會，都收藏一些線裝書，相較北圖、東海並無遜色，當初因故未能參與聯合目錄的編印。

至於一九四九年以前所印的非線裝的平裝、精裝古籍，如今也日漸稀少，而且紙質大多不佳，應力求維護，也亟須編印成目錄，以至聯合目錄。還需仰賴有號召力的人士，動員各收藏機構，並設法籌到一筆經費，這還只是基本條件。

中圖在收藏書目外，還編有《宋本圖錄》、《金元本圖錄》。明本太多，原擬選編，而事不果行。現該館以專案方式，編成善本題跋、序跋之後，從今年下半年，撰寫善本書志。其實宋金元本圖錄所收皆是該館從大陸運臺部份。至於在臺近五十年

增益部份有待增入，且早年印刷紙質不佳，也亟需增訂再印，其中三朝本，則可不列入，或作為附編。故宮對宋元本也都編有圖錄。史語所的宋元本也不少，該館仍只知祕藏，除非所長親自批准，即使資深研究員也無從提閱。至於增訂書目、編印圖錄，更無暇去做。

中圖、故宮等機構在收藏書目之外，也編一些專門書目，如：《論語、四書集目》，《中日、中韓、中越書錄》，《中國文化書目》，以及一些展覽書目等。

一些重要的專門書目，是由私人編成的，舉其重要如下：

（一）昌彼得先生所撰的《說郛考》，除綜述《說郛》的成書、結構、傳本、陶宗儀的生平外，並對所收一千多種書各撰提要，其中有些書為《四庫提要》所未收，甚至其他書志、提要所未及。一九七九年又加增訂，印成專書，由臺北文史哲出版社印行。

（二）嚴靈峰先生以數十年的時光，廣收圖書，而以子書為主。先就老、莊、列、韓諸子先編知見書目，後來多次擴充增訂，而於一九七五～一九七八年編印成《周秦漢魏諸子知見書目》六鉅冊，可比美於清朱彝尊《經義考》，嚴氏並以其所藏編為《無求備齋諸子集成》，先後編成《老子初、續集》、《論語初、續集》、《列子》、《墨子》、《韓非子》等。又編印有《周易集成》、《書目類編》，其底本數萬冊，則寄存中圖以供公眾閱覽，很希望嚴氏能捐贈給中圖。

（三）劉兆祐先生在臺灣師範大學國文研究所攻讀時，其博士論文是《宋史藝文志史部佚籍考》，所考凡千餘種，因書已亡佚，考訂不易，後來又加增訂，按類在學術刊物發表，再

加增訂，彙成一書，由國立編譯館印行，收入《中華叢書》。
近年復考及《宋史・藝文志》史部存書部份，將來與佚籍考部
份合成全璧。很希望劉氏能再考經、子、集三部，必能駕輕就
熟，而可以比美清姚振宗考證漢隋諸志。《宋志》著錄逾萬種，
就數量言，多於《快閣師石山房叢書》七種，而與《四庫全書》
略相當。而漢隋諸志宋代以來已有多人論述，清人著述尤夥，
可資參考的論著多。至於《宋志》，可資依傍的資料不多，考
訂不易。據云陳樂素先生致力於《宋志》的考證，凡數十年，
然有待整理刊佈，且其所用方式與劉氏有別，正可互相發明。

　　（四）學位及升等論文關於書目的論著，雖然很少，偶然
也有一些，而以文學方面的居多，如考小說、戲劇、詩話等。
而論文如係研討某一名家，每有篇章考其著述。如研究某一部
書，則有篇章考其版本，若予以彙集，也不失為學科書目的資
料，只是作者多缺少這一方面的專業訓練，加上時間迫促，很
難做到不遺、不濫。即使以個人著述考為題，也難免有些缺失。

　　（五）有的論文以某書古注，如群經義疏，或類書的引書
考為題，可以鉤稽出一些亡佚的古籍。史志已著錄的，可作考
訂的資料，未著錄的，可作補志的資料。又可作輯佚、校勘的
資料。近人楊守敬曾擬輯古注及類書等引用書目，加上歷代藝
文志等，編成全上古至六朝藝文志，以一人之力，很難做到，
如能匯集群力，則眾擎易舉。此仍賴政府或有力之士的高瞻遠
矚，策動群力。而散兵游勇，單打獨鬥，是不易成大事的。

三、標　點

古籍原本很少有標點。近數十年所印古籍，固然以影印原本為主，也有加以標點並分段落的。如一九五七年起臺灣銀行經濟研究室所編印的《臺灣文獻叢刊》，由周憲文先生主持，備極艱辛。約收六百種，均加新式標點分段，且經專家審定。

中圖先就其所藏善本中諸家題跋，彙編影印，後又加標點分段排印，並選輯善本中各書序跋，標點排印。

《中華叢書》收有歷代文彙，自先秦至清共分八鉅冊，由高明先生主持，各冊分請一或二人主編，惜所託不盡得人，若干選文及標點，有待商榷。

張其昀先生曾就正史加以標點印行，完成宋、金、元、明各史。《清史稿》則加以重修，改稱《清史》，實則原有缺失，既未能修訂妥當，且有新的缺失，不為學界所重。張氏勇於任事，而急於成書，所以執行人士不能從容將事，尤其專門篇卷如天文、曆法、地理等志，有成行不加斷句的。

臺灣學生書局於一九六四年影印清趙烈文《能靜居日記》真跡後，因原本字跡潦草，且多塗改，不易辨識，曾予抄寫，打算標點重排，惜未完成。

國立編譯館以清阮元校勘之宋刊十行本《十三經注疏》，由師大國文系教授若干人，加以標點，有待發排付印。然阮氏當時所校，既未能精審，而如今所能利用之善本，則遠在阮氏據校諸本之上。且如《周禮》之經、注、疏，日人有新校記，精審遠出阮氏，均不可不加利用。

通俗的章回小說如《三國演義》、《紅樓夢》、《儒林外史》，以及《濟公傳》等，每有多家出版社標點排印。可是多不知慎選好的版本，或只是依據舊有的標點本重排而已，校對又欠認真，只能供消遣閱讀，而不足以供研究的依據。

四、校 勘

公私出版機構規模不大，人員不多，經費有限，且古籍銷路不廣，多係影印，重排已不易，更說不上加以校勘。然而有關於古籍的論著，尤其是學位論文、升等論文，頗有就所研討的古籍加以校勘。其數量不易統計，約略估計當在百種以上。然校者不僅曾受專業訓練，負責任的還能校出各本異文，下焉者不免敷衍塞責，更不要說定其是非了。即使已具專業素養，又肯負責，然時日迫促，校勘不過是論文中一部份，且是不甚重要的部份，指導教授和口試委員，或審查人員等都不會注意。

史語所校印《明實錄》，附有校勘記，係黃彰健先生主持，除廣羅異本外，並參校若干明代史料。無論在量和質的方面，都很可觀，不僅對明史研究有很大的貢獻，在古籍整理上也值得推崇，可引為範例。

國史館除了纂修民國史以外，因《清史稿》迄未修訂完成，所以也兼負纂修《清史》之責，不過茲事體大，先約聘若干專家學者，就《清史稿》加以校注。實則主要是校勘，不過有時引證一些資料，記其異同，案而不斷。既缺少能負全責的總纂，又未能事先商妥較統一的體例，只是一人分若干卷，各校各的，所據校的資料，所採用的校注方式，五花八門，不一而足，

更不要說是前後有關聯的地方，宜互相照應了。很不像是由一所負有纂修國史的機構，動用可觀的經費、人力、時間所得出的結果。如與史語所校勘的《明實錄》相比，高下懸殊也很大。成書印成十六開本十八鉅冊，所分送的人，如民意代表，根本不會去翻閱。想利用的人，則無從弄到手，這也是學官的通病。

至於專門從事校勘的學者如王叔岷先生，在幾乎遍校子書之後，又以十多年的功力校勘《史記》，先分篇在學術刊物陸續發表，再加以校訂，結集成書，自然受中外學者重視。王氏前些年在臺大開過「先秦道法思想」這門課，特別安排在周六的十至十二時，以便全校學生都可以選讀，有如現今的通識課程，當是其校諸子及《史記》的心得。其成就固從校勘入手，而所得則超出校勘的「咬文嚼字」了。王先生的門人，也多有從事校勘工作的，如羅聯添先生校注《白居易文集》。

五、注釋與語譯

這兩項應是古籍整理最重要的工作，可是做得很有限，最大的一批是古書今注今譯。一九六〇年代中期，教育部有《中華叢書》的編印，其中有《通鑑今注》，本擬也注《史記》，僅成首六卷和《天官書今注》。後來由中華文化復興委員會主編《古書今注今譯》成書三十六種，以經、子兩部為多。

臺北三民書局則有古書注譯，已成十多種，頗與今注今譯重複，而譯注則有異同。其他則多係作為課本或較暢銷的，如《四書》、《唐詩三百首》、《古文觀止》等。

新注譯的書還有一些學位或升等的論文，出於專心一致的

則不多見。

　　語譯的大部頭書當推白話《通鑑》和《史記》，而成於眾手，又迫於時間，重印時也不修改，問世後又少見批評的文字，不知其高下如何。

　　銷路較好的古籍，每有多種注釋語譯，有的是陳陳相因，有的刻意立異，固然不足評其優劣，有的出於名家，如《詩經》、《四書》、《文心雕龍》等，彼此常有差異。甚至同一作者，對同一樣文字，前後互見的注釋和語譯，都不免有出入，如加以彙輯對比，當可見其功力如何。

六、輯　佚

　　古書多已亡佚，則輯佚的工作便很重要，清人做得很多，近百年間則較少有人從事。這四十多年更少，偶有，也是在校注古書時，輯些佚文做為附錄，有的還是在清人的基礎上稍加增訂。

　　楊家駱先生在影印存本永樂大典後，有意用以輯佚而未果。顧力仁則對這一構想加以論述，撰成《永樂大典及其輯佚書研究》一書，可說是論輯佚工作第一部鉅著。由臺北文史哲出版社印行。

　　喬衍琯先生以清人的輯佚工作，多相互重複，所輯既有疏漏，也有誤輯，應互相參證寫成定本。這份工作很繁重，僅做點發凡起例而已。如能彙集眾力，則眾擎易舉，很有功效，實具意義。

七、索　引

　　鄭恒雄先生編有《漢學索引總目》，新舊兼收，對附在書

後和單行的索引，未加區分，所以不易看出索引編製的情形。
近四十年，索引編得不算多，值得稱道的則有：

（一）傳記資料索引

一九六三年昌彼得先生主編《明人傳記資料索引》，以中
圖的一千多種明代文集及明代史料為主。問世後對研究明代有
很大的推動力，一時海內外據索引找資料的，可說紛至杳來。
一九七四～七六年昌先生又與王德毅先生等編《宋人傳記索
引》。因有了經驗，體例加密，王先生後來又主編《元人傳記
資料索引》，並增用方志等資料，充實《明人傳記資料索引》，
因規模太大，似尚未問世。王先生深研宋代史，又有《宋會要
人名索引》、《元人傳記資料索引》。

一九八五及九一年明文書局編印《清代傳記叢刊》，收書
一五〇種，計二〇五冊，《明代傳記資料叢刊》，計一六四冊，
收書一六二種，各附有索引三大冊，就索引找傳記，非常方便。
由周駿富先生主其事。

（二）其他索引

各種期刊論文索引編得很多，雖也有些綜合性的，而所收
資料都有限。王寶先先生編過史語所藏方志中的傳記資料索
引，未成而卒，其成稿及卡片下落則無從知悉。張錦郎先生在
一九七〇年編有《近二十年文史哲論文分類索引》，一九七三
～七四編有《中文報紙文史哲論文索引》二冊，一九八二年又
擴充為《中國文化研究論文目錄》，正陸續印行，預計六鉅冊。
張先生潛心於這一工作，常自費到日本、美國、香港、中國大
陸等地訪求資料，成為馳名國際的專業文獻學家。交遊既廣，
得道多助，亟盼全帙能早日問世，並有人能接棒。

　　臺灣商務印書館近年印行逐字索引叢刊,已問世的約二十種,係用電腦編成,還陸續編印下去。又配合印行《四庫全書》,由中華文化復興委員會編成各種索引,已印成十種,因該會改組而停頓,卡片則歸於故宮,希望能繼續編下去。

　　政大中文所曾編有《明代別集資料索引》,這比北平圖書館的《清代文集編目分類索引》規模大得多,惜未見成書。

　　成文出版社等也編過若干索引,以上所述都是單行的索引。至於附於著述後的索引也有一些。通常多是部頭不大的書,還未形成風氣,應值得提倡,雖是為人之事,對著述的流通利用也很有幫助。

八、資料彙編

　　早在一九六○年代葉嘉瑩先生便多方搜找杜甫《秋興》八首的資料,加以排比。因不遺不濫,士林看做著作。這一工作實與後來的杜甫卷相近。只是詩篇不多,而網羅的資料卻很豐富。

　　藝文印書館在一九七四年印行《百種詩話類編》,係由臺大中文所研究生編成,臺靜農先生主持,體例上有如類書。不過對所採一○一種詩話,全行採錄,不加刪節。連各書序跋凡例也附於後,可說為古籍整理創出一條新路,很值得仿效。該所又曾就清人筆記中有關群經資料分類編纂,惜未見成書。

　　王國昭先生有《詞話類編》,體例一依《百種詩話類編》,而詞話內容比詩話內容複雜,分類上有的待商榷。且所據資料係舊本《詞話叢編》而稍有增益,近年《詞話叢編》新本問世,

所增部份也有待補入。

九、傳　佈

若干圖書文獻，尤其是善本，多罕見傳本，甚至是孤本，各典藏單位用多種方式複製，以廣流傳。如：

（一）**製成微捲**（microfilm）：中圖起初係應其他學術機構或個人申請，進而由館中分批大量製成副片，隨時可用以製成正片，提供讀者申購。

（二）**自行影印**：有的據原式原尺寸精印，故宮印得最多，中圖也有一些。或縮印成叢書，也以故宮、中圖較多，史語所《明實錄》，附校勘記，臺大則有《琉球寶案》。

（三）**私營出版社影印**：以商務印書館據故宮藏本影印的《文淵閣四庫全書》，最稱鉅帙。成文出版社、學生書局等選印各省縣地方志。文海出版社等影印明、清、近代史料，底本多係中圖、故宮、臺大、中央研究院近代史研究所（以下省稱近史所）的藏本。

（四）**中國最近策劃將所藏善本製成光碟。**

至於標點重排的古籍，多經加工整理，已見上文。

曾有人說：臺灣印行古籍只是印刷事業，而非出版事業。因出版商常是各顯神通，弄到一些古籍原本，便交給印刷廠去印。至於版本固不會去取優汰劣，對原書中缺頁、殘損，也一仍其舊。至多是加編頁碼。能夠在所印的同一批書，前編個目次，（有誤稱為索隱的新興書局版）就算不錯了。甚至誤改或妄改書名、著者。這種情形，確實為人所詬病。

可是也有些影印的古籍是經過整理，有計劃編成的。規模較大的，如嚴靈峰所編的《無求備齋諸子集成》，所採用的底本，除了他數十年間辛勤搜集所得之外，還借影印了一些海內外的公私珍藏。編成的計有《無求備齋老子集成初編》等十二種，及《書目類編》，由臺北藝文印書館及成文出版社所印行。成文出版社出版《中國方志叢刊》甚多，學生書局出版的《新修方志叢刊》，有二二八種，七二五冊。

莊芳榮編有《叢書總錄續編》，所收叢書六八三種，為一九五四～一九七四年臺灣地區所編印的叢書，其中便是珠沙雜陳、瑕瑜互見。

古籍的初印本，多很清晰爽目，較晚的後印本，因版片磨損，邋邋不清，必須細心潤描，印本才能閱讀。抗日戰前涵芬樓編印《百衲本二十四史》，其中《眉山七史》，便有三朝本，張元濟主持潤描工作，便使古書脫胎換骨，而在內容上仍不失原文之舊。一九六四年華文書局影印的《玉海》及附刻十三種，所據是中圖所藏的慶元路儒學刊本，該館藏有多部皆稍有殘缺，加以配補。又皆係後印本，該局請人潤描，前後歷時半年，這一期間到中圖參觀的外賓，對該局不惜工本，頗加讚賞。

商務印書館影印《文淵閣四庫全書》，固然少有增益，不過在印製過程中，稍有字劃殘損或有污點，立刻加以處理。洗刷之前此若干年該館在印製上粗製濫造的惡名。

十、利　用

五○年代初，大多數古籍都放置箱中，堆集在庫房裏，本

機構人員想要查閱都很困難，不要說是其他人了。事實上當時除了幾所大專院校外，一些研究、學術機構，多處於停頓狀態。在公的方面，經費貧乏，人員有限，場地僅勉強供儲存之需。個人為謀溫飽，只能先求棲身之所，想要開展文教工作，任何人都感到心餘力絀。

　　到了五〇年代中期，張其昀先生出掌教育部，要大學院校辦研究所，且鼓勵設博士班。使中央圖書館在臺北恢復建制，並新設了一些社會教育機構，如歷史博物館等。五七年初並在臺灣師範大學國文研究所特別招收一期研究生，分三組，與中圖、歷史博物館等合作，學業與實習並重，可說是培育古籍整理專業人材較早的措施，可惜僅辦了一期，未能繼續其事。

　　也就在這一時期，出版界開始影印古籍，一九五四年從《十三經》、《四史》著手，日漸增益，初期雖然價不廉，物也不美，可是總能從市場上買到古籍，這是整理古籍必不可少的前置條件。

　　從六〇年代起，大專院校、文教學術機構、印售古籍的書店，持續擴充並新有設置。研究生寫學位論文，大專教師和學術機構的研究人員寫升等論文，還有國家科學委員會，洛克菲勒基金會等獎助論著，自需大量利用古籍，有些涉及古籍整理，於是互為因果，這些論著中與整理古籍相關的，有了成果。而古籍經過整理，也便於利用。

　　也就在這一時期，二次大戰對世界各地所造成的損害，漸次恢復，漢學研究，漸受一些國家重視。而臺灣地區擁有豐富的漢學研究資源，尤其是古籍和人才。也形成中外交互激盪，人員交流互訪，至於臺灣地區印行的漢學資料，更成了各方殷

切需求的主要供應者。在編印這些資料時，自然需要並培育了一些整理古籍的人才。

臺灣地區儲存的古籍雖然豐富，可是散失在世界各地區，尤其是美、日、歐洲，甚至俄國，為量很是可觀。其中不少是我們所缺少的，為了滿足各方需求，陸續透過各種管道，如購買、交換、贈予、影印、複製等方式，加以引進，擴大了對古籍利用的範圍。

十一、貢　獻

臺灣地區在戰亂中而得以擁有數十萬冊古籍原本，其中善本約二十萬冊。以此為基礎，四十年間，又陸續有增益，成為五〇年代以後國際上重要的漢學研究資源。更據以量印，大多數是影印，成為國際上主要的古籍供應市場。

典藏、整理、傳佈、利用這些古籍，需要相當的專業人員，這些人員在一些古籍整理專業的專家學者培育下，在工作中累積了經驗，其中新秀，漸漸成為接棒人。也有一些研習文史的青年即使不以此為專業，曾受過一些這方面的訓練，並撰寫這一方面的著述，對文教學術仍有相當的影響。

這些成果，缺少綜合的報導和記述，也許不足以比美中國大陸近幾年的成就那麼突出，可是以臺灣地區二千萬人口（五〇年代初期僅約六百萬），四十多年來在世界上華人地區，也還差強人意。不過近十年來，古籍整理有盛極而衰的趨勢。如何振衰起敝，在既有的基礎上，百尺竿頭，更進一步，很值得有識之士獻其心力。

十二、檢　討

臺灣地區現有的原本古籍，本地舊有的，如臺大、北圖、省文獻會等，在數量上不算多，而以一九四九年時自中國大陸運臺的為大宗。不僅是公藏，私人藏書的數量也不少，只是難以估計。

可是近四十多年，量的增益則很有限。初期因絀於財力，資訊也貧乏。如在六○年頃，得悉《舊五代史》刊本在香港出現，索價數十萬，明知這是海內孤本，可是也沒有財源。又如近千種的族譜，落入紐約哥倫比亞大學，兩萬冊左右的古籍，包括一些善本，落入加拿大的卑詩（B.C.）大學。南韓用海印寺八萬大藏經的版片印行藏經，可說是宋版民國時期的印本，知道的時候，為時已晚，而且定價之高，財力也不易負擔。

不僅如此，還有境內古籍外流的問題。如齊氏百舍齋舊藏的通俗小說，高陽李氏收藏的清季文獻，都售歸美國。這與古物限制出境的法規訂得較晚也有關。

至於大陸在文革時期，以及改革開放初期，古籍流失到香港，或是可直接到大陸購買，則以乏人注意，或未能開闢管道，以致坐失時機。

有些還牽涉到意識形態，如一九六三年沔陽高氏在新加坡去世，所遺甲骨、金石、文字學等圖書甚多，家屬有意請文教機構購藏，竟因其中有些著者，身處中國大陸，而無人肯估價，致未能如願。

至於南韓在獨立後，市場上有些古舊漢籍，售價也不高，

可是缺乏管道取得。

　　雖然如此，各收藏機構，仍利用購買、交換、贈予等方式，增添了一些古籍，只是數量上多不足稱道。只有東海大學在創校時，因雄於財力，主其事者又留意於採購古籍，在圖書館特設古籍股，所以頗有收穫。

　　不過細察各機構收藏的古籍，仍有不少增益。來源有：

　　（一）撥　交：如將前國立東北大學運臺圖書撥交師大的前身臺灣省立師範學院，多係古籍。其中善本部份又撥交中圖，該館在善本書目中分別一一注明東大。國語推行委員會結束其藏書撥交師大國文系，多係語音方面的書，其中有些傳本不多。經濟部、行政院先後以運臺古籍撥交中圖，又有交通部撥交方志不少。

　　（二）捐　贈：較著的有一九八〇年沈仲濤先生以其所藏善本捐贈故宮，其中頗有宋元刊本，當時如以市場價格估算，當逾億元，事實上有錢無處買。一九八二年王撫洲、袁帥南兩先生以世代舊藏善本捐贈中圖。嚴靈峰先生以其《無求備齋所藏諸子》兩萬多冊，寄存中圖，希望嚴氏能捐贈該館。又如徐復觀先生的藏書捐贈東海大學，程天放、方豪兩先生的書捐贈政大，各校以專室儲存。鄭騫先生藏書捐贈臺大中文系，該系設了幾個專櫃放置在會議室中。高明先生的藏書捐贈政大中文系，該系以無處放置無人管理，又交給圖書館。這都是身後遺命或由家屬贈予生前任教的學校，這些藏書係他們治學所需，可說出於專業選定。其中頗有得自境外之古籍原本，也可稍補圖書館少自境外引進原本古籍之不足。希望受贈單位能妥為保管，善為運用。受贈古籍最多的單位是故宮，原因是其對於古

籍的保存最為良好，希望漸漸能形成風氣。

楊家駱先生的藏書，所編著的稿子與資料，身後捐贈中央研究院文哲研究所，數量相當可觀，希望能早日整理，以免散失，造成無可彌補的遺憾。

（三）交　換：各圖書館以其藏書提供出版社以各方面影印出版，通常都會取得至少二、三十部該書影印本，以作交換自己需要的圖書。這批資源，在收藏豐富的圖書館來說，很是可觀。交換所得，應也是以古籍為主（當然多是新印本），可是缺少這一方面的資料，如書目，或較具體的統計數字。在感覺上，所得好像不夠多。

（四）採　購：東海大學的情形已見前述，其他較重要的有：某一曾戍守天津的將領，以其藏書售與師大。畢生從事鹽務工作並搜集鹽業史資料的某氏，身後其家屬以廉價售予中圖。滄州張氏的舊藏，售予中圖，其中有宋元舊本。上虞丁氏遺藏，售歸北圖，雖多係清刊本，然當時也不甚易得。這些交易都在境內轉手，不過是由私歸公。

古籍的原本，日漸稀少，在國際市場上很少出現，不過只要有專人專款留意搜集，仍然有機會。以臺灣目前的財力，應可以做，可是政府和私人的基金會之類，卻乏人問津。反而是個人到各地講學、開會、旅遊的學者日多，這些散戶對訪求散佚的古籍有些貢獻。

退而求其次，那麼對還沒有新印本的書，能取得複印本、微捲，或是光碟，就研究資料來說，不失為代用品。這方面中圖的漢學中心有專款，自日、美等國影照了為數不少的善本古籍，可惜其中有一批八股文之類，實是廢物，也形同浪費。微

捲和光碟，若干圖書館都有購置，不過彼此各不相謀，既多重複，又有疏漏，於是一些很值得採購的，卻無人過問。

近十年中國大陸重印或新印了大量古籍，對於研究及教學的機構或個人，如有需要，都可以申請進口，事實上已形成很公開的市場。可是一如微捲和光碟，缺少統籌的採訪。

臺灣地區不大，而交通方便，對於需求的人不多，而售價高昂的古籍（最好也包括其他資料），亟應聯合採訪，以充分利用有限的人力、財力，充實有關古籍的資源。

至於整理古籍，至為繁瑣，似易而實難，最需要運用團體的力量，這是臺灣地區最缺乏的。一人或少數幾個人只能做點零星的卷帙等小工作，而且多是學位和升等論文，出於急就，事後則很少加以增訂。有的且是出於門生或助手，既不肯多分潤酬勞，又不親自加以校訂，品質高下，不問可知。印後既多不肯接受批評，也少有人愛管閒事，有時發生爭執，又意氣用事，批評得一無是處。

結　語

近幾十年的古籍典藏及整理，錢和人關係至大。

四〇年代後期自中國大陸選運大批古籍，其中多係善本，以此做基礎，先是據以影印，使漢文古籍充分滿足海內需求。從五〇年代中期，四十年間，成為最大的供應市場，惜未能有計劃的妥慎從事。所以主要是市場導向，而未能利用這一機會善加整理。其中不少，甚至可說多數，只是印刷，粗製濫造，很是可惜。

　　早年經濟條件貧乏，到六〇年代，隨著經濟成長，文教事業也跟著發達，對古籍的傳佈和整理，也漸有進步。七〇年代兩次能源危機，影響經濟成長，相對的，古籍的傳佈和整理也同一命運。經濟復甦後，本有望逐漸改觀，可是科技掛帥，又因社會財富增加，青年人不肯專注於古籍，人文學科受到冷落，從此漸行滑坡。

　　到八〇年代中期，大陸改革開放後，印行和整理古籍的成就，可說突飛猛進。而海峽兩岸交流日益密切，不僅中國大陸印行的古籍輸入臺灣，且其數量日增。而大陸學人的著作，尤其關於古籍整理方面的稿件，在臺灣地區刊佈的佔有率，也日益增加，頗有喧賓奪主之勢。

　　五〇年代前後，原在中國大陸的學者，渡海到臺灣的不在少數。隨著文教事業成長，他們又培育了各種人才，古籍整理雖佔極小比例，然可以接棒。而政府和民間都很重視教育，所以基礎日漸擴大。社會多元化，他們也有相當一展身手的空間。

　　可是政府的高層人士，可說無人對古籍整理有正確且較深的認識。所以未能如中國大陸在國務院設小組，若干學術機構設專業單位，大專院校設專業系所，出版界有專業書刊、學報以及定期刊物，有計劃的從事古籍整理工作，不僅累積經驗，而且常有建議性及批評性的文字，多能客觀、公正，彼此也能平心靜氣就事論事。

　　私人基金的資源也日漸豐厚，可是主其事的則極少能注意及此。所幸早些年出版界部份以影印古籍起家的，為了回饋社會，偶有贊助古籍的整理工作，可是力量有限，且這一行業日漸滑坡，所以功效有限。

　　最主要的，倒是研究生的學位論文、大專教師及研究人員的升等論文，各種獎助金的申請論文，對於古籍整理的比例雖小，因基礎大，仍有一些成果。而且這區塊很小，成員又多師弟相承，或是同學、朋友和衷共濟，總能有些成績，且都是出於自願，也比較能作較專深的投入。

　　臺灣地狹人稠，聞過易怒，所以極少有真的書評，即使客觀公正，也難免招禍。沒有書評便不易進步。

　　有感社會日益功利化掛帥，然而古籍整理不能急功近利，肯投入這領域的人漸少，加上中國大陸的衝擊，都將影響未來的發展。

　　綜觀五〇年代中期以來的四十年間，若不是王雲五、蔣復璁、屈萬里、臺靜農、高明、楊家駱、周憲文、嚴靈峰、昌彼得諸位先進等投入古籍整理工作，真不知道古籍書能有什麼成果可言。然而老成日漸凋零，且人治不如法治，有識之士亟應建立一套健全的、宏觀的制度，才能在既有的基礎上，日益光大這一不朽的盛事。

1994.05.22 在新加坡同安會館發表論文
1994.06.28-30《中央日報》節錄首刊
1994.10.19-25《世界論壇報》全文轉載

光復後臺灣地區古典詩詞
出版品的回顧與展望

　　本篇報告繼拙文〈臺灣地區古籍整理及其貢獻〉之後，就
臺灣地區古典詩詞出版品的發展概況作一報告。近四十年來臺
灣學界有關詩詞的研究與論述相當多，但未必全部出版成書，
尤其是單篇論文，散見於各學報、報刊，自然不是本文所能全
部掌握。因此本文論述的對象集中在已出版成書籍的為主，以
呈現四十年來臺灣地區古典詩詞出版品的刊行趨勢。所以重點
不在對各個詩詞專題研究做綜合討論，為了行文的方便，文章
分成六個部份介紹，依次是(一)影印古籍，(二)校注與賞析，
(三)書目與索引，(四)辭典與資料彙編，(五)研究專著，(六)
研討會論文集等，最後總結成果，檢討得失，並展望未來。

一、影印古籍

　　一九四九年政府播遷，大量古籍自大陸運送來臺，於是公
藏、私藏古籍數量大增，約略估計轉運之數有數十萬冊，其中
善本約二十多萬冊，而宋元刊本逾四百部，稿本近五百種，在
這個基礎上，四十年間公私收藏又陸續增益，五〇年代以後，

臺灣因為典藏豐富的古籍善本，於是便成為國際上漢學研究資料的重要典藏地。

五〇年代初期，大多數古籍堆集在庫房中，各典藏機構的人員要查閱都相當困難，不要說是提供讀者利用了。當時除了幾所在臺復校的大學外，一些學術機構對於古典詩詞的研究，仍處於停頓狀態。公家方面，由於經費貧乏、人員有限，場地僅勉強供儲存之需，很多文教工作都難以推動，而大學裏教授古典詩詞的先生，也只能口誦或手寫講義而已，當時稱不上有什麼具體的研究計畫和出版的成果。

古籍的影印面世與學術研究工作是互為因果的。到了五〇年代中期，張其昀先生出掌教育部，鼓勵大學院校開辦研究所，設置博士班，使中央圖書館在臺北恢復建制，並新設了一些社會教育機構，如歷史博物館等。張先生並有編印「中國文化要籍」的計畫，可惜完成書目後因人力與經費關係，整個計畫無法繼續完成。可喜的是，後來藝文印書館能踵武前志，依照張先生的書目一一印行，使得原來胎死腹中的計畫，得以完成不少。五七年初臺灣師範大學國文研究所特別招收一期研究生，與中央圖書館、歷史博物館等機構建教合作，可說是培育古籍整理專業人材較早的措施，可惜只辦了一期不能夠繼續辦下去。當時這些人才，如喬衍琯先生等，如今已成為大學院校裏教授目錄、版本學的專家，當時他們協助或主持詩詞古籍的影印工作，確有相當的貢獻。

也就在這一個時期，出版界開始影印古籍，剛開始雖然價格不便宜，印刷也不精美，但是古籍取得不易，學界仍然視為珍寶。一九五四年藝文印書館著手影印古籍，是臺灣地區在這

一方面最早的嚐試，這一批古籍包括《十三經注疏》及前四史，稍後才陸續影印集部的古籍，如《鮑參軍詩集》、《陶靖節詩集》等。

六〇年代以商務印書館影印《四庫珍本》和《四部叢刊》中的詩詞古籍，最稱鉅帙。學生書局影印《歷代畫家詩文集》約四十餘種。六〇年代中期起，大學院校、文教學術機構、印售古籍的書店持續擴充，並陸續設置，此時出版古籍的書店除藝文印書館、商務印書館、世界書局、中華書局等老店外，尚有廣文書局、鼎文書局等。世界書局當時影印《元詩選》，其中廣文書局影印《古今詩話叢編》、《古今詩話續編》、《詞話叢編》等詩詞古籍超過三百種，堪稱大宗。鼎文書局影印《歷代詩史長編》收錄詩話等古籍二十四種。黃永武博士主編的《杜詩叢刊》，收集海內外大學所藏有關杜甫詩集的箋註評解共三十五種，其中甚至不乏是海內孤本、作者稿本及罕見珍本，由大通書局刊行。其後李迺揚和吉川幸次郎於日本蒐集杜甫善本，編成《杜詩又叢》，一九七七年由中文出版社刊行。一九七六年起聯經文化事業公司輯選明清未刊稿四百餘種刊行，一九七九年又刊行《全唐詩稿本》，相當受學界重視，可說是相當珍貴的孤本秘笈。

一九五四年至一九七四年間臺灣編印的叢書約六百八十三種，叢書往往是兼收四部的，因此不少詩詞古籍便收錄在叢書的集部中。一九六五年起藝文印書館編印《百部叢書輯成》古線裝本陸續出版，一九七〇年全部完成。一九八五年臺北新文豐繼《百部》增訂重編《叢書集成新編》，這一套叢書的文學類裏，也收錄不少詩詞別集、詩話、詞話等古籍。古籍的初

印本多清晰爽目，後印本因版片磨損，邋遢不清，必須細心潤描，印本才能閱讀，而叢書因為收錄的古籍種類多，印製過程又難以一一細求，因此印刷品質良莠不齊。而臺灣商務印書館為慶祝建國七十年，於八〇年初所刊行的《四庫全書》，卻是一個例外，這套書是根據國立故宮博物院所典藏的文淵閣本影印，印製時非常講究，如字劃稍有殘損或有污點的地方都細加處理，這部號稱世界最大的叢書，便因其學術價值和精美的印刷品質，備受世人重視。

此外值得一提的是，國立故宮博物院所影印的「宋元古籍善本叢刊」，這套叢書自六〇年初期起每年刊印一種至數種，因為是為蔣介石祝壽而印製的，所以印刷和裝幀都相當講究，大小亦全仿古本線裝原樣。這套叢書以文集為主，其中較重要的有《昌黎文集》、《朱晦庵文集》等，而詩集則較少，僅《清高宗御製詩文集》、《杜甫詩集》兩種，共計四函，一直到了八〇年晚期才停刊，總計刊行二十餘種。

二、校注與賞析

校注詩詞古籍是研究古典詩詞的基礎工作，五、六〇年間，經費有限，校注詩詞的出版品仍不多見，當時能影印古籍已屬不易，不要說是重排或校注了。六〇年代起，若干學位論文、升等論文、研究論著，頗多是校注詩詞古籍的，隨著經濟成長，公私出版機構的設置，一些重要的校注成果，也得到了出版的機會，如一九七五年聯經出版事業公司印行鄭騫的《陳簡齋詩集合校彙注》，公家方面則有國立編譯館編印的「中華

叢書」，該叢書刊行的詩詞校注，有《李後主詞傳總集》、《高常侍詩校注》、《岑嘉州詩校注》等書。這套「中華叢書」自五〇年代中期開始編印，因為無需承受市場盈虧的壓力，所以刊印了不少古籍的校注或集釋，但是其中主要還是以經、史兩部的古籍為主。

對詩詞作評賞分析是普及詩詞的一項重要工作，早年葉嘉瑩先生所著的《迦陵談詩》，裴普賢《詩經研讀指導》等都是不錯的入門書。為提供一般讀者入門的需要，一般來說都是選擇名家的詩詞印銷，一九七六年到一九八四年間，大學院校的教授亦業餘從事這些工作，較受歡迎的如：吳宏一教授主編的《江南江北》、《小橋流水》等十二冊詩詞選析，由長橋出版社出版；張夢機教授選析《杜甫》、《李白》、《白居易》、《李賀》、《李商隱》等五位詩人的詩歌，由偉文圖書公司出版，另外張教授又選析《詩經》、《元曲》等八種，由聯亞出版公司出版。龔鵬程教授選析《陶淵明》、《王維》、《蘇東坡》等四家詩詞，由惠施出版社刊行。八四年以後少有新著出現，多半是舊著重版，近年也偶見一些選注或評析詩詞別集的出版品，但是這些書的內容，或者陳陳相因，或者明顯錯漏，並未注意學界研究成果，詳於精校的可說是鳳毛麟角，重印時也不修訂，少見真有責任感的出版業者。

近年來臺灣在校注評析詩詞的努力並不多，原因是學界向來重視的是研究創見，並不認為注釋、校訂或評析是嚴格的學術著作，因此近年來少見學人將注意力置於此，也少見批評文字檢討其高下。近十年大陸對詩詞作賞析的普及工作相當多，如四川巴蜀書社對許多歷史上著名詩人如陶淵明、李白、杜

甫、白居易、李賀、李商隱等都各請專業研究者撰寫賞析集。
一九八七年起海峽兩岸逐步開放交流，出版業者精選大陸詩文
詞曲注釋和賞析的著作，加以重排重印，頗能滿足市場普遍不
足的需要。其中便不乏出於名家而用力也深的佳構，如臺北文
史哲出版社出版施蟄存的《唐詩百話》、五南出版社的《中國
歷代詩詞鑑賞集成》。

　　一九九〇年多媒體的時代來臨，坊間漸多將古典詩詞翻製
成錄音帶或錄影帶的有聲書，如臺北三民書局的《唐詩朗誦》、
《詩葉新聲》、《唐宋詞吟唱》、《詩詞吟唱與賞析》等，但這些
都是新式吟唱法，有別於傳統吟唱法。如果我們能把握時機，
及時訪求先輩，或許還能保存一些傳統的詩詞吟唱法。

三、書目和索引

　　臺灣四十年來有關詩詞的書目和索引的整理工作，做的並
不多，較值得稱述的是綜合性索引的編製，如《宋人傳記資料
索引》、《元人傳記資料索引》、《明人傳記資料索引》、《中華民
國期刊論文索引》等。逐字索引方面，最早是哈佛燕京學社在
三〇年間所編印的一系列經書和子書的索引－《杜詩引得》、
《十三經索引》和《諸子索引》，而集部詩文集的逐字索引，
以日本的成績最可觀。一九五四年起日本京都大學人文科學研
究所陸續編印了一系列中國斷代文獻索引，命名為「唐代研究
指南」。這套指南由平岡武夫主持編製，將現存有關唐代的主
要文獻資料加以整理排比，共有《李白歌詩索引》、《文選索引》
等十二種，前後歷時二十年才完成，可說網羅宏富，為進一步

唐代研究的工作提供了堅實的基礎。這些索引問世後即受到國際漢學界的重視，一再重版，上海古籍出版社更於一九八九年譯為中文版提供中文學人利用。近年大陸開放改革，由於資料和人力都很充沛，古籍整理的成績突飛猛進，詩詞方面的專題書目和索引，頗得學界稱譽，如《全唐詩索引》、《唐集敘錄》、《唐詩書錄》、《唐五代五十二種筆記小說人名索引》、《唐五代人交往詩索引》等。

　　而臺灣開始編製書目、索引，則是近二十餘年的事。七〇年初楊家駱先生據鼎文書局的《歷代詩史長編》第一輯編製索引，總計共錄詩人及交遊人物二萬一千餘人，本書較成文書局影印的《唐宋元詩紀事著者引得》一書更為完備。黃永武據廣文書局《杜詩叢刊》，又集坊間杜詩之箋註評釋共四十家，編成《杜甫詩集四十種索引》，使杜集的研究和利用更為方便。

　　國立中央圖書館於一九七一、一九七二、一九八〇、一九八二年刊行了《臺灣公藏善本書目書名索引》、《臺灣公藏善本書目人名索引》、《臺灣公藏普通本線裝書目人名索引》、《臺灣公藏普通本線裝書目書名索引》等四本書目索引，這些書目索引都是根據中央圖書館、國立故宮博物院、中央研究院歷史語言研究所、臺灣省立臺北圖書館、國防研究院、國立臺灣大學、國立臺灣師範大學、私立東海大學等八種善本書目和普通本線裝書目彙編而成的。

　　臺大中文系羅聯添教授教學之餘，致力於蒐集研究唐代文學的論著，一九七八年由臺灣學生書局出版，以個人力量完成《唐代文學論著集目》可謂開風氣之先，六年後踵事增華並續有增補。這些工作利便學界，但是費時耗事，市場銷路有限，

功不可沒，情尤可感，值得鼓勵。但是如果能夠進一步集合眾力，有系統的整理，成果必定更可觀。一九八二年國立編譯館中華叢書委員會決定編輯一套《中國文學論著集目》，工程浩大，可惜到了今天還沒完全竣工，據聞羅教授近日已完成唐五代部份，並作好清樣校稿，我們期待新編完成出版，早日面世。

　　近十年來，出版機構較大規模出版書目索引的有聯經出版事業公司王民信先生編的《中國歷代詩文別集聯合書目》，自一九八〇～八二年起陸續出版，凡十四輯，收兩漢以後的詩文別集，所著錄圖書以國內十一所圖書館典藏及坊間刊行者為限，不收流逸海外者。八〇年晚期商務印書館出版了《四庫全書文集篇目分類索引》、《四庫全書傳記資料索引》等。研究者之中亦不乏依個人研究範圍來編製書目索引，但是散見期刊、學報，蒐羅不易。這些專題書目索引，由於研究範圍縮小，篇幅雖有限，但網羅更細，更見實用。如由臺灣學生書局於一九六六年九月創刊的《書目季刊》，便是一本有關書目的專業雜誌，發行迄今歷時近三十年，故頗享學林稱譽。如刊王國昭所輯的〈現存清詞別集彙目〉（十三卷三期），輯錄清詞別集八百家，約一千一百多種，除單行本外凡附於叢書、總集、詩文集內的，或近年影印的清詞集，均加收錄，較《清史・藝文志》《清史稿・藝文志》所著錄的一百八十四家多出數倍，也較彭國棟《重修清史・藝文志》所著錄的六百三十餘家，多出一百五十餘家。亦有不定期刊載有關詩詞研究的專題書目索引，如宋隆發〈文心雕龍研究書目〉（十三卷一期），何廣棪〈鍾嶸詩品研究文獻目錄〉（十四卷三期），王國良〈唐代文學論著集目補編〉（十四卷三期）則繼羅聯添《唐代文學論著集目》之後

補收七四七篇書目。

　　一九九三年臺北文津出版社出版彰化師範大學國文系黃文吉教授主編的《詞學研究書目》，網羅海內外（特別是大陸地區）一九一二年起至一九九二年之詞學研究論著，蒐集專書二千五百多種，論文一萬多篇，條目凡一萬二千五百零二條，是當今研究詞學最完備的工具書。

四、辭典與資料彙編

　　臺灣在六〇年代古籍影印並不多，利用還不是很方便，葉嘉瑩先生克服環境困難，多方蒐羅杜詩的資料，並廣採中央圖書館的善本，一九六六年國立編譯館出版《杜甫秋興八首集說》一書，納入「中華叢書」，這其實就是一種資料彙編的整理工作，雖然詩篇不多，而網羅資料豐富，不遺不濫，至今學界仍視為這方面最重要的著述。

　　七〇年初臺北中華書局出版的《詩詞曲語詞匯釋》，其實是據四〇年初大陸中華書局版所重印的。七〇年晚期，臺灣師範大學國文系為教授學生習作詞曲，編輯《詞林韻藻》、《曲海韻珠》兩本工具書。這兩本工具書是在《詞林正韻》、《中原音韻》既有的基礎上，分別依韻補上名家名作的辭例，雖然是韻書，其實同《詩韻集成》一樣，可說是一種供初學古典詩歌者參考利用的詞曲辭典。因此嚴格說起來，臺灣近四十年來並沒有編製有關詩詞的辭典。

　　相較而言，大陸方面在辭典和資料彙編的整理上，做出較多的成績。辭典的編製：如《唐詩人名考》、《唐詩大辭典》、《唐

詩典故辭典》、《唐詩宋詞分類描寫辭典》、《中國歷代詩話辭典》
等；資料彙編的匯集：六、七〇年代北京中華書局即陸續出版
一系列詩詞名家的資料彙編，如《白居易資料彙編》、《李商隱
資料彙編》、《楊萬里范成大資料彙編》、《李白卷》、《杜甫卷》、
《黃庭堅和江西詩派卷》等。

　　近四十年來臺灣對於個別詩人詞家所作的資料彙編並不
多，但是詩話、詞話尚有二項較值稱述的整理工作：

　　（一）一九七四年藝文印書館印行《百種詩話類編》，這
一套書是由臺靜農先生主持，臺大中文所研究生編成的。體例
上有如類書，該書對所採一百零一種詩話能夠全部收錄不加刪
節的做法，連各書序跋、凡例也附於後，可說是首創。全書分
前後兩編，凡論述個別作家之生平、詩風及有關問題，皆入前
編作家類；凡討論詩的本質、功用、形式與內容之關係，或與
其他文體之關係者，入後編詩論類。

　　（二）王國昭先生根據廣文書局的《詞話叢編》，編成《詞
話類編》，體例一如《百種詩話類編》，資料亦稍有增益。然詞
話內容比詩話內容複雜，分類上有的仍待商榷，近年新本《詞
話叢編》問世，所增部份也有待補入，目前稿存文史哲出版社。
這種方式，可說是為整理古籍資料開了一條新路，而不僅限於
詩詞。

五、研究專著

　　五〇年代這十年間有關詩詞的出版品，主要還是古籍的影
印，五〇年代中期起大學院校復建，研究所也陸續設置，到六

○年代便陸續有了研究專著及學位論文的出版，但是數量不多，當時有嘉新水泥公司文化基金會獎助國內大學各研究所的博、碩士論文出版，每年約四十餘種。七○年代起，公私出版機構增設漸多，一些大學院校文史畢業生也相繼投入文教事業服務，又國科會、行政院新聞局、教育部、中山、中正、菲華等各種學術著作獎助的鼓勵與支助，使得學位論文、升等論文、研究專著得到更多重視，相形增加許多出版流傳的機會。甚至有些大學還選刊優秀的學位論文，如臺灣大學的「文史叢刊」，國立師範大學的「國學研究集刊」等。近三十年臺灣有關詩詞研究的學位論文、升等論文、研究專著即超過了五百篇，詩詞研究的比例大約是五比一，而出版的比例保守估計當有三分之一以上，除了上述公私文教機構獎助出版之外，私營出版社當中，則以臺北文史哲出版社的出版量為大宗。

　　八○年代起臺灣經濟快速發展，經濟掛帥的市場取向，令銷路有限的學術出版品，受到更大限制，但是仍有一些出版機構秉持經營文化事業的理念，不計厚利推出學術叢書。這些學術書籍之中，其中當然也包括研究古典詩詞的著作，如經營綜合性出版品的出版社中，有三民書局的「滄海叢刊」，聯經出版事業公司的「聯經評論」和詩詞類圖書，時報文化出版公司的「文化叢書」和「美學叢書」；專營學術出版品的出版社中，有學生書局的「中國文學研究叢刊」，文津出版社的「文史哲大系」、「英彥叢刊」，文史哲出版社的「文史哲學集成」、「文史哲學術叢刊」等，上述這些出版機構所出版的古典詩詞研究專著，都得到學界肯定的口碑。初步估計近十餘年來臺灣出版有關古典詩詞的研究專著，將近二百種之多。

八○年中期，大陸改革開放後，印行古籍的數量，突飛猛進，而海峽兩岸交流日益密切，不僅中國大陸印行的古籍輸入臺灣，而大陸學人的著作，有關詩詞研究的稿件也在臺灣刊行，且數量日增，近五年來頗有喧賓奪主之勢。而國內出版業者引進大陸詩詞學術論著中，大部份是將簡體字版重排成正體字版，然亦有新稿，如文津出版社的「大陸地區博士論文叢刊」選刊近五年大陸優秀的文史博士論文出版，「中國文化叢書」則是邀集大陸學人撰組新稿出版。

六、研討會論文集

一九八○年起學術研究日趨重視交流，各大學院校紛紛利用既有的基礎召開學術研討會，近五年國際研討會也紛紛舉辦，如一九九三年十月中國唐代學會召開的「第二屆唐代研究國際學術研討會」，一九九四年四月中央研究院召開的「國際詞學學術研討會」，這二次是臺灣最近召開古典詩詞國際學術研討會之中規模較大的。

近年臺灣各種研究交流性質的學會紛紛成立，大都打破校際，走整合路線的，如一九七九年「中國古典文學研究會」的成立，會員均從事古典文學的研究，每年召開一次研討會，由會員提出論文，會後並將論文結集出版《古典文學》，除古典小說、戲曲等特定研討專題外，會中每多相關詩詞研究的論文，目前已有十三冊問世，全部由臺灣學生書局出版。中國唐代學會一九九一年成立之初並不細分文史範圍，其用意亦在學術整合，且每年均能定期召開學術討論會，國際性與全國性的

隔年相間舉辦，此於結集同道交流意見，頗具正面的意義，迄今已有召開四次，三本論文集問世，分別交由臺北文史哲、文津出版社出版。

近來臺灣經濟發展，提供學術研究較充裕的資源，會後一年內論文多能結集出版，甚至也有在國外舉辦，交由臺灣出版的，如臺北文史哲出版社出版日本九州大學中國文學會的《文心雕龍國際學術研討會論文集》，香港浸信會學院的《唐代文學研究會論文集》，香港中文大學的《魏晉南北朝文學研討會論文集》。

七、檢討與展望

綜合四十年來臺灣地區古典詩詞出版品刊行的趨勢，大致可說明如下：五〇年代主要是以古籍的影印為主，五〇年代前後，原在大陸的學者，渡海到臺灣的，如臺靜農、鄭騫、盧元駿、汪經昌、王夢鷗、潘重規等諸位先生，他們最先帶動臺灣古典詩詞的研究，並培育了詩詞相關的研究人才。六〇年代起臺灣才開始有學位論文及研究專著出版，但數量仍有限。隨著文教事業的發展，研究和欣賞古典詩詞的人口，在質和量上均有提昇，而詩詞古籍、論述和研究專著等出版品，也隨著閱讀人口而逐年增加。早先是詩詞校注的出版，後來為提供研究上的方便，漸漸還開始了書目、索引、資料彙編等利便學界研究的整理工作。八〇年中期以後海峽兩岸開放交流，大陸一些重要的詩詞古籍、研究資料、研究專著，也得以引進出版或合法公開利用，這種轉變對學界來說，可說是一種進步。

　　總的來說，光復後臺灣在刊行詩詞古籍方面，是有一定成果的，在注釋、賞析、書目、索引、資料彙編等幾方面的出版品，也有一定的成績，相較大陸、香港、新加坡等華人聚居地而言，過去二、三十年我們確實比較進步，可是近年大陸方面也有長足的發展，部份成績亦已超越臺灣。因此當我們回顧了臺灣四十年來詩詞出版品的大勢後，我們還期望臺灣的詩詞出版品能朝向更寬闊更進步的空間發展，以下提出幾點建議，供各界參考：

（一）專業和普及的出版品並重

　　臺灣出版構機在出版詩詞古籍時，宜避免重覆，浪費資源，在版本方面亦當求海內外孤本、未刊善本，提高出版品質，當然亦應注意學界的研究成果，以便校勘和修正。但是可能更重要的是加強詩詞入門書的出版以普及詩詞，如掌中本、名家詩詞賞析的刊行，畢竟作品的生命需要靠讀者大眾的閱讀和鑑賞來延續。

（二）政府對學術出版品的鼓勵

　　研究與出版的關係是互動的，出版使研究成果易於利用和流通，研究則能提昇出版品的品質。臺灣在出版學術專著、研討會論文集等方面，均較大陸、香港、新加坡等地佔得優勢。但是學術論著大都專門艱澀，不易吸引多數讀者，因而即使是印刷成書也不易行銷，出版社為了保障成本，除附加特殊條件外，多不願接受印行。所謂特殊條件，或者由作者負擔部份成本，或者由作者承購印本若干，或者由作者提供全部印刷費，出版社僅代為發行而已。這種情況，臺灣自然也避免不了，在

市場導向的影響下，經營學術出版品可謂日趨艱難，縱觀其他先進國家為避免類似現象影響學術研究，各有不同政策鼓勵學術出版品的刊行。我們期望政府方面亦可從幾方面鼓勵學術出版品的刊行：如降低紙漿的進口關稅，提供出版品郵遞優惠費率，給予學術出版品免稅優惠，提高學術專著獎助金額等，以促進詩詞研究工作的推展。

（三）加強兩岸文教事業的合作

過去海峽兩岸的學術交流，多半集中在出版品的刊行以及學人研究成果的流通，因此近五年來，臺灣詩詞出版品有一大部份是刊行大陸的。其實兩岸的文教工作可再進一步配合，如彙編、點校古籍的合作，可截長補短，互利雙方。現在我舉一個例子來說明：八〇年代初期臺灣進行《全宋詩》的編校，這項工作由成功大學黃永武、張高評兩位教授主持，當時海峽兩岸文教訊息的溝通仍然不足，臺灣並不知道大陸方面早已著手進行相同的工作，直到大陸編校的部份成果刊行後才得知，這種情形對臺海兩岸來說都形成人力和資源的浪費，如果以後兩岸能夠加強文教事業的合作，共同努力，相信彼此都可獲致更大的成績，分享更多的成果。

臺灣地區古典詩詞研究
學位論文目錄 1950～1994 年

彭正雄　彭雅玲合編

凡　　例

一、本目錄根據各校中文研究所提供的資料製作，並輔以 DAO 資料庫、全國博碩士論文分類目錄、漢學研究通訊等相關資料。

二、本目錄將博、碩士論文分開兩部份登錄，每部份各再分成詩、詞、兼及詩詞者等三大類。

三、為便觀察各校論文的研究趨勢，本目錄每類均依時間遞增方式以十個年度為單位，先區分畢業學校，再按畢業時間先後登錄。

四、由於所根據的資料每有畢業年度兩出的情形，以各校中文研究所提供的資料為主。

五、年度計算方式從該年九月起至次年八月。

六、詩的部份包括詩作及詩論之研究，有些研究詩經的論文，屬於經學的範圍則不錄。

七、詞的部份包括詞作及詞論之研究，若論文專就小說、戲曲中的詞所作的研究則收錄。

八、部份論文乃對作家文學創作或批評家的文學批評
　　作整體研究，因範圍兼及詩詞兩領域，故獨立一
　　類登錄。

九、作家年譜本屬傳記研究，然每涉及詩、詞創作年
　　代之考訂或繫年，故收錄。

十、登錄的論文儘量詳錄畢業月份，部份資料不詳，
　　僅能登錄於該畢業年度之後。

十一、博士論文自 1960 年度起始有畢業論文，碩士
　　論文自 1955 年度起始有畢業論文。

壹　1960-1994 年度臺灣地區古典詩詞研究博士論文目錄

一、詩

■1960～1969 年度

・臺灣師範大學

許世旭　中韓詩話淵源考　博士論文　國立臺灣師範大學國文研究
　　　　所　1969 年度(1970 年 3 月)

■1970～1979 年度

・臺灣大學

吳宏一　清代詩學研究　博士論文　國立臺灣大學中國文學研究所　1972 年度

馬楊萬運　中晚唐詩研究　博士論文　國立臺灣大學中國文學研究所　1973 年度

何金蘭　五代詩人及其詩　博士論文　國立臺灣大學中國文學研究所　1976 年度

· 臺灣師範大學

杜松柏　禪學與唐宋詩學　博士論文　國立臺灣師範大學國文研究所　1975 年度(1976 年 8 月)

張仁青　魏晉南北朝文學思想史論　博士論文　國立臺灣師範大學國文研究所　1978 年度(1978 年 11 月)

柳晟俊　王維詩與李朝申緯詩之比較研究　博士論文　國立臺灣師範大學國文研究所　1978 年度(1979 年 1 月)

· 政治大

黃志民　王世貞研究　博士論文　國立政治大學中國文學研究所　1975 年度(1976 年 6 月)

李豐楙　魏晉南北朝文士與道教之關係　博士論文　國立政治大學中國文學研究所　1977 年度(1978 年 6 月)

· 文化大學

李道顯　杜甫詩史研究　博士論文　中國文化大學中國文學研究所　1972 年度

龔顯宗　明七子派詩文及其論評之研究　博士論文　中國文化大學中國文學研究所　1979 年度

■1980～1989 年度

· 臺灣大學

周志文　屠隆文學思想研究　博士論文　國立臺灣大學中國文學研究所　1980 年度

劉漢初　六朝詩發展述論　博士論文　國立臺灣大學中國文學研究所　1982 年度

廖美玉　錢牧齋及其文學　博士論文　國立臺灣大學中國文學研究所　1982 年度

申美子　朱子詩中的思想研究　博士論文　國立臺灣大學中國文學研究所　1984 年度

王文進　荊雍地帶與南朝詩風之關係　博士論文　國立臺灣大學中國文學研究所　1987 年度

郭玉雯　宋代詩話的詩法研究　博士論文　國立臺灣大學中國文學

研究所　1987 年度

李錫鎮　王船山詩學的理論基礎及理論重心　博士論文　國立臺灣
大學中國文學研究所　1989 年度(1990 年 6 月)

李致洙　陸游詩研究　博士論文　國立臺灣大學中國文學研究所
1989 年度

鄭毓瑜　六朝藝術理論中之審美觀研究　博士論文　國立臺灣大學
中國文學研究所　1989 年度

蔡　瑜　宋代唐詩學　博士論文　國立臺灣大學中國文學研究所
1989 年度(1990 年 6 月)

·臺灣師範大學

沈　謙　文心雕龍之文學理論與批評　博士論文　國立臺灣師範大
學國文研究所　1980 年度(1981 年 2 月)

黎金剛　唐代詩歌與佛家思想　博士論文　國立臺灣師範大學國文
研究所　1980 年度(1981 年 4 月)

朱榮智　元代文學批評之研究　博士論文　國立臺灣師範大學國文
研究所　1980 年度(1981 年 7 月)

傅錫壬　唐代牛李黨爭與當時文學之關係析論　博士論文　國立臺
灣師範大學國文研究所　1982 年度(1982 年 9 月)

龔鵬程　江西詩社宗派研究　博士論文　國立臺灣師範大學國文研
究所　1982 年度(1983 年 7 月)

趙鍾業　唐宋詩話對韓日影響比較研究　博士論文　國立臺灣師範
大學國文研究所　1983 年度(1984 年 1 月)

崔完植　王陽明詩研究　博士論文　國立臺灣師範大學國文研究所
1983 年度(1984 年 7 月)

金周淳　陶淵明詩對朝鮮詩歌影響之研究　博士論文　國立臺灣師
範大學國文研究所　1984 年度(1984 年 11 月)

宋政憲　陶淵明與李穡詩之比較研究　博士論文　國立臺灣師範大
學國文研究所　1984 年度(1985 年 6 月)

徐丙嫦　朝鮮朝女詩人研究　博士論文　國立臺灣師範大學國文研
究所　1985 年度(1985 年 10 月)

周益忠　宋代論詩研究　博士論文　國立臺灣師範大學國文研究所
1983 年度(1984 年 6 月)

戴麗珠　趙孟頫文學與藝術之研究　博士論文　國立臺灣師範大學
國文研究所　1985 年度(1986 年 6 月)

高八美　韓愈詩研究　博士論文　國立臺灣師範大學國文研究所
1985 年度(1986 年 6 月)

金勝心　盛唐山水田園詩研究　博士論文　國立臺灣師範大學國文

研究所　1986 年度(1987 年 6 月)

朴現圭　曹植及其文學研究　博士論文　國立臺灣師範大學國文研究所　1987 年度(1988 年 6 月)

俞炳禮　白居易詩研究　博士論文　國立臺灣師範大學國文研究所　1987 年度(1988 年 6 月)

宋永珠　王漁洋神韻說與李炯菴詩學比較研究　博士論文　國立臺灣師範大學國文研究所　1988 年度(1988 年 12 月)

全英蘭　韓國詩話中有關杜甫及其作品之研究　博士論文　國立臺灣師範大學國文研究所　1988 年度(1989 年 6 月)

蔡定芳　唐代文學批評研究　博士論文　國立臺灣師範大學國文研究所　1989 年度(1990 年 6 月)

·政治大學

鍾慧玲　清代女詩人研究　博士論文　國立政治大學中國文學研究所　1980 年度(1981 年 1 月)

張修蓉　中唐樂府詩研究　博士論文　國立政治大學中國文學研究所　1980 年度(1981 年 5 月)

鄭亞薇　南宋江湖詩派之研究　博士論文　國立政治大學中國文學研究所　1980 年度(1981 年 5 月)

耿志堅　唐代近體詩用韻之研究　博士論文　國立政治大學中國文學研究所　1983 年度(1984 年 1 月)

高大鵬　唐詩演變之研究　博士論文　國立政治大學中國文學研究所　1984 年度(1985 年 6 月)

洪　讚　唐代戰爭詩研究　博士論文　國立政治大學中國文學研究所　1984 年度(1985 年 6 月)

朴柱邦　唐代唯美詩之研究－以晚唐為探討對象　博士論文　國立政治大學中國文學研究所　1986 年度(1987 年 7 月)

侯迺慧　唐代文人的園林生活－以全唐詩文的呈現為主　博士論文　國立政治大學中國文學研究所　1989 年度(1990 年 5 月)

呂光華　南朝貴遊文學集團研究　博士論文　國立政治大學中國文學研究所　1989 年度(1990 年 6 月)

金銀雅　盛唐樂府詩研究　博士論文　國立政治大學中國文學研究所　1989 年度(1990 年 7 月)

·東吳大學

許清雲　方虛谷之詩及其詩學　博士論文　東吳大學中國文學研究所　1982 年度

呂正惠　元和詩人研究　博士論文　東吳大學中國文學研究所　1983 年度

李立信　杜甫古風格律研究　博士論文　東吳大學中國文學研究所
　　　　1983 年度
王金凌　先秦兩漢文學理論研究　博士論文　東吳大學中國文學研
　　　　究所　1986 年度
簡恩定　清初杜詩學研究　博士論文　東吳大學中國文學研究所
　　　　1986 年度
吳瑞泉　明清格調詩說研究　博士論文　東吳大學中國文學研究所
　　　　1988 年度
談海珠　顧亭林詩研究　博士論文　東吳大學中國文學研究所
　　　　1988 年度
游志誠　文選學新探索　博士論文　東吳大學中國文學研究所
　　　　1989 年度
歐陽炯　呂本中研究　博士論文　東吳大學中國文學研究所　1989
　　　　年度

・**文化大學**

朱鳳玉　王梵志詩研究　博士論文　中國文化大學中國文學研究所
　　　　1984 年度
陳坤祥　唐人論唐詩研究　博士論文　中國文化大學中國文學研究
　　　　所　1985 年度
張簡坤明　袁枚與性靈詩論研究　博士論文　中國文化大學中國文
　　　　學研究所　1985 年度
金炳基　黃山谷詩與書法之研究　博士論文　中國文化大學中國文
　　　　學研究所　1987 年度
鄭定國　王十朋及其詩研究　博士論文　中國文化大學中國文學研
　　　　究所　1989 年度(1990 年 1 月)
李秀雄　宋代朱熹詩與李朝李退溪詩之比較研究　博士論文　中國
　　　　文化大學中國文學研究所　1989 年度(1990 年 6 月)

■1990～1994 **年度**

・**臺灣大學**

蕭麗華　元詩之社會性與藝術性研究　博士論文　國立臺灣大學中
　　　　國文學研究所　1991 年度
陳昌明　從形體觀論六朝美學　博士論文　國立臺灣大學中國文學
　　　　研究所　1991 年度
金南喜　魏晉交誼詩類的研究　博士論文　國立臺灣大學中國文學
　　　　研究所　1992 年度
黃奕珍　宋代詩學中「晚唐」觀念的形成與演變　博士論文　國立

　　　　臺灣大學中國文學研究所　　1994 年度(1995 年 6 月)
衣若芬　　蘇軾題畫文學研究　博士論文　國立臺灣大學中國文學研
　　　　究所　　1994 年度
　　·**臺灣師範大學**
施懿琳　　清代臺灣詩所反映的漢人社會　博士論文　國立臺灣師範
　　　　大學國文研究所　　1990 年度(1991 年 6 月)
閔丙三　　司空圖詩品運用莊子思想之研究　博士論文　國立臺灣師
　　　　範大學國文研究所　　1990 年度(1991 年 7 月)
李建崑　　韓愈詩探析　博士論文　國立臺灣師範大學國文研究所
　　　　1991 年度(1991 年 12 月)
金賢珠　　唐五代敦煌民歌之研究　博士論文　國立臺灣師範大學國
　　　　文研究所　　1992 年度(1993 年 5 月)
田寶玉　　中國敘事詩的傳承研究－以唐代敘事詩為主　博士論文
　　　　國立臺灣師範大學國文研究所　　1992 年度(1993 年 6 月)
　　·**高雄師範大學**
劉明宗　　宋初詩風體派發展之研究　博士論文　國立高雄師範大學
　　　　國文研究所　　1993 年度(1994 年 7 月)
　　·**政治大學**
曹愉生　　唐代詩論與畫論之關係研究－僅以詩論與畫論之專著為研
　　　　究對象　博士論文　國立政治大學中國文學研究所　　1990
　　　　年度(1991 年 2 月)
許東海　　永明體之研究－以沈約文論及其作品為主　博士論文　國
　　　　立政治大學中國文學研究所　　1991 年度(1992 年 1 月)
鄭文惠　　明代詩畫對應關係之探討－以詩意圖、題畫詩為主　博士
　　　　論文　國立政治大學中國文學研究所　　1991 年度(1992 年 7
　　　　月)
蔡榮婷　　唐代詩人與佛教關係之研究　博士論文　國立政治大學中
　　　　國文學研究所　　1991 年度(1992 年 7 月)
吳彩娥　　清代宋詩學研究　博士論文　國立政治大學中國文學研究
　　　　所　　1992 年度(1993 年 6 月)
沈禹英　　六朝隱逸詩研究　博士論文　國立政治大學中國文學研究
　　　　所　　1992 年度(1993 年 7 月)
楊玉成　　陶淵明文學研究－語言與民間禮儀的綜合分析　博士論文
　　　　國立政治大學中國文學研究所　　1992 年度(1993 年 7 月)
高莉芬　　元嘉詩人用典研究－以顏、謝、鮑三大家為主　博士論文
　　　　國立政治大學中國文學研究所　　1992 年度(1993 年 7 月)
　　·**東吳大學**

江惜美　蘇軾詩學理論及其實踐　博士論文　東吳大學中國文學研
　　　　究所　1991 年度
李　栖　宋題畫詩研究　博士論文　東吳大學中國文學研究所
　　　　1991 年度
胡幼峰　錢、馮主導的虞山派詩論研究　博士論文　東吳大學中國
　　　　文學研究所　1991 年度
魏仲佑　黃遵憲與詩界革命　博士論文　東吳大學中國文學研究所
　　　　1991 年度
王頌梅　明清性靈詩說研究　博士論文　東吳大學中國文學研究所
　　　　1991 年度
李鮮熙　寒山其人及其詩研究　博士論文　東吳大學中國文學研究
　　　　所　1992 年度
陳　錚　王安石詩研究　博士論文　東吳大學中國文學研究所
　　　　1992 年度
鹿憶鹿　傣族史詩研究　博士論文　東吳大學中國文學研究所
　　　　1992 年度
崔成宗　宋代詩話論詩研究　博士論文　東吳大學中國文學研究所
　　　　1994 年 6 月

二、詞

■1970～1979 年度

・臺灣大學
梁榮基　詞學理論綜考　博士論文　國立臺灣大學中國文學研究所
　　　　1976 年度
林玫儀　晚清詞論研究　博士論文　國立臺灣大學中國文學研究所
　　　　1978 年度

■1980～1989 年度

・臺灣大學
李京奎　清初詞學綜論　博士論文　國立臺灣大學中國文學研究所
　　　　1989 年度(1990 年 7 月)
・臺灣師範大學

張夢機　詞律探原　博士論文　國立臺灣師範大學國文研究所
　　　1980 年度(1981 年 8 月)
徐信義　碧雞漫志校箋　博士論文　國立臺灣師範大學國文研究所
　　　1981 年度(1981 年 11 月)
李鍾振　周濟詞論研究　博士論文　國立臺灣師範大學國文研究所
　　　1983 年度(1984 年 6 月)

■1990～1994 年度

・臺灣大學
鄭憲哲　唐五代詞研究　博士論文　國立臺灣大學中國文學研究所
　　　1992 年度
劉少雄　南宋江吳典雅詞派相關詞學論題之探討　博士論文　國立
　　　臺灣大學中國文學研究所　1993 年度(1994 年 1 月)
黃永姬　白石道人詞之藝術探微　博士論文　國立臺灣大學中國文
　　　學研究所　1994 年度(1995 年 1 月)
・臺灣師範大學
林承坏　辛稼軒詠物詞研究　博士論文　國立臺灣師範大學國文研
　　　究所　1993 年度(1993 年 12 月)
・政治大學
任日鎬　宋代女詞人及其詞作之研究　博士論文　國立政治大學中
　　　國文學研究所　1981 年度(1982 年 6 月)
柳明熙　蘇東坡詞所表現的心路歷程　博士論文　國立政治大學中
　　　國文學研究所　1987 年度(1988 年 7 月)
・高雄師範大學
李若鶯　唐宋詞析賞架構研究　博士論文　國立高雄大學國文研究
　　　所　1994 年度(1995 年 6 月)
・東吳大學
周　全　宋遺民志節與文學之研究　博士論文　東吳大學中國文學
　　　研究所　1983 年度
黃文吉　宋南渡詞人研究　博士論文　東吳大學中國文學研究所
　　　1984 年度
王偉勇　南宋詞研究　博士論文　東吳大學中國文學研究所　1987
　　　年度
朴宗吉　王安石詞研究　博士論文　東吳大學中國文學研究所
　　　1991 年度
劉昭明　蘇軾意內言外詞隱測　博士論文　東吳大學中國文學研究
　　　所　1993 年度(1994 年 6 月)

三、兼及詩詞者

■1960～1969 年度

・臺灣師範大學

王忠林　中國文學之聲律研究　博士論文　國立臺灣師範大學國文
　　　　研究所　1961 年度(1962 年 5 月)

■1970～1979 年度

・臺灣大學

江正誠　歐陽修的生平及其文學　博士論文　國立臺灣大學中國文
　　　　學研究所　1978 年度

■1980～1989 年度

・臺灣大學

簡錦松　明代中期文壇研究　博士論文　國立臺灣大學中國文學研
　　　　究所　1986 年度

朴現圭　曹植及其文學研究　博士論文　國立臺灣師範大學國文研
　　　　究所　1987 年度(1988 年 6 月)

・臺灣師範大學

陳英姬　蘇軾政治生活與文學的關係　博士論文　國立臺灣師範大
　　　　學國文研究所　1988 年度(1989 年 6 月)

蔡芳定　唐代文學批評研究　博士論文　國立臺灣師範大學國文研
　　　　究所　1989 年度(1990 年 6 月)

郭鶴鳴　王船山文學研究　博士論文　國立臺灣師範大學國文研究
　　　　所　1989 年度(1990 年 6 月)

■1990～1994 年度

・臺灣大學

張　薰　周密及其韻文學研究－詩詞及其理論　博士論文　國立臺
　　　　灣大學中國文學研究所　1993 年度(1994 年 6 月)

衣若芬　蘇軾題畫文學研究　博士論文　國立臺灣大學中國文學研
　　　　究所　1994 年度(1995 年 6 月)

貳 1955-1994 年度臺灣地區古典詩詞研究

碩士論文目錄

一、詩

■1955～1969 年度

・臺灣大學

杜其容　毛詩連綿詞譜　碩士論文　國立臺灣大學中國文學研究所
1955 年度

陳思綺　杜牧之研究　碩士論文　國立臺灣大學中國文學研究所
1957 年度

林文月　謝靈運及其詩　碩士論文　國立臺灣大學中國文學研究所
1958 年度

王貴苓　陶淵明及其詩的研究　碩士論文　國立臺灣大學中國文學
研究所　1958 年度

楊承祖　張九齡研究　碩士論文　國立臺灣大學中國文學研究所
1958 年度

薛鳳生　元微之年譜　碩士論文　國立臺灣大學中國文學研究所
1959 年度

彭　毅　錢牧齋箋注杜詩補　碩士論文　國立臺灣大學中國文學研
究所　1960 年度

周春塘　瀛奎律髓研究　碩士論文　國立臺灣大學中國文學研究所
1961 年度

劉春華　鍾嶸詩品彙箋　碩士論文　國立臺灣大學中國文學研究所
1961 年度

程明琤　隨園詩話評述　碩士論文　國立臺灣大學中國文學研究所

　　　　　1962 年度
張　健　滄浪詩話研究　碩士論文　國立臺灣大學中國文學研究所
　　　　　1964 年度
張立青　王勃評傳　碩士論文　國立臺灣大學中國文學研究所
　　　　　1965 年度
林淑惠　風詩詩旨研究　碩士論文　國立臺灣大學中國文學研究所
　　　　　1965 年度
齊益壽　陶淵明的政治立場與政治思想　碩士論文　國立臺灣大學
　　　　　中國文學研究所　1965 年度
鄭建華　元稹古詩及樂府之韻例及用韻考　碩士論文　國立臺灣大
　　　　　學中國文學研究所　1967 年度
宋淑萍　白居易古體詩與樂府詩之韻例及用韻考　碩士論文　國立
　　　　　臺灣大學中國文學研究所　1967 年度
馬楊萬運　李長吉研究　碩士論文　國立臺灣大學中國文學研究所
　　　　　1968 年度
劉筱媛　梅堯臣年譜及其詩　碩士論文　國立臺灣大學中國文學研
　　　　　究所　1969 年度
方　瑜　唐詩形成的研究　碩士論文　國立臺灣大學中國文學研究
　　　　　所　1969 年度
劉桂鴻　楊萬里年譜及其詩　碩士論文　國立臺灣大學中國文學研
　　　　　究所　1969 年度
李徽教　詩品彙註　碩士論文　國立臺灣大學中國文學研究所
　　　　　1969 年度
袁蜀君　東坡樂府用韻考　碩士論文　國立臺灣大學中國文學研究
　　　　　所　1969 年

・臺灣師範大學

陳幼睿　宋詩話敍錄　碩士論文　國立臺灣師範大學國文研究所
　　　　　1959 年度(1960 年 6 月)
許世旭　李杜比較研究　碩士論文　國立臺灣師範大學國文研究所
　　　　　1962 年度(1963 年 6 月)
李金城　樂府詩集漢相和歌辭校注　碩士論文　國立臺灣師範大學
　　　　　國文研究所　1965 年度(1966 年 6 月)
陳建雄　謝康樂詩校注　碩士論文　國立臺灣師範大學國文研究所
　　　　　1965 年度(1966 年 6 月)
楊宗瑩　謝宣城詩集校注　碩士論文　國立臺灣師範大學國文研究
　　　　　所　1965 年度(1966 年 6 月)
張學波　孟浩然詩校注　碩士論文　國立臺灣師範大學國文研究所

1966 年度(1967 年 6 月)

陳弘治　李長吉歌詩校釋　碩士論文　國立臺灣師範大學國文研究所　1966 年度(1967 年 6 月)

簡明勇　律詩研究　碩士論文　國立臺灣師範大學國文研究所　1967 年度(1968 年 6 月)

江聰平　浣花集校注　碩士論文　國立臺灣師範大學國文研究所　1967 年度(1968 年 6 月)

張夢機　近體詩方法研究　碩士論文　國立臺灣師範大學國文研究所　1968 年度(1969 年 7 月)

張友明　長江集校注　碩士論文　國立臺灣師範大學國文研究所　1968 年度(1969 年 7 月)

丁履譔　文選李善注引詩考　碩士論文　國立臺灣師範大學國文研究所　1968 年度(1959 年 7 月)

陳宗賢　李太白詩述評　碩士論文　國立臺灣師範大學國文研究所　1969 年度(1970 年 6 月)

尤信雄　清代同光詩派研究　碩士論文　國立臺灣師範大學國文研究所　1969 年度(1970 年 6 月)

・政治大學

吳德風　鮑照生平及其作品校正　碩士論文　國立政治大學中國文學研究所　1965 年度(1966 年 6 月)

許德平　金樓子校注　碩士論文　國立政治大學中國文學研究所　1966 年度(1967 年 6 月)

游信利　孟浩然集箋注　碩士論文　國立政治大學中國文學研究所　1966 年度(1967 年 6 月)

康榮吉　陸機及其詩　碩士論文　國立政治大學中國文學研究所　1966 年度(1967 年 6 月)

竺鳳來　陶謝詩韻與廣韻之比較　碩士論文　國立政治大學中國文學研究所　1967 年度(1968 年 6 月)

葉日光　詩人潘岳及其作品校注　碩士論文　國立政治大學中國文學研究所　1967 年度(1968 年 6 月)

尹正鉉　梁簡文帝詩箋注　碩士論文　國立政治大學中國文學研究所　1968 年度(1969 年 1 月)

・輔仁大學

何三本　元好問論詩絕句三十首箋證　碩士論文　輔仁大學中國文學研究所　1968 年度

馬承驌　中外歌詠自然的兩大詩人　碩士論文　輔仁大學中國文學研究所　1968 年度

康　萍　魏晉遊仙詩研究　碩士論文　輔仁大學中國文學研究所
　　　　1969 年度
簡有儀　東皋子集校釋　碩士論文　輔仁大學中國文學研究所
　　　　1969 年度

‧文化大學

李道顯　詩品研究　碩士論文　中國文化大學中國文學研究所
　　　　1963 年度
朱秉義　南北朝詩作者考　碩士論文　中國文化大學中國文學研究
　　　　所　1965 年度
邱棨鐊　陳拾遺全集校注年譜　碩士論文　中國文化大學中國文學
　　　　研究所　1965 年度
洪順隆　謝宣城集校注　碩士論文　中國文化大學中國文學研究所
　　　　1965 年度
葛樹人　雁門集校注　碩士論文　中國文化大學中國文學研究所
　　　　1965 年度
鄧永康　曹子建集研究　碩士論文　中國文化大學中國文學研究所
　　　　1965 年度
吳福助　白石道人詩集校注　碩士論文　中國文化大學中國文學研
　　　　究所　1966 年度
黃曉玲　唐代邊塞詩派研究　碩士論文　中國文化大學中國文學研
　　　　究所　1967 年度
葉光榮　宋代江西詩派研究　碩士論文　中國文化大學中國文學研
　　　　究所　1967 年度
林端常　漢五七言詩考　碩士論文　中國文化大學中國文學研究所
　　　　1968 年度
劉振國　劉勰明詩篇研究　碩士論文　中國文化大學中國文學研究
　　　　所　1968 年度
蔡朝鐘　唐司空圖詩集校注　碩士論文　中國文化大學中國文學研
　　　　究所　1968 年度
趙汝真　詩經國風通假文字考　碩士論文　中國文化大學中國文學
　　　　研究所　1969 年度
賈　禮　毛詩用韻考　碩士論文　中國文化大學中國文學研究所
　　　　1969 年度

■1970～1979 年度

‧臺灣大學

楊小定　唐代曲江研究序論　碩士論文　國立臺灣大學中國文學研

　　　　究所　1970 年度
矢野光治　白居易及其詩對日本文學之影響　碩士論文　國立臺灣
　　　　大學中國文學研究所　1970 年度
李元貞　黃山谷的詩與詩論　碩士論文　國立臺灣大學中國文學研
　　　　究所　1970 年度
施隆民　楊億年譜　碩士論文　國立臺灣大學中國文學研究所
　　　　1970 年度
邱　亮　鄭板橋及其詩　碩士論文　國立臺灣大學中國文學研究所
　　　　1970 年度
黃秀蘭　吳歌西曲淵源考　碩士論文　國立臺灣大學中國文學研究
　　　　所　1971 年度
梁東淑　王禹偁及其詩　碩士論文　國立臺灣大學中國文學研究所
　　　　1971 年度
梁榮源　唐代敘事詩研究　碩士論文　國立臺灣大學中國文學研究
　　　　所　1971 年度
吳達芸　韓愈生平及其詩研究　碩士論文　國立臺灣大學中國文學
　　　　研究所　1971 年度
張淑香　李義山詩研究　碩士論文　國立臺灣大學中國文學研究所
　　　　1972 年度
吳美玉　元遺山詩研究　碩士論文　國立臺灣大學中國文學研究所
　　　　1972 年度
呂興昌　李白詩研究　碩士論文　國立臺灣大學中國文學研究所
　　　　1972 年度
呂正惠　元白比較研究　碩士論文　國立臺灣大學中國文學研究所
　　　　1973 年度
丘柳漫　杜牧生平及其詩之析論　碩士論文　國立臺灣大學中國文
　　　　學研究所　1973 年度
何寄澎　唐代邊塞詩研究　碩士論文　國立臺灣大學中國文學研究
　　　　所　1973 年度
劉肖溪　王維、李白與杜甫之比較研究　碩士論文　國立臺灣大學
　　　　中國文學研究所　1974 年度
劉漢初　蕭統兄弟的文學集團　碩士論文　國立臺灣大學中國文學
　　　　研究所　1974 年度
顏榮利　紅樓夢中詩歌題詠之研究　碩士論文　國立臺灣大學中國
　　　　文學研究所　1974 年度
劉龍勳　高啟詩研究　碩士論文　國立臺灣大學中國文學研究所
　　　　1975 年度

周志文　泰州學派對晚明文學風氣的影響　碩士論文　國立臺灣大學中國文學研究所　1976 年

李康馨　王荊公詩析論　碩士論文　國立臺灣大學中國文學研究所　1977 年度

張月雲　姜白石的詩與詩論　碩士論文　國立臺灣大學中國文學研究所　1977 年度

金英淑　葉石林的詩論　碩士論文　國立臺灣大學中國文學研究所　1978 年度

李一恒　李賀詩析論　碩士論文　國立臺灣大學中國文學研究所　1978 年度

元鐘禮　明清格調詩說研究　碩士論文　國立臺灣大學中國文學研究所　1979 年度

張岗梅　劉禹錫研究　碩士論文　國立臺灣大學中國文學研究所　1979 年度

姚　垚　皮日休陸龜蒙唱和詩研究　碩士論文　國立臺灣大學中國文學研究所　1979 年度

簡錦松　李何詩論研究　碩士論文　國立臺灣大學中國文學研究所　1979 年度

·臺灣師範大學

林茂雄　岑嘉州詩校注　碩士論文　國立臺灣師範大學國文研究所　1970 年度(1971 年 7 月)

林炯陽　魏晉詩韻研究　碩士論文　國立臺灣師範大學國文研究所　1970 年度(1971 年 7 月)

蕭仁賢　王龍標詩校注　碩士論文　國立臺灣師範大學國文研究所　1971 年度(1972 年 7 月)

黃盛雄　唐人絕句研究　碩士論文　國立臺灣師範大學國文研究所　1971 年度(1972 年 7 月)

蕭水順　司空圖詩品研究　碩士論文　國立臺灣師範大學國文研究所　1971 年度(1972 年 7 月)

陳惠豐　葉燮詩論研究　碩士論文　國立臺灣師範大學國文研究所　1971 年度(1972 年 7 月)

王三慶　杜甫詩韻考　碩士論文　國立臺灣師範大學國文研究所　1972 年度(1973 年 7 月)

陳王和　韓君平詩校注　碩士論文　國立臺灣師範大學國文研究所　1972 年度(1973 年 7 月)

黃春貴　文心雕龍文學批評研究　碩士論文　國立臺灣師範大學國文研究所　1972 年度(1973 年 7 月)

沈　謙　文心雕龍批評論發微　碩士論文　國立臺灣師範大學國文研究所　1973 年度(1974 年 7 月)

丁秀慧　柳河東詩繫年集釋　碩士論文　國立臺灣師範大學國文研究所　1973 年度(1974 年 7 月)

張翠寶　溫庭筠詩集研注　碩士論文　國立臺灣師範大學國文研究所　1974 年度(1975 年 7 月)

姚翠慧　王夢樓研究　碩士論文　國立臺灣師範大學國文研究所　1974 年度(1975 年 7 月)

戴麗珠　蘇東坡與詩畫合一之研究　碩士論文　國立臺灣師範大學國文研究所　1974 年度(1975 年 7 月)

朱榮智　兩漢文學理論之研究　碩士論文　國立臺灣師範大學國文研究所　1975 年度(1976 年 7 月)

張芳鈴　建安文學之探述　碩士論文　國立臺灣師範大學國文研究所　1975 年度(1976 年 7 月)

陳文華　杜甫詩律探微　碩士論文　國立臺灣師範大學國文研究所　1976 年度(1977 年 7 月)

虞蓮系　倪雲林之詩畫研究　碩士論文　國立臺灣師範大學國文研究所　1976 年度(1977 年 7 月)

龍思明　王漁洋神韻說之研究　碩士論文　國立臺灣師範大學國文研究所　1976 年度(1977 年 7 月)

張簡坤明　袁爽秋研究　碩士論文　國立臺灣師範大學國文研究所　1976 年度(1977 年 7 月)

文幸福　詩經周南召南發微　碩士論文　國立臺灣師範大學國文研究所　1977 年度(1978 年 6 月)

王文進　論六朝詩中巧構形式之言　碩士論文　國立臺灣師範大學國文研究所　1977 年度(1978 年 6 月)

郭鶴鳴　王船山詩論探微　碩士論文　國立臺灣師範大學國文研究所　1977 年度(1978 年 6 月)

金周淳　陶淵明文學與韓國時調之比較研究　碩士論文　國立臺灣師範大學國文研究所　1979 年度(1980 年 6 月)

崔成宗　韋蘇州及其詩之研究　碩士論文　國立臺灣師範大學國文研究所　1979 年度(1980 年 6 月)

李正治　六朝詠懷組詩研究　碩士論文　國立臺灣師範大學國文研究所　1979 年度(1980 年 7 月)

· **政治大學**

黃志民　明人詩社之研究　碩士論文　國立政治大學中國文學研究所　1971 年度(1972 年 6 月)

蔡營源　徐渭之生平及其文學觀　碩士論文　國立政治大學中國文學研究所　1971 年度(1972 年 6 月)

龔顯宗　謝茂秦之生平及其文學觀　碩士論文　國立政治大學中國文學研究所　1972 年度(1973 年 5 月)

王紘久　袁枚詩論研究　碩士論文　國立政治大學中國文學研究所 1972 年度(1973 年 5 月)

林嵩山　大小謝詩研究　碩士論文　國立政治大學中國文學研究所 1973 年度(1974 年 6 月)

李豐楙　翁方綱及其詩論　碩士論文　國立政治大學中國文學研究所　1973 年度(1974 年 6 月)

鄭靖時　王若虛及其詩文論　碩士論文　國立政治大學中國文學研究所　1973 年度(1974 年 6 月)

鍾慧玲　皎然詩論之研究　碩士論文　國立政治大學中國文學研究所　1974 年度(1975 年 6 月)

唐明敏　李白及其詩之版本　碩士論文　國立政治大學中國文學研究所　1974 年度(1975 年 6 月)

張修蓉　唐代文學所表現之婚俗研究　碩士論文　國立政治大學中國文學研究所　1975 年度(1976 年 6 月)

劉遠智　陳子昂及其感遇詩之研究　碩士論文　國立政治大學中國文學研究所　1976 年度(1977 年 6 月)

鄭亞薇　胡應麟詩藪之研究　碩士論文　國立政治大學中國文學研究所　1976 年度(1977 年 6 月)

鍾洪武　詩經中有關男女感情問題之探討與分析　碩士論文　國立政治大學中國文學研究所　1977 年度(1978 年 6 月)

耿志堅　宋代律體詩用韻之研究　碩士論文　國立政治大學中國文學研究所　1977 年度(1978 年 6 月)

朴柱邦　李義山詩意象之研究　碩士論文　國立政治大學中國文學研究所　1977 年度(1978 年 6 月)

吳鳳梅　王昌齡詩格之研究　碩士論文　國立政治大學中國文學研究所　1978 年度(1979 年 6 月)

洪澤南　上古散佚歌謠研究　碩士論文　國立政治大學中國文學研究所　1978 年度(1979 年 6 月)

張　澍　張養浩及其樂府研究　碩士論文　國立政治大學中國文學研究所　1978 年度(1979 年 6 月)

王文顏　臺灣詩社之研究　碩士論文　國立政治大學中國文學研究所　1978 年度(1979 年 6 月)

洪　讚　安史之亂對杜甫之影響　碩士論文　國立政治大學中國文

學研究所　1979 年度(1980 年 6 月)

周滿枝　清代臺灣流寓詩人及其詩之研究　碩士論文　國立政治大學中國文學研究所　1979 年度(1980 年 6 月)

·輔仁大學

孫述山　盛唐邊塞詩人岑參之研究　碩士論文　輔仁大學中國文學研究所　1970 年度

陳義成　漢魏六朝樂府研究　碩士論文　輔仁大學中國文學研究所　1971 年度

丁嬪娜　陸機研究　碩士論文　輔仁大學中國文學研究所　1971 年度

陳端端　劉勰、鍾嶸論詩歧見析論　碩士論文　輔仁大學中國文學研究所　1971 年度

羅清能　柳宗元研究　碩士論文　輔仁大學中國文學研究所　1971 年度

吳彩娥　陳子昂研究　碩士論文　輔仁大學中國文學研究所　1972 年度

吳　車　韓門詩家論評　碩士論文　輔仁大學中國文學研究所　1972 年度

段醒民　韓愈詩用韻考　碩士論文　輔仁大學中國文學研究所　1972 年度

楊　玖　溫庭筠詩研究　碩士論文　輔仁大學中國文學研究所　1972 年度

謝錦桂毓　杜牧研究　碩士論文　輔仁大學中國文學研究所　1974 年年度

胡幼峰　金詩研究　碩士論文　輔仁大學中國文學研究所　1974 年度

柴非凡　張若虛及其春江花月夜　碩士論文　輔仁大學中國文學研究所　1974 年度

謝義龍　庾子山及其作品研究　碩士論文　輔仁大學中國文學研究所　1975 年度

宮菊芳　南北朝山水詩研究　碩士論文　輔仁大學中國文學研究所　1975 年度

張慧蓮　韓愈詩觀及其詩　碩士論文　輔仁大學中國文學研究所　1976 年度

陳石慶　元遺山詩學研究　碩士論文　輔仁大學中國文學研究所　1976 年度

·東吳大學

王次澄　兩晉五言詩研究　碩士論文　東吳大學中國文學研究所 1976 年度

高大鵬　陶詩之地位與影響研究　碩士論文　東吳大學中國文學研究所　1978 年度

許清雲　現存唐人詩格著述初探　碩士論文　東吳大學中國文學研究所　1978 年度

·東海大學

楊　玫　溫庭筠詩研究　碩士論文　東海大學中國文學研究所 1971 年年度

王健生　袁枚的文學批評　碩士論文　東海大學中國文學研究所 1972 年度

李桂蓮　范仲淹研究　碩士論文　東海大學中國文學研究所　1972 年度

梁明雄　王安石詩研究　碩士論文　東海大學中國文學研究所 1974 年度

靳承振　阮步兵詠懷詩研究　碩士論文　東海大學中國文學研究所 1974 年度

劉滄浪　李賀與濟慈　碩士論文　東海大學中國文學研究所　1974 年度

許建崑　王世貞評傳　碩士論文　東海大學中國文學研究所　1975 年度

宋丘龍　蘇軾和陶詩之比較研究　碩士論文　東海大學中國文學研究所　1976 年度

彭錦堂　司空圖詩味論　碩士論文　東海大學中國文學研究所 1976 年度

林秀玲　長恨歌研究　碩士論文　東海大學中國文學研究所　1977 年度

廖美玉　杜甫連章詩研究　碩士論文　東海大學中國文學研究所 1978 年度

張國相　唐代樂府詩之研究　碩士論文　東海大學中國文學研究所 1979 年度

王來福　謝靈運山水詩研究　碩士論文　東海大學中國文學研究所 1979 年度

·文化大學

卓安琪　寒山子其人及其詩之箋注與校訂　碩士論文　中國文化大學中國文學研究所　1970 年度

許燈城　初唐詩人用韻考　碩士論文　中國文化大學中國文學研究

　　　　　所　1970 年度
周誠明　南北朝樂府詩研究　碩士論文　中國文化大學中國文學研究所　1970 年度
梁惠蓉　彊村語業箋注　碩士論文　中國文化大學中國文學研究所　1970 年度
鄭開道　漢代樂府詩研究　碩士論文　中國文化大學中國文學研究所　1970 年度
司仲敖　張曲江詩集校注　碩士論文　中國文化大學中國文學研究所　1971 年度
黃尚信　李群玉詩集校注　碩士論文　中國文化大學中國文學研究所　1971 年度
徐賢德　王維詩研究　碩士論文　中國文化大學中國文學研究所　1972 年度
蕭永雄　元白詩韻考　碩士論文　中國文化大學中國文學研究所　1972 年度
吳光濱　顧太清研究及東海漁歌箋注　碩士論文　中國文化大學中國文學研究所　1974 年度
區靜飛　杜甫詠懷古跡五首集說　碩士論文　中國文化大學中國文學研究所　1974 年度

■1980～1989 年度

・臺灣大學

韓淑玲　龔自珍詩研究　碩士論文　國立臺灣大學中國文學研究所　1980 年度
李丙鎬　錢謙益文學評論研究　碩士論文　國立臺灣大學中國文學研究所　1981 年度
李致洙　陳後山詩研究　碩士論文　國立臺灣大學中國文學研究所　1981 年度
江道德　陳與義的生平及其詩　碩士論文　國立臺灣大學中國文學研究所　1982 年度
吳洙亨　杜牧之研究　碩士論文　國立臺灣大學中國文學研究所　1982 年度
王小琳　大曆詩人研究　碩士論文　國立臺灣大學中國文學研究所　1983 年度
金南喜　魏晉飲酒詩探析　碩士論文　國立臺灣大學中國文學研究所　1984 年度
崔仁愛　張耒文學理論的研究　碩士論文　國立臺灣大學中國文學

　　　　　研究所　1984 年度
林正三　歷代詩論中「法」的觀念之探究　碩士論文　國立臺灣大
　　　　學中國文學研究所　1984 年度
沈冬青　梁末羈北文士研究　碩士論文　國立臺灣大學中國文學研
　　　　究所　1985 年度
郭德根　謝玄暉詩研究　碩士論文　國立臺灣大學中國文學研究所
　　　　1984 年度
蔡　瑜　高秉詩學研究　碩士論文　國立臺灣大學中國文學研究所
　　　　1984 年度
崔年均　陶淵明詩承襲的探析　碩士論文　國立臺灣大學中國文學
　　　　研究所　1986 年度
崔成錫　蘇舜欽詩研究　碩士論文　國立臺灣大學中國文學研究所
　　　　1986 年度
李光啟　謝靈運詩用典考論　碩士論文　國立臺灣大學中國文學研
　　　　究所　1986 年度
張鈞莉　六朝遊仙詩研究　碩士論文　國立臺灣大學中國文學研究
　　　　所　1986 年度
洪光勳　趙秉文詩研究　碩士論文　國立臺灣大學中國文學研究所
　　　　1986 年度
王美秀　北魏文學與漢化關係研究　碩士論文　國立臺灣大學中國
　　　　文學研究所　1987 年度
朴鍾學　公安派文學思想及其背景研究　碩士論文　國立臺灣大學
　　　　中國文學研究所　1987 年度
栗子菁　魏晉任誕士風　碩士論文　國立臺灣大學中國文學研究所
　　　　1987 年度
周靜佳　六朝形神思想與審美觀念　碩士論文　國立臺灣大學中國
　　　　文學研究所　1988 年度
金卿東　張籍、王建社會詩研究　碩士論文　國立臺灣大學中國文
　　　　學研究所　1989 年度
盧明瑜　韋應物詩研究　碩士論文　國立臺灣大學中國文學研究所
　　　　1989 年度
黃雅歆　魏晉詠史詩研究　碩士論文　國立臺灣大學中國文學研究
　　　　所　1989 年度
衣若芬　鄭板橋題畫文學研究　碩士論文　國立臺灣大學中國文學
　　　　研究所　1989 年度
朴泰德　建安時代鄴下文士的研究　碩士論文　國立臺灣大學中國
　　　　文學研究所　1989 年度

·臺灣師範大學

蘇伊文　詩經比興研究　碩士論文　國立臺灣師範大學國文研究所
1980 年度(1981 年 6 月)

黃美鈴　唐代詩評中風格論之研究　碩士論文　國立臺灣師範大學
國文研究所　1980 年度(1981 年 6 月)

俞炳禮　白居易諷喻詩之研究　碩士論文　國立臺灣師範大學國文
研究所　1980 年度(1981 年 6 月)

金惠峰　鮑照詩研究　碩士論文　國立臺灣師範大學國文研究所
1981 年度(1982 年 2 月)

林貞玉　李太白文學之研究　碩士論文　國立臺灣師範大學國文研
究所　1981 年度(1982 年 6 月)

周益忠　論詩絕句發展之研究　碩士論文　國立臺灣師範大學國文
研究所　1981 年度(1982 年 6 月)

許應華　杜甫夔州詩研究　碩士論文　國立臺灣師範大學國文研究
所　1981 年度(1982 年 6 月)

金龍雲　杜甫寫實諷喻詩歌研究　碩士論文　國立臺灣師範大學國
文研究所　1981 年度(1982 年 7 月)

李鮮熙　兩漢民間樂府及後人擬作之研究　碩士論文　國立臺灣師
範大學國文研究所　1982 年度(1983 年 6 月)

黃婷婷　六朝宮體詩研究　碩士論文　國立臺灣師範大學國文研究
所　1982 年度(1983 年 6 月)

陳英姬　中國士人仕與隱的研究　碩士論文　國立臺灣師範大學國
文研究所　1982 年度(1983 年 6 月)

朴貞玉　三曹詩賦考　碩士論文　國立臺灣師範大學國文研究所
1983 年度(1984 年 5 月)

徐鳳城　杜甫律詩研究　碩士論文　國立臺灣師範大學國文研究所
1983 年度(1984 年 5 月)

馮永敏　杜律對句疊字所見之聲情　碩士論文　國立臺灣師範大學
國文研究所　1983 年度(1983 年 12 月)

金鍾吾　胡應麟的詩史觀與詩論研究　碩士論文　國立臺灣師範大
學國文研究所　1984 年度

江乾益　陳壽祺父子三家詩遺說研究　碩士論文　國立臺灣師範大
學國文研究所　1984 年度

朴仁成　李商隱及其詩之研究　碩士論文　國立臺灣師範大學國文
研究所　1984 年度(1985 年 5 月)

紀偉文　唐朝復古詩學研究　碩士論文　國立臺灣師範大學國文研
究所　1984 年度(1985 年 7 月)

陳金現　梅堯臣詩論之研究　碩士論文　國立臺灣師範大學國文研究所　1984 年度

陳章錫　王船山詩廣博義理疏解　碩士論文　國立臺灣師範大學國文研究所　1984 年度

陳廖安　朱庭珍筱園詩話考述　碩士論文　國立臺灣師範大學國文研究所　1984 年度(1985 年 6 月)

陳金現　梅堯臣詩論之研究　碩士論文　國立臺灣師範大學國文研究所　1984 年度(1985 年 5 月)

田寶玉　兩漢民間樂府研究　碩士論文　國立臺灣師範大學國文研究所　1985 年度(1986 年 1 月)

施懿琳　日據時期鹿港民族正氣詩研究　碩士論文　國立臺灣師範大學國文研究所　1985 年度(1986 年 6 月)

徐玉美　姚合及其詩研究　碩士論文　國立臺灣師範大學國文研究所　1985 年度(1986 年 6 月)

黃錦珠　吳梅村敘事詩研究　碩士論文　國立臺灣師範大學國文研究所　1985 年度(1986 年 6 月)

錢佩文　論晉詩之個性與社會性　碩士論文　國立臺灣師範大學國文研究所　1985 年度(1986 年 6 月)

蕭麗華　論杜詩沈鬱頓挫之風格　碩士論文　國立臺灣師範大學國文研究所　1985 年度(1986 年 6 月)

林賢得　明代中葉吳中名士詩歌研究　碩士論文　國立臺灣師範大學國文研究所　1986 年度(1987 年 6 月)

潘麗珠　盛唐王孟詩派美學研究　碩士論文　國立臺灣師範大學國文研究所　1986 年度(1987 年 6 月)

施又文　顧亭林之人格及其詩歌風格　碩士論文　國立臺灣師範大學國文研究所　1987 年度(1988 年 6 月)

陳志光　元遺山詩析論　碩士論文　國立臺灣師範大學國文研究所　1987 年度(1988 年 6 月)

楊淙銘　石遺室詩話研究　碩士論文　國立臺灣師範大學國文研究所　1987 年度(1988 年 6 月)

廖美雲　元白新樂府研究　碩士論文　國立臺灣師範大學國文研究所　1987 年度(1988 年 6 月)

羅鳳珠　蘇軾黃州詩研究　碩士論文　國立臺灣師範大學國文研究所　1987 年度(1988 年 6 月)

金惠經　李卓吾及其文學理論　碩士論文　國立臺灣師範大學國文研究所　1987 年度(1988 年 6 月)

廖振富　唐代詠史詩之發展與特質　碩士論文　國立臺灣師範大學

　　　　國文研究所　1988 年度(1989 年 6 月)

吳明德　王闓運及其詩研究　碩士論文　國立臺灣師範大學國文研
　　　　究所　1988 年度(1989 年 6 月)

林奉仙　十五國風章節之藝術表現　碩士論文　國立臺灣師範大學
　　　　國文研究所　1988 年度(1989 年 6 月)

許翠雲　唐代閨怨詩研究　碩士論文　國立臺灣師範大學國文研究
　　　　所　1988 年度(1989 年 6 月)

劉昭明　蘇軾嶺南詩論析　碩士論文　國立臺灣師範大學國文研究
　　　　所　1988 年度(1989 年 6 月)

黃明理　「晚明文人」型態之研究　碩士論文　國立臺灣師範大學
　　　　國文研究所　1988 年度(1989 年 6 月)

周淑媚　劉熙載藝概研究　碩士論文　國立臺灣師範大學國文研究
　　　　所　1989 年度(1990 年 6 月)

張堂錡　黃遵憲及其詩研究　碩士論文　國立臺灣師範大學國文研
　　　　究所　1989 年度(1990 年 6 月)

・政治大學

嚴紀華　全唐詩婦女詩歌內容之分析　碩士論文　國立政治大學中
　　　　國文學研究所　1980 年度(1981 年 6 月)

李偉萍　南朝文學中婦女形象　碩士論文　國立政治大學中國文學
　　　　研究所　1980 年度(1981 年 6 月)

陳聖萌　唐人詠花詩研究－以全唐詩為範圍　碩士論文　國立政治
　　　　大學中國文學研究所　1981 年度(1982 年 6 月)

易析宙　神韻派詩論之研究　碩士論文　國立政治大學中國文學研
　　　　究所　1982 年度(1983 年 6 月)

林桂香　詩佛王維之研究　碩士論文　國立政治大學中國文學研究
　　　　所　1982 年度(1983 年 6 月)

呂光華　今存十種唐人選唐詩考　碩士論文　國立政治大學中國文
　　　　學研究所　1983 年度(1984 年 6 月)

韓庭銀　白居易詩與釋道之關係　碩士論文　國立政治大學中國文
　　　　學研究所　1983 年度(1984 年 6 月)

徐裕源　黃山谷詩研究　碩士論文　國立政治大學中國文學研究所
　　　　1983 年度(1984 年 6 月)

金銀雅　南北朝民間樂府之研究　碩士論文　國立政治大學中國文
　　　　學研究所　1983 年度(1984 年 6 月)

孫方琴　許渾詩研究　碩士論文　國立政治大學中國文學研究所
　　　　1983 年度(1984 年 6 月)

沈禹英　魏晉隱逸詩研究　碩士論文　國立政治大學中國文學研究

所　1984 年度(1985 年 6 月)

劉菁菁　劉禹錫的文學研究　碩士論文　國立政治大學中國文學研究所　1984 年度(1985 年 6 月)

潘玲玲　南宋遺民詩研究　碩士論文　國立政治大學中國文學研究所　1985 年度(1986 年 6 月)

王淳美　兩漢民間樂府與後人擬作之研究　碩士論文　國立政治大學中國文學研究所　1985 年度(1986 年 6 月)

文鈴蘭　詩經中草木鳥獸意象表現之研究　碩士論文　國立政治大學中國文學研究所　1985 年度(1986 年 6 月)

朴魯玹　寒山詩及其版本之研究　碩士論文　國立政治大學中國文學研究所　1986 年度(1986 年 12 月)

文寬洙　范成大田園詩研究　碩士論文　國立政治大學中國文學研究所　1986 年度(1987 年 4 月)

李海元　謝靈運與鮑照山水詩研究　碩士論文　國立政治大學中國文學研究所　1986 年度(1987 年 4 月)

徐慶基　四靈詩人研究　碩士論文　國立政治大學中國文學研究所 1987 年度(1987 年 12 月)

黃奕珍　李益及其詩研究－符號學式之詮釋　碩士論文　國立政治大學中國文學研究所　1987 年度(1988 年 5 月)

鄭文惠　明人詩畫合論之研究　碩士論文　國立政治大學中國文學研究所　1987 年度(1988 年 6 月)

高莉芬　漢魏怨詩研究　碩士論文　國立政治大學中國文學研究所 1987 年度(1988 年 6 月)

黃金榔　西崑酬唱集之研究　碩士論文　國立政治大學中國文學研究所　1988 年度(1989 年 5 月)

黃美玉　唐人以漢代婦女為主題詩歌之研究　碩士論文　國立政治大學中國文學研究所　1988 年度(1989 年 6 月)

朴均雨　王世貞詩文論研究　碩士論文　國立政治大學中國文學研究所　1989 年度(1990 年 6 月)

吳秋慧　唐詩中夫婦情誼之研究　碩士論文　國立政治大學中國文學研究所　1989 年度(1990 年 7 月)

・高雄師範大學

李燕新　王荊公詩探究　碩士論文　國立高雄師範大學國文研究所 1980 年度

楊秋生　劉禹錫及其詩研究　碩士論文　國立高雄師範大學國文研究所　1980 年度

徐華中　張九齡詩研究　碩士論文　國立高雄師範大學國文研究所

　　　　1982 年度
陳永寶　近體詩及其教學研究　碩士論文　國立高雄師範大學國文
　　　　研究所　1982 年度
林淑桂　唐代飲酒詩研究　碩士論文　國立高雄師範大學國文研究
　　　　所　1983 年度
林春蘭　杜詩修辭藝術之探究　碩士論文　國立高雄師範大學國文
　　　　研究所　1983 年度
鄭元準　杜甫長安時期之詩研究　碩士論文　國立高雄師範大學國
　　　　文研究所　1984 年度
藍麗春　詩經所反映之周代社會　碩士論文　國立高雄師範大學國
　　　　文研究所　1994 年度
林秀蓉　沈德潛及其弟子詩論之研究　碩士論文　國立高雄師範大
　　　　學國文研究所　1984 年度
李漢偉　唐代自然詩研究　碩士論文　國立高雄師範大學國文研究
　　　　所　1984 年度
陳玉惠　陸機詩研究　碩士論文　國立高雄師範大學國文研究所
　　　　1985 年度
康維訓　方東樹詩論研究　碩士論文　國立高雄師範大學國文研究
　　　　所　1986 年度
王策宇　《原詩》析論　碩士論文　國立高雄師範大學國文研究所
　　　　1986 年度
林美秀　江進之詩學理論與實踐　碩士論文　國立高雄師範大學國
　　　　文研究所　1987 年度
蔣美華　韓柳交誼及其相角作品之研究　碩士論文　國立高雄師範
　　　　大學國文研究所　年度 1987
柯夢田　劉熙載《藝概》詩歌理論研究　碩士論文　國立高雄師範
　　　　大學國文研究所　1987 年度
柳秀英　陶望齡文學思想研究　碩士論文　國立高雄師範大學國文
　　　　研究所　1987 年度
楊雪嬰　李賀詩風格之構成與表現　碩士論文　國立高雄師範大學
　　　　國文研究所　1988 年度
崔文娟　中國詩學「正變」觀念析論　碩士論文　國立高雄師範大
　　　　學國文研究所　1988 年度
卓月娥　潘德輿詩論研究　碩士論文　國立高雄師範大學國文研究
　　　　所　1989 年度
・中央大學
何修仁　唐詩雄渾風格之研究　碩士論文　國立中央大學中國文學

　　　　　研究所　1989 年度

楊國蘭　杜甫題畫詩研究　碩士論文　國立中央大學中國文學研究
　　　　所　1989 年度

趙明媛　歐陽修《詩本義》探究　碩士論文　國立中央大學中國文
　　　　學研究所　1989 年度

戴文和　「唐詩」、「宋詩」之爭研究　碩士論文　國立中央大學
　　　　中國文學研究所　1989 年度

・輔仁大學

劉美珠　劉長卿及其詩　碩士論文　輔仁大學中國文學研究所
　　　　1982 年度

許詠雪　從詩經看周代社會組織　碩士論文　輔仁大學中國文學研
　　　　究所　1982 年度

胡蘭芳　鐵崖古樂府研究　碩士論文　輔仁大學中國文學研究所
　　　　1982 年度

廖棟樑　六朝詩評中的形象批評　碩士論文　輔仁大學中國文學研
　　　　究所　1982 年度

柳亨奎　王夫之詩論研究　碩士論文　輔仁大學中國文學研究所
　　　　1982 年度

洪在玄　李賀詩文學世界研究　碩士論文　輔仁大學中國文學研究
　　　　所　1984 年度

應懿梅　劉伯溫及其詩　碩士論文　輔仁大學中國文學研究所
　　　　1984 年度

黃冀倩　梅村詩的憂患意識　碩士論文　輔仁大學中國文學研究所
　　　　1984 年度

梁貴淑　王安石絕句探析　碩士論文　輔仁大學中國文學研究所
　　　　1986 年度

金美亨　鄭板橋詩研究　碩士論文　輔仁大學中國文學研究所
　　　　1987 年度

大井紀子　張說與其詩　碩士論文　輔仁大學中國文學研究所
　　　　1987 年度

李艷梅　唐詩中月神話運用之研究　碩士論文　輔仁大學中國文學
　　　　研究所　1988 年度

梁淑媛　唐代詠月詩研究　碩士論文　輔仁大學中國文學研究所
　　　　1988 年度

黃志誠　宋人杜詩評論研究　碩士論文　輔仁大學中國文學研究所
　　　　1989 年度

劉黎卿　唐代詠安史之亂詩歌研究　碩士論文　輔仁大學中國文學

　　　　　研究所　1989 年度
蔡秀玲　東坡黃州經驗之探討　碩士論文　輔仁大學中國文學研究
　　　　　所　1989 年度
‧東吳大學
吳瑞泉　沈德潛及其格調說　碩士論文　東吳大學中國文學研究所
　　　　　1980 年度
李若純　劉後村文學批評研究　碩士論文　東吳大學中國文學研究
　　　　　所　1981 年度
洪湘卿　詩經國風歌謠的特色　碩士論文　東吳大學中國文學研究
　　　　　所　1981 年度
歐陽炯　楊萬里及其詩學　碩士論文　東吳大學中國文學研究所
　　　　　1981 年度
蔡勝德　陳子龍詩學研究　碩士論文　東吳大學中國文學研究所
　　　　　1981 年度
林其賢　李卓吾研究初編　碩士論文　東吳大學中國文學研究所
　　　　　1982 年度
張長臺　劉夢得研究　碩士論文　東吳大學中國文學研究所　1982
　　　　　年度
馮曼倫　葉燮原詩研究　碩士論文　東吳大學中國文學研究所
　　　　　1982 年度
王源娥　黃庭堅詩論探微　碩士論文　東吳大學中國文學研究所
　　　　　1983 年度
王頌梅　李卓吾的文學理論及其實踐　碩士論文　東吳大學中國文
　　　　　學研究所　1983 年度
江櫻嬌　圍爐詩話研究　碩士論文　東吳大學中國文學研究所
　　　　　1983 年度
張瑞華　鍾惺及其文學批評研究　碩士論文　東吳大學中國文學研
　　　　　究所　1983 年度
陳鎮亞　楊維禎研究　碩士論文　東吳大學中國文學研究所　1983
　　　　　年度
劉向仁　懷風藻與六朝詩－中世紀中日文學比較研究　碩士論文
　　　　　東吳大學中國文學研究所　1983 年度
李鳳萍　晚明山人陳眉公研究　碩士論文　東吳大學中國文學研究
　　　　　所　1984 年度
陳菁瑩　杜詩戰爭思想研究　碩士論文　東吳大學中國文學研究所
　　　　　1985 年度
謝怡奕　九宮大成譜中唐聲詩研究　碩士論文　東吳大學中國文學

研究所　1985 年度

鍾雪萍　李白古風五十九首之研究　碩士論文　東吳大學中國文學研究所　1985 年度

林慶盛　李白詩用韻之研究　碩士論文　東吳大學中國文學研究所 1986 年度

姚儀敏　盛唐詩與禪　碩士論文　東吳大學中國文學研究所　1986 年度

莊美芳　李太白詩探源　碩士論文　東吳大學中國文學研究所 1986 年度

鹿憶鹿　馮夢龍所輯民歌研究　碩士論文　東吳大學中國文學研究所　1986 年度

盧先志　唐詠物詩研究　碩士論文　東吳大學中國文學研究所 1986 年度

皮述平　賀貽孫詩筏研究　碩士論文　東吳大學中國文學研究所 1987 年度

江惜美　烏臺詩案研究　碩士論文　東吳大學中國文學研究所 1987 年度

沈惠如　尤侗西樂府研究　碩士論文　東吳大學中國文學研究所 1987 年度

林美君　張耒及其詩文研究　碩士論文　東吳大學中國文學研究所 1987 年度

林採梅　東坡瓊州詩研究　碩士論文　東吳大學中國文學研究所 1987 年度

張榮基　李白樂府詩之研究　碩士論文　東吳大學中國文學研究所 1987 年度

陳麗娜　李白詠物詩研究　碩士論文　東吳大學中國文學研究所 1987 年度

江仰婉　馮班文學評論研究　碩士論文　東吳大學中國文學研究所 1989 年度

周明儀　趙甌北詩及其詩學研究　碩士論文　東吳大學中國文學研究所　1989 年度

林秀岩　林和靖詩研究　碩士論文　東吳大學中國文學研究所 1989 年度

連文萍　明代茶陵派詩論研究　碩士論文　東吳大學中國文學研究所　1989 年度

黃珵喜　韓愈事蹟繫年考　碩士論文　東吳大學中國文學研究所 1989 年度

楊良玉　王令詩研究　碩士論文　東吳大學中國文學研究所　1989年度

・東海大學

吳武雄　公安派及其著述考　碩士論文　東海大學中國文學研究所　1980年度

陳登山　李頎詩研究　碩士論文　東海大學中國文學研究所　1981年度

沈志方　漢魏文人樂府研究　碩士論文　東海大學中國文學研究所　1981年度

簡恩定　杜甫詠物詩研究　碩士論文　東海大學中國文學研究所　1982年度

郎亞玲　先秦儒家的美學思想　碩士論文　東海大學中國文學研究所　1983年度

徐錫國　杜牧詩研究　碩士論文　東海大學中國文學研究所　1983年度

張慧梅　羅隱諷世文學研究　碩士論文　東海大學中國文學研究所　1984年度

蔡振璋　柳宗元山水文學研究　碩士論文　東海大學中國文學研究所　1984年度

陳昀昀　王質詩總聞研究　碩士論文　東海大學中國文學研究所　1985年度

吳淑玲　唐詩中的仙境傳說研究　碩士論文　東海大學中國文學研究所　1986年度

黃雅娟　明代詩情觀研究－論「七子」與「公安」詩論之異同　碩士論文　東海大學中國文學研究所　1987年度

朱我芯　王維詩歌的抒情藝術研究　碩士論文　東海大學中國文學研究所　1987年度

方秋停　杜甫秦州詩研究　碩士論文　東海大學中國文學研究所　1988年度

趙芳藝　寒山子詩語法研究　碩士論文　東海大學中國文學研究所　1988年度

吳惠珍　茅坤文學批評研究　碩士論文　東海大學中國文學研究所　1988年度

黃靜妃　王思任研究　碩士論文　東海大學中國文學研究所　1988年度

王靖婷　吳歌西曲的內容、詞彙及表現手法之研究　碩士論文　東海大學中國文學研究所　1989年度

盧順點　王梵志詩用韻考及其與敦煌變文用韻之比較　碩士論文
　　　　東海大學中國文學研究所　1989 年度
呂珍玉　從全唐詩中六句詩看四句詩及八句詩之定體並附論六言詩
　　　　碩士論文　東海大學中國文學研究所　1989 年度
陳慶和　鮑照樂府詩研究　碩士論文　東海大學中國文學研究所
　　　　1989 年度

·文化大學

蔡振念　高適詩研究　碩士論文　中國文化大學中國文學研究所
　　　　1980 年度
金炳基　趙孟頫詩與書法之研究　碩士論文　中國文化大學中國文
　　　　學研究所　1982 年度
何石松　乾嘉詩學初探　碩士論文　中國文化大學中國文學研究所
　　　　1982 年度
朴忠淳　詩經中所表現之人生觀　碩士論文　中國文化大學中國文
　　　　學研究所　1983 年度
吳國榮　中國敘事詩研究　碩士論文　中國文化大學中國文學研究
　　　　所　1984 年度
吳忠華　司空圖詩論研究　碩士論文　中國文化大學中國文學研究
　　　　所　1985 年度
黃素娥　論杜甫入夔以後的七律　碩士論文　中國文化大學中國文
　　　　學研究所　1985 年度
韓惠京　李商隱詠史詩探微　碩士論文　中國文化大學中國文學研
　　　　究所　1986 年度
黃水雲　顏延之及其詩文研究　碩士論文　中國文化大學中國文學
　　　　研究所　1988 年度

■1990～1994 年度

·臺灣大學

歐麗娟　杜甫詩之意象研究　碩士論文　國立臺灣大學中國文學研
　　　　究所　1990 年度
謝佩芬　歐陽脩詩歌研究　碩士論文　國立臺灣大學中國文學研究
　　　　所　1990 年度
李書群　唐代飲茶風氣及其對文學影響之研究　碩士論文　國立臺
　　　　灣大學中國文學研究所　1991 年度
蘇思希　從語文學角度再探討五言詩之相關問題　碩士論文　國立
　　　　臺灣大學中國文學研究所　1991 年度
張堯欽　阮籍研究　碩士論文　國立臺灣大學中國文學研究所

　　　　　1991 年度
李淑媛　太白歌詩中文物形象析論　碩士論文　國立臺灣大學中國
　　　　文學研究所　1992 年度
朱雅琪　大小謝詩之比較　碩士論文　國立臺灣大學中國文學研究
　　　　所　1992 年度
王秋傑　陸機及其詩賦研究　碩士論文　國立臺灣大學中國文學研
　　　　究所　1992 年度
陳凱莉　唐代遊士研究　碩士論文　國立臺灣大學中國文學研究所
　　　　1992 年度
呂惠貞　元稹及其詩研究　碩士論文　國立臺灣大學中國文學研究
　　　　所　1992 年度
陳乃宙　曲江詩「儒境」研究　碩士論文　國立臺灣大學中國文學
　　　　研究所　1994 年度
廖肇亨　明末清初逃禪之風氣研究　碩士論文　國立臺灣大學中國
　　　　文學研究所　1994 年度

‧臺灣師範大學

顏智英　昭明文選與玉臺新詠之比較研究　碩士論文　國立臺灣師
　　　　範大學國文研究所　1990 年度(1991 年 6 月)
杜麗香　唐代夫妻懷贈詩與悼亡詩研究　碩士論文　國立臺灣師範
　　　　大學國文研究所　1990 年度(1991 年 6 月)
李清筠　魏晉名士人格研究　碩士論文　國立臺灣師範大學國文研
　　　　究所　1990 年度(1991 年 6 月)
鄭紀真　賈島詩研究　碩士論文　國立臺灣師範大學國文研究所
　　　　1991 年度(1992 年 6 月)
李建福　漁洋論詩絕句證析　碩士論文　國立臺灣師範大學國文研
　　　　究所　1991 年度(1992 年 6 月)
王隆升　唐代登臨詩研究　碩士論文　國立臺灣師範大學國文研究
　　　　所　1992 年度(1993 年 5 月)
范宜如　錢牧齋詩學觀念之反省－以《列朝詩集小傳》為探究中心
　　　　碩士論文　國立臺灣師範大學國文研究所　1992 年度
　　　　(1993 年 5 月)
林佳珍　詩經鳥類意象及其原型研究　碩士論文　國立臺灣師範大
　　　　學國文研究所　1992 年度(1993 年 6 月)
諸海星　中國文體分類學的研究　碩士論文　國立臺灣師範大學國
　　　　文研究所　1992 年度(1993 年 6 月)
楊淑華　《文選》選詩研究　碩士論文　國立臺灣師範大學國文研
　　　　究所　1992 年度(1993 年 6 月)

姜淑敏　黃景仁詩研究　碩士論文　國立臺灣師範大學國文研究所
　　　　1992 年度(1993 年 6 月)

尤敏慧　梅聖俞宛陵體發展　碩士論文　國立臺灣師範大學國文研
　　　　究所　1993 年度(1994 年 6 月)

黃雅莉　陳後山宗社之探究　碩士論文　國立臺灣師範大學國文研
　　　　究所　1993 年度(1994 年 6 月)

張素珍　鍾譚真詩觀析論　碩士論文　國立臺灣師範大學國文研究
　　　　所　1993 年度(1994 年 6 月)

蘇麗卿　韓偓及其詩研究　碩士論文　國立臺灣師範大學國文研究
　　　　所　1993 年度(1994 年 7 月)

卓曼菁　李白遊俠詩研究　碩士論文　國立臺灣師範大學國文研究
　　　　所　1994 年度(1995 年 6 月)

謝志賜　道、咸、同時期淡水廳文人及其詩文研究－以鄭用錫、陳
　　　　維英、林占梅為對象　碩士論文　國立臺灣師範大學國文
　　　　研究所　1994 年度(1995 年 6 月)

‧政治大學

吳炳輝　六朝哀挽詩研究　碩士論文　國立政治大學中國文學研究
　　　　所　1990 年度(1991 年 6 月)

戴麗霜　北宋以文為詩詩風形成原因及其風格之研究　碩士論文
　　　　國立政治大學中國文學研究所　1990 年度(1991 年 6 月)

陳錦盛　徐禎卿之詩論研究　碩士論文　國立政治大學中國文學研
　　　　究所　1990 年度(1991 年 6 月)

蕭淳鏵　北宋「平淡」文學觀之研究　碩士論文　國立政治大學中
　　　　國文學研究所　1990 年度(1991 年 7 月)

王熙銓　賀裳載酒園詩話研究　碩士論文　國立政治大學中國文學
　　　　研究所　1990 年度(1991 年 7 月)

杜淑華　清代詩學「境」「意境」「境界」相關之理論與實際批評　碩
　　　　士論文　國立政治大學中國文學研究所　1990 年度(1991
　　　　年 7 月)

劉慧珠　齊梁竟陵八友之研究　碩士論文　國立政治大學中國文學
　　　　研究所　1991 年度(1992 年 6 月)

譚銀順　唐寅生平及其詩文研究　碩士論文　國立政治大學中國文
　　　　學研究所　1992 年度(1993 年 6 月)

顏鸝慧　李白安史之亂期間詩作研究　碩士論文　國立政治大學中
　　　　國文學研究所　1993 年度(1994 年 6 月)

林香伶　唐代游俠詩歌研究　碩士論文　國立政治大學中國文學研
　　　　究所　1993 年度(1994 年 6 月)

湯倍禎　金履祥《濂洛風雅》　碩士論文　國立政治大學中國文學
　　　　研究所　1993 年度(1994 年 7 月)
辜美綾　唐代文學與三元習俗之研究　碩士論文　國立政治大學中
　　　　國文學研究所　1993 年度(1994 年 7 月)
黃季平　英雄史詩的結構與流傳－以中國少數民族文學三大英雄史
　　　　詩為中心　碩士論文　國立政治大學民族研究所　1994 年
　　　　度(1995 年 6 月)
金秀美　鄭谷之交往詩研究　碩士論文　國立政治大學中國文學研
　　　　究所　1994 年度(1995 年 7 月)
莊蕙綺　中唐詩歌中之夢研究　碩士論文　國立政治大學中國文學
　　　　研究所　1994 年度(1995 年 7 月)
　・清華大學
林宏安　孟浩然隱逸形象重探　碩士論文　國立清華大學文學研究
　　　　所　1991 年度(1992 年 6 月)
潘志宏　晚唐三家詠史詩研究　碩士論文　國立清華大學文學研究
　　　　所　1992 年度(1993 年 7 月)
吳若梅　謝靈運的政治生涯與其山水詩　碩士論文　國立清華大學
　　　　文學研究所　1992 年度(1993 年 7 月)
馬美娟　中國古典詩歌中的寄託　碩士論文　國立清華大學文學研
　　　　究所　1992 年度(1993 年 7 月)
連素屬　盛唐田園詩研究　碩士論文　國立清華大學文學研究所
　　　　1993 年度(1994 年 6 月)
方復華　李商隱詩「不圓滿」情境研究　碩士論文　國立清華大學
　　　　文學研究所　1994 年度(1995 年 7 月)
　・中央大學
程克雅　朱熹、嚴粲二家比興釋《詩》體系比較及其意義　碩士論
　　　　文　國立中央大學中國文學研究所　1990 年度
葛惠瑋　《原詩》與《一瓢詩話》之比較研究　碩士論文　國立中
　　　　央大學中國文學研究所　1990 年度
孫淑芳　選詩之山水體類研究　碩士論文　國立中央大學中國文學
　　　　研究所　1993 年度(1994 年 6 月)
林錦婷　蘇軾與黃庭堅之詩論及其比較研究　碩士論文　國立中央
　　　　大學中國文學研究所　1993 年度(1994 年 6 月)
施寬文　孟郊奇險詩風研究　碩士論文　國立中央大學中國文學研
　　　　究所　1993 年度(1994 年 6 月)
　・成功大學
許瑞玲　溫庭筠詩之語言風格研究－從顏色字的使用及其詩句結構

　　　　　分析　碩士論文　國立成功大學中國文學研究所　1992 年度(1993 年 6 月)

鍾美玲　北宋四大家理趣詩研究－以蘇、黃、二陳為例　碩士論文　國立成功大學中國文學研究所　1994 年度(1995 年 6 月)

吳梅芬　杜甫晚年七律作品語言風格研究　碩士論文　國立成功大學中國文學研究所　1993 年度(1994 年 1 月)

吳明津　曹植詩賦研究　碩士論文　國立成功大學中國文學研究所　1993 年度(1994 年 6 月)

鄭倖朱　蘇軾「以賦為詩」研究　碩士論文　國立成功大學中國文學研究所　1993 年度(1994 年 6 月)

戴伶娟　蘇軾題畫詩藝術技巧研究　碩士論文　國立成功大學中國文學研究所　1994 年度(1994 年 7 月)

石韶華　宋代詠茶詩研究　碩士論文　國立成功大學中國文學研究所　1994 年度(1995 年 6 月)

・中正大學

王盈芬　皮日休詩歌研究　碩士論文　國立中正大學中國文學研究所　1992 年度(1993 年 6 月)

胡倩如　鄭板橋詩歌研究　碩士論文　國立中正大學中國文學研究所　1992 年度(1993 年 7 月)

黃如焄　晚明陸時雍詩學研究　碩士論文　國立中正大學中國文學研究所　1993 年度(1994 年 5 月)

王慈鸞　宋代雜體詩研究　碩士論文　國立中正大學中國文學研究所　1994 年度(1995 年 6 月)

周碧香　東籬樂府語言風格研究　碩士論文　國立中正大學中國文學研究所　1994 年度(1995 年 7 月)

・高雄師範大學

李玉玲　齊梁詠物詩與詠物賦之比較研究　碩士論文　國立高雄師範大學國文研究所　1990 年度

林珍瑩　楊萬里山水詩研究　碩士論文　國立高雄師範大學國文研究所　1991 年度

張靜尹　屈翁山忠愛詩研究　碩士論文　國立高雄師範大學國文研究所　1993 年度

蘇珊玉　薛濤及其詩研究　碩士論文　國立高雄師範大學國文研究所　1993 年度

劉正忠　王荊公「金陵詩」研究　碩士論文　國立高雄師範大學國文研究所　1994 年度

陳光瑩　吳梅村諷喻詩研究　碩士論文　國立高雄師範大學國文研

究所　1994 年度

·中山大學

向麗頻　南北朝至初唐五言律詩格律形成之研究　碩士論文　國立中山大學中國文學研究所　1994 年度(1995 年 6 月)

林仁昱　唐代淨土讚歌之研究　碩士論文　國立中山大學中國文學研究所　1994 年度(1995 年 6 月)

·輔仁大學

林瑛瑛　杜甫成都期詩歌研究　碩士論文　輔仁大學中國文學研究所　1990 年度

陳怡蓉　初唐詩意觀念與詩語理論研究　碩士論文　輔仁大學中國文學研究所　1990 年度

楊文雀　李白詩中神話運用之研究－以仙道神話為主體　碩士論文　輔仁大學中國文學研究所　1990 年度

廖淑慧　金聖歎詩學研究　碩士論文　輔仁大學中國文學研究所　1990 年度

徐靜莊　張說與開元文壇　碩士論文　輔仁大學中國文學研究所　1990 年度

邱世分　葉夢得年譜　碩士論文　輔仁大學中國文學研究所　1990 年度

呂明修　李白古風五十九首研究　碩士論文　輔仁大學中國文學研究所　1991 年度

李孟君　唐詩中的女性形象研究　碩士論文　輔仁大學中國文學研究所　1991 年度

杜昭瑩　王維禪詩研究　碩士論文　輔仁大學中國文學研究所　1992 年度

劉家烘　徐陵及其詩文研究　碩士論文　輔仁大學中國文學研究所　1994 年度

·東吳大學

尹慶美　吳均詩之研究　碩士論文　東吳大學中國文學研究所　1990 年度

王瑞蓮　詩經秦風詩篇之研究　碩士論文　東吳大學中國文學研究所　1990 年度

林明珠　白居易敘事詩研究　碩士論文　東吳大學中國文學研究所　1990 年度

孫秀玲　葛立方韻語陽秋詩論研究　碩士論文　東吳大學中國文學研究所　1990 年度

林帥月　古上清經派經典中詩歌之研究　碩士論文　東吳大學中國

　　　　　　文學研究所　　1991 年度

邵曼珣　　論真－以明代詩論為考察中心　　碩士論文　　東吳大學中國
　　　　　　文學研究所　　1991 年度

許麗玲　　唐人題畫詩研究　　碩士論文　　東吳大學中國文學研究所
　　　　　　1991 年度

郭寶元　　而庵《說唐詩》研究　　碩士論文　　東吳大學中國文學研究
　　　　　　所　　1992 年度(1993 年 6 月)

林美蘭　　魏源詩古微研究　　碩士論文　　東吳大學中國文學研究所
　　　　　　1992 年度(1993 年 6 月)

廖湘美　　元稹詩文用韻考　　碩士論文　　東吳大學中國文學研究所
　　　　　　1993 年度

陳明義　　蘇轍詩集傳研究　　碩士論文　　東吳大學中國文學研究所
　　　　　　1993 年度(1994 年 1 月)

・東海大學

洪靜芳　　唐詩入唱考索　　碩士論文　　東海大學中國文學研究所
　　　　　　1990 年度

邱淑珍　　庾信詩研究　　碩士論文　　東海大學中國文學研究所　　1990
　　　　　　年度

廖慧美　　唐代題畫詩研究　　碩士論文　　東海大學中國文學研究所
　　　　　　1990 年度

林燕玲　　足崖壑而志城闕－談唐代士人的真隱與假隱　　碩士論文
　　　　　　東海大學中國文學研究所　　1992 年度

涂淑敏　　初盛唐五言近體詩格律研究　　碩士論文　　東海大學中國文
　　　　　　學研究所　　1992 年度

楊棠秋　　譚復堂及其文學附年譜　　碩士論文　　東海大學中國文學研
　　　　　　究所　　1992 年度

吳健福　　惲敬研究　　碩士論文　　東海大學中國文學研究所　　1993 年
　　　　　　度

林繼柏　　近體格律形成研究－從歷史淵源看五言近體的發展　　碩士
　　　　　　論文　　東海大學中國文學研究所　　1993 年度

鄭義雨　　謝朓山水詩研究　　碩士論文　　東海大學中國文學研究所
　　　　　　1994 年度

・淡江大學

周慶華　　詩話摘句批評研究　　碩士論文　　淡江大學中國文學研究所
　　　　　　1990 年度

馬銘浩　　唐代社會與元白文學集團關係之研究　　碩士論文　　淡江大
　　　　　　學中國文學研究所　　1990 年度

顧蕙倩　蘇曼殊詩析論　碩士論文　淡江大學中國文學研究所
1990 年度

陳秀美　郭璞之詩賦研究　碩士論文　淡江大學中國文學研究所
1992 年度(1993 年 6 月)

林素玟　晚明畫論詩化之研究　碩士論文　淡江大學中國文學研究
所　1993 年度(1993 年 12 月)

王子彥　南朝樂府遊俠詩之研究　碩士論文　淡江大學中國文學研
究所　1993 年(1994 年 6 月)

劉桂蘭　升庵詩話研究　碩士論文　淡江大學中國文學研究所
1993 年度(1994 年 6 月)

朱梅韶　杜甫七律詩句中「虛詞」運用之探究　碩士論文　淡江大
學中國文學研究所　1993 年度(1994 年 6 月)

羅娓淑　李商隱七律詩詞彙風格研究　碩士論文　淡江大學中國文
學研究所　1993 年度(1994 年 6 月)

黃麗卿　清人評白居易詩研究－以詩話為主　碩士論文　淡江大學
中國文學研究所　1994 年度(1995 年 6 月)

陶玉璞　謝靈運山水詩及其三教思想研究　碩士論文　淡江大學中
國文學研究所　1994 年度(1995 年 6 月)

・逢甲大學

蔣翔宇　倪瓚題畫詩研究　碩士論文　逢甲大學中國文學研究所
1994 年度(1995 年 6 月)

洪秀萍　清代詩話用事理論研究　碩士論文　逢甲大學中國文學研
究所　1994 年度(1995 年 6 月)

宋二燮　敦煌通俗詩考　碩士論文　逢甲大學中國文學研究所
1994 年度(1995 年 6 月)

・文化大學

宋如珊　翁方綱詩學之研究　碩士論文　中國文化大學中國文學研
究所　1990 年度

吳月蕙　唐人家庭倫理詩之研究　碩士論文　中國文化大學中國文
學研究所　1991 年度

黃羨惠　兩漢樂府古辭研究　碩士論文　中國文化大學中國文學研
究所　1991 年度

陳錦文　王勃詩賦研究　碩士論文　中國文化大學中國文學研究所
1990 年度

李秀靜　唐代九日重陽詩歌研究　碩士論文　中國文化大學中國文
學研究所　1993 年度(1994 年 6 月)

龐中柱　晚清宋詩運動研究　碩士論文　中國文化大學中國文學研

究所　1994 年度(1995 年 6 月)
羅吉希　六朝抒情詩研究　碩士論文　中國文化大學中國文學研究
　　　　所　1994 年度(1995 年 6 月)

二、詞

■1955～1969 年度
・臺灣大學
姜林洙　辛稼軒傳　碩士論文　國立臺灣大學中國文學研究所
　　　　1960 年度
梁慕琴　范石湖年譜　碩士論文　國立臺灣大學中國文學研究所
　　　　1963 年度
陳淑美　稼軒詞用典分析　碩士論文　國立臺灣大學中國文學研究
　　　　所　1966 年度(1967 年 6 月)
吳宏一　常州派詞學研究　碩士論文　國立臺灣大學中國文學研究
　　　　所　1969 年度
・臺灣師範大學
祁懷美　花間集之研究　碩士論文　國立臺灣師範大學國文研究所
　　　　1958 年度(1959 年 6 月)
王熙元　歷代詞話敍錄　碩士論文　國立臺灣師範大學國文研究所
　　　　1962 年度(1963 年 6 月)
梁冰枏　樂章集校箋　碩士論文　國立臺灣師範大學國文研究所
　　　　1965 年度(1966 年 6 月)
陸宗貞　中國女詞人敍錄　碩士論文　國立臺灣師範大學國文研究
　　　　所　1964 年度(1965 年 6 月)
黃少甫　夢窗詞校訂箋注　碩士論文　國立臺灣師範大學國文研究
　　　　所　1964 年度(1965 年 6 月)
賴橋本　白石詞箋校及研究　碩士論文　國立臺灣師範大學國文研
　　　　究所　1965 年度(1966 年 6 月)
李　栖　漱玉詞研究　碩士論文　國立臺灣師範大學國文研究所
　　　　1966 年度(1967 年 6 月)
陳滿銘　稼軒長短句研究　碩士論文　國立臺灣師範大學國文研究
　　　　所　1966 年度(1967 年 6 月)
蔡茂雄　六一詞校注　碩士論文　國立臺灣師範大學國文研究所
　　　　1967 年度(1968 年 6 月)
鄭向恆　東坡樂府校訂箋注　碩士論文　國立臺灣師範大學國文研

究所　1968 年度(1969 年 7 月)

翟瞻納　放翁詞研究　碩士論文　國立臺灣師範大學國文研究所
1968 年度(1969 年 7 月)

鄭郁卿　陽春集箋　碩士論文　國立臺灣師範大學國文研究所
1969 年度(1970 年 6 月)

・**政治大學**

王初蓉　淮海詞研究　碩士論文　國立政治大學中國文學研究所
1966 年度(1967 年 5 月)

金鍾培　清真詞訂釋　碩士論文　國立政治大學中國文學研究所
1966 年度(1967 年 6 月)

詹俊喜　小山詞箋注　碩士論文　國立政治大學中國文學研究所
1966 年度(1967 年 6 月)

張李碧華　白樸考述　碩士論文　國立政治大學中國文學研究所
1968 年度(1969 年 6 月)

劉紀華　張炎詞源箋訂　碩士論文　國立政治大學中國文學研究所
1969 年度(1970 年 6 月)

闓宗述　飲水詞補箋　碩士論文　國立政治大學中國文學研究所
1969 年度(1970 年 6 月)

・**輔仁大學**

朱靜如　山中白雲箋註　碩士論文　輔仁大學中國文學研究所
1968 年度

包根弟　淮海居士長短句箋釋　碩士論文　輔仁大學中國文學研究
所　1968 年度

高金賢　碧山詞箋注　碩士論文　輔仁大學中國文學研究所　1968
年度

・**文化大學**

葉詠琍　慢詞考略　碩士論文　中國文化大學中國文學研究所
1963 年度

李信隆　尊前集研究　碩士論文　文化大學中國文學研究所　1965
年度

黃淑慎　宋代女詞人研究　碩士論文　文化大學中國文學研究所
1965 年度

張　曦　片玉詞校箋　碩士論文　中國文化大學中國文學研究所
1965 年度

鄭　琳　柳永詞研究　碩士論文　中國文化大學中國文學研究所
1967 年度

■**1970～1979 年度**

・臺灣大學

陳芊梅　李後主研究　碩士論文　國立臺灣大學中國文學研究所
　　　　1971 年度

白楨喜　南渡三詞人生平及文學研究　碩士論文　國立臺灣大學中
　　　　國文學研究所　1971 年度

金相姝　孟子三身詞研究　碩士論文　國立臺灣大學中國文學研究
　　　　所　1971 年度

謝世涯　南唐後主李煜詞研究　碩士論文　國立臺灣大學中國文學
　　　　研究所　1972 年

林玫儀　敦煌曲(子詞)研究　碩士論文　國立臺灣大學中國文學研
　　　　究所　1973 年度

廖為祥　樂章集析論　碩士論文　國立臺灣大學中國文學研究所
　　　　1975 年度

崔瑞郁　柳永與周彥　碩士論文　國立臺灣大學中國文學研究所
　　　　1975 年度

・臺灣師範大學

張子良　金元詞人述評　碩士論文　國立臺灣師範大學國文研究所
　　　　1970 年度(1971 年 6 月)

李周龍　山中白雲詞校訂箋注　碩士論文　國立臺灣師範大學國文
　　　　研究所　1971 年度(1972 年 7 月)

李居取　蘇門四學士詞研究　碩士論文　國立臺灣師範大學國文研
　　　　究所　1972 年度(1973 年 7 月)

徐信義　張炎詞源探究　碩士論文　國立臺灣師範大學國文研究所
　　　　1973 年度(1974 年 7 月)

張筱萍　兩宋詞論研究　碩士論文　國立臺灣師範大學國文研究所
　　　　1974 年度(1975 年 7 月)

趙　舜　蔣士銓研究　碩士論文　國立臺灣師範大學國文研究所
　　　　1974 年度(1975 年 7 月)

李炳南　王國維境界說之研究　碩士論文　國立臺灣師範大學國文
　　　　研究所　1975 年度(1976 年 7 月)

黃聲儀　石湖詞研究及箋注　碩士論文　國立臺灣師範大學國文研
　　　　究所　1976 年度(1977 年 7 月)

許金枝　東坡詞韻研究　碩士論文　國立臺灣師範大學國文研究所
　　　　1977 年度(1978 年 6 月)

張垣鐸　蘇辛詞內容與風格比較研究　碩士論文　國立臺灣師範大
　　　　學國文研究所　1978 年度(1979 年 6 月)

・政治大學

陳德華　兩宋豪放詞述略　碩士論文　國立政治大學中國文學研究
　　　　所　1973 年度(1974 年 6 月)
顏天佑　南宋姜吳派詞之研究　碩士論文　國立政治大學中國文學
　　　　研究所　1973 年度(1974 年 6 月)
李達賢　五代詞韻考　碩士論文　國立政治大學中國文學研究所
　　　　1974 年度(1975 年 6 月)
陳茂村　王國維人間詞話研究　碩士論文　國立政治大學中國文學
　　　　研究所　1974 年度(1975 年 6 月)
丁千惠　況周頤蕙風詞話研究　碩士論文　國立政治大學中國文學
　　　　研究所　1977 年度(1978 年 6 月)
陳月霞　白雨齋詞話研究　碩士論文　國立政治大學中國文學研究
　　　　所　1979 年度(1980 年 6 月)
　・**輔仁大學**
吳淑美　姜白石詞韻考　碩士論文　輔仁大學中國文學研究所
　　　　1970 年度
余光暉　夢窗詞韻考　碩士論文　輔仁大學中國文學研究所　1970
　　　　年度
林文寶　馮延巳研究　碩士論文　輔仁大學中國文學研究所　1970
　　　　年度
林振瑩　周邦彥詞韻考　碩士論文　輔仁大學中國文學研究所
　　　　1970 年度
林　冷　王田詞用韻考　碩士論文　輔仁大學中國文學研究所
　　　　1971 年度
陳素貞　初唐四傑詞用韻考　碩士論文　輔仁大學中國文學研究所
　　　　1971 年度
葉慕蘭　柳永詞用韻考　碩士論文　輔仁大學中國文學研究所
　　　　1972 年度
劉　瑩　清末四家詞研究　碩士論文　輔仁大學中國文學研究所
　　　　1978 年度
　・**東吳大學**
張少真　清代浙江詞派研究　碩士論文　東吳大學中國文學研究所
　　　　1978 年度
黃文吉　朱敦儒詞研究　碩士論文　東吳大學中國文學研究所
　　　　1978 年度
王偉勇　南宋遺民詞初探　碩士論文　東吳大學中國文學研究所
　　　　1979 年度
　・**東海大學**

徐照華　張孝祥研究　碩士論文　東海大學中國文學研究所　1972
年度

陳申君　清三家詞比較　碩士論文　東海大學中國文學研究所
1973 年度

李森隆　姜夔及其「白石道人歌曲」研究　碩士論文　東海大學中
國文學研究所　1979 年度

・**文化大學**

張紹鐸　珠玉詞校訂箋注　碩士論文　中國文化大學中國文學研
究所　1970 年度

黃孝光　須溪詞研究及箋注　碩士論文　文化大學中國文學研究所
1973 年度

楊　侗　詞之發生及理論研究　碩士論文　文化大學中國文學研究
所　1974 年度

■**1980～1989 年度**

・**臺灣大學**

中村加代子　劉辰翁文學批評研究　碩士論文　國立臺灣大學中國
文學研究所　1982 年度

金鍾賢　王國維詞學研究　碩士論文　國立臺灣大學中國文學研究
所　1984 年度

劉少雄　宋代詞選集研究　碩士論文　國立臺灣大學中國文學研究
所　1985 年度

林玫玲　東坡黃州詞研究　碩士論文　國立臺灣大學中國文學研究
所　1985 年度

張　薰　宋代西湖詞壇研究　碩士論文　國立臺灣大學中國文學研
究所　1986 年度

黃永姬　張玉田山中白雲詞析論　碩士論文　國立臺灣大學中國文
學研究所　1986 年度

宋美瑩　夢窗詞研究　碩士論文　國立臺灣大學中國文學研究所
1988 年度

・**臺灣師範大學**

楊麗珠　清初浙派詞論研究　碩士論文　國立臺灣師範大學國文研
究所　1982 年度(1983 年 6 月)

馬寶蓮　兩宋詠物詞研究　碩士論文　國立臺灣師範大學國文研究
所　1982 年度(1983 年 6 月)

李浚植　蘇辛豪放詞的形成及其成就研究　碩士論文　國立臺灣師
範大學國文研究所　1982 年度(1983 年 6 月)

張仁愛　柳永歌詞與高麗歌謠之比較研究　碩士論文　國立臺灣師範大學國文研究所　1983年度(1984年5月)

權寧蘭　朱竹垞詞研究　碩士論文　國立臺灣師範大學國文研究所1983年度(1984年5月)

申貞熙　彊村詞研究　碩士論文　國立臺灣師範大學國文研究所1984年度(1985年5月)

林承坏　稼軒詞之內容及其藝術成就　碩士論文　國立臺灣師範大學國文研究所　1985年度(1986年6月)

任靜海　朱希真詞韻研究　碩士論文　國立臺灣師範大學國文研究所　1986年度(1987年6月)

郭美美　東坡在詞風上的承繼與創新　碩士論文　國立臺灣師範大學國文研究所　1989年度(1990年5月)

· **政治大學**

尹壽榮　向子諲酒邊詞校注及其研究　碩士論文　國立政治大學中國文學研究所　1980年度(1981年6月)

咸賢子　劉後村年譜及其詞研究　碩士論文　國立政治大學中國文學研究所　1982年度(1983年6月)

陳彩玲　南宋遺民詠物詞研究　碩士論文　國立政治大學中國文學研究所　1984年度(1985年6月)

陳韻竹　歐陽修、蘇軾辭賦之比較研究　碩士論文　國立政治大學中國文學研究所　1985年度(1986年6月)

俞玄穆　宋代詠花詞研究　碩士論文　國立政治大學中國文學研究所　1985年度(1986年6月)

黃瓊誼　二晏詞研究　碩士論文　國立政治大學中國文學研究所1989年度(1990年6月)

· **高雄師範大學**

鄒霏驊　南宋愛國詞之教學研究　碩士論文　國立高雄師範大學國文研究所　1981年度

宋邦珍　《白雨齋詞話》「沈鬱說」研究　碩士論文　國立臺灣高雄大學國文研究所　1989年度

· **輔仁大學**

武　芳　蔣竹山詞研究　碩士論文　輔仁大學中國文學研究所1980年度

張秀鑾　謝章鋌詞學理論研究　碩士論文　輔仁大學中國文學研究所　1980年度

武魯芳　蔣竹山詞研究　碩士論文　輔仁大學中國文學研究所1981年度

陳靜芬　賀方回詞研究　碩士論文　輔仁大學中國文學研究所
　　　　1984 年度
孫永忠　朱希真及詞研究　碩士論文　輔仁大學中國文學研究所
　　　　1986 年度
・東吳大學
王秀雲　毛滂東堂詞研究　碩士論文　東吳大學中國文學研究所
　　　　1984 年度
王國昭　詞話之批評與功用研究　碩士論文　東吳大學中國文學研
　　　　究所　1986 年度
陳　美　明末忠義詞人研究　碩士論文　東吳大學中國文學研究所
　　　　1986 年度
・東海大學
柯翠芬　稼軒詞研究　碩士論文　東海大學中國文學研究所　1981
　　　　年度
李京奎　子野詞研究　碩士論文　東海大學中國文學研究所　1981
　　　　年度
趙桂芬　王靜安詞研究　碩士論文　東海大學中國文學研究所
　　　　1984 年度
張秀容　周姜詞比較研究　碩士論文　東海大學中國文學研究所
　　　　1985 年度
金容春　李清照詞之研究　碩士論文　東海大學中國文學研究所
　　　　1986 年度
劉曼麗　東坡詞的風格與技巧研究　碩士論文　東海大學中國文學
　　　　研究所　1988 年度
・文化大學
林永珠　明代詞論研究　碩士論文　中國文化大學中國文學研究所
　　　　1980 年度
張苾芳　清常州詞派寄託說研究　碩士論文　中國文化大學中國文
　　　　學研究所　1983 年度
成潤淑　敦煌曲子詞析論　碩士論文　中國文化大學中國文學研究
　　　　所　1985 年度

■1990～1994 年度

・臺灣大學
金　鮮　陳廷焯早晚期詞學觀念之轉變　碩士論文　國立臺灣大學
　　　　中國文學研究所　1992 年度
卓清芬　納蘭性德文研究　碩士論文　國立臺灣大學中國文學研究

　　　　所　1992 年度
廣重盛佐子　宋代節令詞研究　碩士論文　國立臺灣大學中國文學
　　　　研究所　1993 年度(1994 年 1 月)
顏妙容　詞學之言志論發展研究　碩士論文　國立臺灣大學中國文
　　　　學研究所　1994 年度
　・**臺灣師範大學**
李金恂　白樸「天籟集」研究　碩士論文　國立臺灣師範大學國文
　　　　研究所　1990 年度
陳清茂　楊慎的詞學　碩士論文　國立臺灣師範大學國文研究所
　　　　1993 年度(1994 年 5 月)
　・**政治大學**
金永哲　碧山詞研究　碩士論文　國立政治大學中國文學研究所
　　　　1990 年度(1991 年 6 月)
陳民珠　王夫之薑齋詞研究　碩士論文　國立政治大學中國文學研
　　　　究所　1994 年度(1995 年 6 月)
柯雅芬　郭麐詞論研究　碩士論文　國立政治大學中國文學研究所
　　　　1994 年度(1995 年 6 月)
　・**清華大學**
王萬儀　經驗與形式之間－姜夔的遊士生涯與其詞作關係之研究
　　　　碩士論文　國立清華大學文學研究所　1993 年度(1994 年 6
　　　　月)
　・**成功大學**
趙福勇　北宋夢詞研究　碩士論文　國立成功大學中國文學研究所
　　　　1994 年度(1995 年 1 月)
　・**中山大學**
林裕盛　宋詞陰聲韻用韻考　碩士論文　國立中山大學中國文學研
　　　　究所　1994 年度(1995 年 6 月)
　・**高雄師範大學**
朱美郁　清常州詞派比興說研究　碩士論文　國立高雄師範大學國
　　　　文研究所　1990 年度
張星美　李清照《詞論》研究　碩士論文　國立高雄師範大學國文
　　　　研究所　1990 年度
蕭新玉　譚獻詞學研究　碩士論文　國立高雄師範大學國文研究所
　　　　1991 年度
涂茂齡　陳大樽詞的研究　碩士論文　國立臺灣高雄大學國文研究
　　　　所　1991 年度
陳宏銘　張孝祥研究　碩士論文　國立高雄師範大學國文研究所

1991 年度

林惠美　張元幹詞研究　碩士論文　國立高雄臺灣師範大學國文研究所　1993 年度

·中央大學

業淑麗　論南宋詞中之寄託　碩士論文　國立中央大學中國文學研究所　1990 年度

簡秀娟　辛派詞人「以文為詞」之研究　碩士論文　國立中央大學中國文學研究所　1993 年度(1994 年 6 月)

·東吳大學

陶子珍　兩宋元宵詞研究　碩士論文　東吳大學中國文學研究所　1992 年度

裴仁秀　韓國鼓子詞與中國之同類型故事比較研究　碩士論文　東吳大學中國文學研究所　1992 年度(1993 年 6 月)

何湘瑩　稼軒詞信州詞研究　碩士論文　東吳大學中國文學研究所　1993 年度

張金蓮　兩宋節令詞探討　碩士論文　東吳大學中國文學研究所　1993 年度(1994 年 1 月)

林幸蓉　兩宋端午詞研究　碩士論文　東吳大學中國文學研究所　1994 年度(1995 年 6 月)

·東海大學

翁淑卿　文廷式詞學研究　碩士論文　東海大學中國文學研究所　1993 年度(1994 年 1 月)

陳正平　庚子秋詞研究　碩士論文　東海大學中國文學研究所　1994 年度

·淡江大學

翁聖峰　清代臺灣竹枝詞之研究　碩士論文　淡江大學中國文學研究所　1992 年 12 月

卓惠美　王士禎之詞作與詞論　碩士論文　淡江大學中國文學研究所　1994 年 6 月

江碧珠　關漢卿戲曲語言之派生詞與重疊詞研究　碩士論文　淡江大學中國文學研究所　1994 年 6 月

·文化大學

楊朝立　大唐秦王詞話研究　碩士論文　中國文化大學中國文學研究所　1991 年度

三、兼及詩詞者

■1955～1969 年度

·臺灣大學

王保珍　蘇東坡年譜會證　碩士論文　國立臺灣大學中國文學研究所　1959 年度

孫　珏　王荊公研究　碩士論文　國立臺灣大學中國文學研究所　1960 年度

吳蓮珮　歐陽脩研究　碩士論文　國立臺灣大學中國文學研究所　1964 年度

黃啟方　賀鑄的生平及其詩詞附東山詞箋注　碩士論文　國立臺灣大學中國文學研究所　1967 年度

王景鴻　蘇東坡著述版本考　碩士論文　國立臺灣大學中國文學研究所　1968 年年度

·臺灣師範大學

徐文助　淮海詩注附詞校注　碩士論文　國立臺灣師範大學國文研究所　1966 年度(1967 年 6 月)

■1970～1979 年度

·臺灣大學

何金蘭　蘇東坡與秦少游　碩士論文　國立臺灣大學中國文學研究所　1970 年度

江正誠　蘇軾之生平及其文學　碩士論文　國立臺灣大學中國文學研究所　1971 年度

李小萱　蔣春霖及其水雲樓詩詞　碩士論文　國立臺灣大學中國文學研究所　1971 年度

·臺灣師範大學

莊雅洲　曾國藩文學理論述評　碩士論文　國立臺灣師範大學國文研究所　1971 年度(1972 年 7 月)

李美珠　朱子文學理論初探　碩士論文　國立臺灣師範大學國文研究所　1976 年度(1977 年 6 月)

林敬文　王安石研究　碩士論文　國立臺灣師範大學國文研究所　1978 年度(1979 年 6 月)

·政治大學

許秋碧　歐陽脩著述考　碩士論文　國立政治大學中國文學研究所
　　　　1975 年度(1976 年 6 月)
　·**輔仁大學**
羅士凱　陸放翁研究　碩士論文　輔仁大學中國文學研究所　1970
　　　　年度
　·**東吳大學**
王寬意　從心理距離觀點探索中國詩詞　碩士論文　東吳大學中國
　　　　文學研究所　1978 年度
　·**東海大學**
李長生　元好問研究　碩士論文　東海大學中國文學研究所　1973
　　　　年度
李建崑　元次山之生平及其文學　碩士論文　東海大學中國文學研
　　　　究所　1979 年度

■**1980～1989 年度**

　·**臺灣大學**
李丙鎬　錢謙益文學評論研究　碩士論文　國立臺灣大學中國文學
　　　　研究所　1980 年度
高光惠　蘇轍文學研究　碩士論文　國立臺灣大學中國文學研究所
　　　　1988 年度
孟英翰　北宋理學家的文學理論研究　碩士論文　國立臺灣大學中
　　　　國文學研究所　1988 年度
　·**臺灣師範大學**
陳瑞芬　汪端研究　碩士論文　國立臺灣師範大學國文研究所
　　　　1986 年度
　·**政治大學**
李寶玲　五代詩詞比較研究　碩士論文　國立政治大學中國文學研
　　　　究所　1989 年度(1990 年 6 月)
　·**高雄師範大學**
高靜文　葉夢得之文學研究　碩士論文　國立高雄師範大學國文研
　　　　究所　1980 年度
　·**輔仁大學**
柳明熙　李清照詩詞箋釋　碩士論文　輔仁大學中國文學研究所
　　　　1979 年度
劉智濬　蘇軾與莊子－東坡文學作品中的莊子思想　碩士論文　輔
　　　　仁大學中國文學研究所
　·**東吳大學**

張長臺　劉夢得研究　碩士論文　東吳大學中國文學研究所　1980
　　　　年度
江仰婉　馮班文學評論研究　碩士論文　東吳大學中國文學研究所
　　　　1988 年度
・**東海大學**
阮桃園　龔自珍的文學研究　碩士論文　東海大學中國文學研究所
　　　　1982 年度
黃彩勤　韋莊研究　碩士論文　東海大學中國文學研究所　1987 年
　　　　度
・**文化大學**
張公鑑　文天祥生平及其詩詞研究　碩士論文　中國文化大學中國
　　　　文學研究所　1985 年度

■**1990～1994 年度**

・**臺灣師範大學**
黃菁菁　東坡文藝創作理論研究　碩士論文　國立臺灣師範大學國
　　　　文研究所　1991 年度(1992 年 6 月)
・**政治大學**
李恩禧　溫庭筠詩詞中感覺之表現　碩士論文　國立政治大學中國
　　　　文學研究所　1991 年度(1992 年 6 月)
・**高雄師範大學**
李淑芳　李綱詩詞研究　碩士論文　國立高雄師範大學國文研究所
　　　　1993 年度
・**東海大學**
白芝蓮　夏完淳詩詞研究　碩士論文　東海大學中國文學研究所
　　　　1994 年度

臺灣古典漢學出版的困境與展望

　　喬公衍琯是目錄、版本、文獻學專家，筆者投入出版工作42 年，接受喬公的幫助與指導亦近 40 年，舉凡種種點滴在心頭。猶記得民國 65 年，筆者出版了一些學術著作，喬公便提議為學術論著的性質取一叢書名，即「文史哲學集成」，當時筆者認為叢書名稱太龐大了，也欣然接受了建議，如今該叢書已陸續出版了 475 種，不僅成為出版社經營的重要特色，還廣受國內外學界的接受與肯定，這都要歸功喬公的睿智和遠見。筆者平日忙於出版工作，長年缺乏保養、運動的緣故，身體變得愈來愈差，喬公喜歡登山、健行，假日便常邀約我同行，16 年來成為喬公的山友，在他的鼓勵和鍛鍊下，我的體格逐漸改善，如今筆者年逾花甲，仍保持旺盛的活力和體能，這也要感謝喬公。民國 83、84 年指導我寫了二篇論文〈臺灣地區古籍整理及其貢獻〉、〈臺灣地區古典詩詞出版的回顧與展望〉發表於同安會館、新加坡國立大學國際學術研討會。喬公是吾師亦為摯友，今欣逢喬公衍琯七秩晉五嵩壽，謹將民國 91 年新加坡同安會館應邀發表「新世紀傳統文化的困境與展望」，經整理寫了拙文〈臺灣古典漢學出版的困境與展望〉，以表達祝賀的心意。

一、消費者的購書意願轉低

八〇年代起臺灣經濟蓬勃發展，與新加坡、香港、韓國併稱為「亞洲四小龍」，經濟發展帶動市場的消費，可謂加速了臺灣出版業進入百家爭鳴的時代，可是這個榮景並未帶來古典漢學圖書出版的市場。究其原因，可分為一般原因和特殊原因：

一般的原因有二，一是網路資訊傳播普及，二是影印技術方便節省。電腦科技日新月異以及網路無遠弗屆的傳播力，可使許多圖書轉換為電子數位的模式，這種新的傳播媒介，不僅方便檢索，又可節省放置空間，例如許多漢籍都已電子數位化，如《十三經》、《二十五史》、《大正藏》、《全唐詩》，這些部帙浩繁的圖書一旦電子化，事實上確實更加方便讀者使用，此自然剝削了一些古籍的出版市場。而隨著電子報的發行，一些學術研究成果、研討會的研究論文，採取網站刊載的方式，方便讀者下載，此亦削去讀者的購買意願。此外，影印機相當普及，價格又低廉，此亦嘉惠讀者，讀者往往影印部份所需即可，使用過後，購書意願相對也會減弱。古典漢學圖書的出版，其閱讀人口向來是小眾中的小眾，主要來自大學院校中的師生。八〇年代末期政治解嚴，為建立臺灣的主體性，本土意識有日漸抬頭的趨勢，顯而易見的是，校園內的學風，轉向臺灣鄉土語言、文學、歷史、文化的研究，由於社會注意力的轉移，有限的學術出版資源的優勢自然產生方向的轉移，此亦當前臺灣出版古典漢學研究圖書的困境之一，屬於特殊原因。

二、出版成本高昂不敵大陸

臺灣出版古典漢學圖書，最大的競爭壓力來自大陸。八〇

年代末期臺灣解除戒嚴後，便逐年開放大陸的圖書進口，剛開始只限於學術研究人員使用的學術著作，但是隨著讀者充份爭取選擇閱讀的權利，如今兩岸又均已加入世界貿易組織（WTO），臺灣開放大陸圖書進口已是未來不可擋的趨勢。值得注意的是，大陸出版成本低，市場大（閱讀研究人口多），加上大陸重點大學出版社出版古典漢學圖書，有政府財力的支援，使得大陸古典漢學圖書佔有比例轉高；相形之下臺灣市場的導向，及政府挹注的資源遠比大陸有限的結果，臺灣出版古典漢學圖書的競爭力可謂愈來愈薄弱了。譬如臺灣已出版且授權大陸出版的簡體字版圖書、臺灣已取得授權之國外翻譯書、大陸出版品已授權在臺灣出版繁體字版圖書的進口，兩岸的價差，勢必對臺灣出版業形成不公平的競爭態勢。如果臺灣不能有效處理這些問題，臺灣出版古典漢學圖書的市場，必然出現銷售秩序難以維持的危機。

三、出版業者的努力與堅持

學術傳播與商業利潤是兩個不同的經營方向，大學出版社以學術傳播為前提，而一般圖書出版則以追求商業利潤為目標。臺灣出版學術專業論著的環境多半為私營的，有別大陸大學出版社是公營的，自始即需自行負擔出版風險及盈虧，因此想要學術傳播與商業利潤之間取得平衡，真是一大挑戰。筆者雖然在上面提到不少困境，但值得欣慰的是，臺灣仍有業者投入專業學術著作的出版，仍然努力在臺灣出版漢學研究的專著，七〇年代以前有商務印書館、中華書局、世界書局、藝文印書館、三民書局、學生書局、文津出版社、聯經出版事業公

司、五南圖書公司、里仁書局、文史哲出版社等投入。究其原因，我們可發現臺灣的業界不乏具有一些文化理想，堅持在文化創新方面，臺灣不應缺席。不管大陸圖書如何好，但絕不能徹底取代臺灣作者的創作。因為臺灣所吸收、融會、發展的中華文化，可以有她的特色，而在臺灣出版漢學，正代表臺灣文化主體的建構一個非常重要的步驟。

　　值得一提的是，以引進西方學術思潮的著作為主的志文出版社、時報文化公司、遠流文化公司、立緒出版社、麥田出版社，與上述古典漢學論著的出版社，相得益彰，使得臺灣在學術專著出版市場的經營，尚仍能保持一股興旺氣象。

四、展望與建議

　　文化特色，雖然多元，但是無論如何，中華文化絕對是非常重要的文化成份。因此，在大量引進歐美文化的同時，如能同步提升中華文化，必然有助於建構我國文化主體性。

　　在科技高度發展的今日，我們固然發現電腦網路帶來資訊傳遞的便利，但是相對的，網路文化也帶來了一些弊端，如膚淺式的閱讀行為、俚俗化的敘述語言，這些都有礙於個人思維與精緻文化的向上提昇。傳統是文化的根，是不可能完全被揚棄的，當繁華過盡，過眼雲煙之後，筆者預期人們會重思古典的意義，並探索其在現代化進程中的作用。

　　　　2002 年新加坡同安會館應邀發表於「新世紀傳統文化的困境與展望」研討會

第二屆兩岸傑出青年出版
專業人才研討會

臺灣代表團總結

彭　正　雄

　　謝謝大會給本人代表臺灣出版人做這次研討會發言的機會，在三十六位兩岸傑出青年出版專業人才，暨與會的出版人、專家、學者共聚一堂研討，以專業領域提出獨特見解、文化交流與切磋。茲理出幾點，供參考與指正：

　　一、翻譯華文圖書：華文走出世界版圖，華文出版佔全球出版量的世界人口四分之一版圖，必須國際化將華文譯成世界各種文字，以五千年中華文化進軍全球，推展國際市場化，需培育與集中所有出版人才，積極國際出版合作空間。

　　二、創造出版商機：與會專家學人，希望透過這次研討會凝聚共識，提出兩岸出版工作互補，共同撰稿編輯、行銷的出版合作計畫，減少成本，創造商機。

　　三、強化圖書通路：行銷企劃的通路與媒體的溝通；銷售管道的 e 化，透過網路，展銷平面書本，也是出版人開拓市場的另一方式，雖然網路、電子書帶走部份市場，網路、電子書

卻也促進展銷的途徑，兩岸的出版文化交流也更為密切，距離也彼此拉近，提供交流管道。

四，減低庫存壓力：學術專業出版品市場有限，可採用POD印刷，需求量先印三、五十冊，若往後需要增印冊數的多寡，也不影響該書的單價成本，而一般絕版書也可採用此方式。

五、閱讀人口流失：目前臺灣讀者購書群大大低落，市場低迷的原因有二，其一為臺灣產業外移中國大陸，外移人口約在百萬人，其中不乏菁英讀者，減少不少在臺消費力；其二為e化時代裏，網路人口增加，減少閱讀人口。

六、出版事業定位：個人認為要排除出版商（出版商／出版業／出版人／出版者）這個名字，因出版這一行業與其他行業有所不同之處，它是文化的、創意的、智慧的，教化人身的高尚的行業。

> 2003年臺北舉行，主題「兩岸的出版交流，共同建構華文出版世界」研討會

淺談兩岸出版文化之交流

—— 以文學交流為中心

一、臺灣早期出版業奠定文化基礎

　　臺灣光復是個文化沙漠，自光復後於 1945 年 12 月 10 日誕生第一家出版社臺北市 —— 東方出版社，以少兒圖書出版為專業，創辦人為游彌堅。1946 年 1 月公營臺灣書店成立，以發行教科書及出版教育圖書。1948 年 1 月 5 日商務印書館臺灣分館成立，以綜合性學術社會科為主。1948 年 7 月 1 日，上海世界書局遷移北市設立，先後由劉雅農、沈子方主持。50 年代，因沈氏經營虧損，遂由李石曾代為還清債務，並接管書局，以古典學術出版為主。1948 年 10 月 25 日《國語日報》在臺北市創刊，每周出版《古今文選》活頁今注今譯。1950 年 11 月 29 日由陳紀瀅、耿修業、陸寒波、徐鍾珮發起在臺北成立重光文藝出版社，以出版文藝圖書。1952 年 3 月高雄大業書店創立，主持人陳暉，出版現代文學作品，漸漸成為南部文學出版的重鎮。50 年代，百成書局以出版文藝圖書，多為名作家。1952 年藝文印書館成立在臺北市萬華，由董作賓、嚴一萍創辦，重印古籍，首以《十三經》印刷及出版《中國文字》等新著，興

起學術研究功能。1956 年天主教成立的光啟出版社，以出版文藝為主。1952 年 4 月 1 日文星書店成立於臺北市，由蕭孟能創辦，文星早期經營的重點在發售西文圖書，經銷外國雜誌。後來改以出版中文書為經營方針，重要出版品有《文星雜誌》、《文星叢刊》、《中國現代史料叢書》等。1953 年由劉振強、柯君欽、范守仁先生創辦三民書局於臺北市衡陽路，以出版法律書為首，後及現代綜合性圖書。1960 年 3 月 5 日學生書局在臺北市成立，以出版學術論著及影印古籍為主。文史哲出版社成立於1971 年 8 月 1 日，時值兩岸進退聯合國之際至今 43 年，本著以大中華文化出版品為主，創辦人彭正雄以 76 之齡僅數位員工，已出版 2800 種。出版業界早期付出心力，奠定臺灣的文化基礎。

二、近年來圖書出版業家數統計

臺灣光復後不到 8 年時間，1953 年就有 138 家，1959 年490 家，1990 年 3238 家，1991 年 3491 家，1992 年 3765 家，1993 年 4112 家，1994 年 4439 家，1995 年 4777 家，1996 年5253 家，1997 年 5826 家，1998 年 6380 家，1999 年 6806 家，2000 年 7093 家。1999 年出版法廢止後，刪除不再經營的出版業者，重整調查目前實際經營出版的業者正確數為 4819 家。

三、臺灣出版法走入歷史

「出版法」的制定始於 1930 年 12 月 16 日，國民政府到

臺後，1952 年 4 月 9 日又再度修正「出版法」，迄至 1997 年，出版法共修定六次，直至 1999 年 1 月 12 日立法院通過廢止該法案，「出版法」走入了歷史。1999 年 1 月 25 日總統明令公佈廢止，出版業的設立不必向新聞局登記，從此回歸「公司法」。凡公司登記有出版項目，總出版家數上萬。

四、運用「出版交流」資源，好書兩岸同時出版

大陸文學界對於臺灣文學研究，向來不曾掉以輕心，海峽兩岸交流日益頻繁以來，利用這項「資源」。大陸學者古繼堂撰寫的《臺灣小說發展史》、《臺灣新詩發展史》，1989 年在臺灣與大陸同步出版，開創兩岸出版先例。

古繼堂前任北京「中國社會科學院港臺文學研究室」副主任，本人準備印售古繼堂研究心得二書，是文史哲出版社心意。由於大陸出版社出書前，必須先確定預約到相當數量才開印，《臺灣小說發展史》等二書，一度因預約數不夠而有停擺之虞。臺、港一些文學及出版界友人決定訂購三千本，替這兩本書在北京出版催生。這種特殊的催生策略，後來因為大陸出版社為了體面，沒有用上，即行出版，不到兩個月售罄。

古繼堂研究臺灣小說，從日據時代小說，一直介紹到現代。這部《臺灣小說發展史》在臺北出版，全書達七百餘頁。臺灣版在於少數資料及措詞字眼上，略有修改，其他保持原貌，讓大家品嘗一下學者的寫作角度。這樣兩岸出版合作，開創首次模式，大陸出版《臺灣新詩發展史》早兩個月：臺灣出版《臺灣小說發展史》早兩個月。

五、臺灣出版開放自由化，書號 ISBN 申請免費

　　1949 年國民政府在臺灣，臺灣出版品有「出版法」規範，出版申請必填以三民主義基本國策發行為宗旨，必須經核准方能出版，資格發行人高中總編輯大學資金九萬元以上，出書後再審查，其實政府對出版並無審查，是以出版宗旨限制，而是開放自由。1999 年廢止出版法，出版無任何限制，只要公司設立，有出版項目既可出版，書的出版更開放自由寬闊。臺灣圖書出版為國際化，臺灣 1990 年 2 月核准成立國際標準書號 ISBN 中心，其出版書號快速三天申請成功，申請書號是免費的，申請圖書館編目 CIP 也免費的，臺灣圖書出版資訊全世界發佈。

　　據國家圖書館「國際標準書號中心」的資料顯示，每年有出版圖書的業者約 2000 家，每月出書的業者約 400 家，每月出

書 5 本以上的業者約 100 家。2006 年申請 ISBN 的圖書有 42,735
筆，2007 年 ISBN 的申請數有 44,459 筆，目前臺灣每年出書量
約在 35,000 種左右。近 25 年來申請 ISBN 的圖書約 90 萬餘筆。

六、臺灣光復後初期文藝發展概述

　　本文記述臺灣光復 1945－1954 十年以來，有關文學社團
成立、報社成立附有文學項目提供基本資料，以具體呈獻文學
活動及文學發展，為研究臺灣文學參考。

1945.10.25　《臺灣新生報》創刊，此為光復後第一家報紙。

1945.12.10　《現代周刊》在臺北市創刊，由吳克剛主編，現
　　　　　　代周刊社、東方出版社及臺灣開明書店先後發行，迄 1946
　　　　　　年 11 月出版至 3 卷 8 期後停刊，共發行 32 期。

1946.01.01　《民聲日報》在臺中市創刊，發行人許庚南，社
　　　　　　長徐滄州，副刊〈民聲〉常刊載文藝作品及綜合性稿件。

1946.2.15　綜合性文藝月刊《海疆》在臺北市創刊，發行人歐
　　　　　　陽可亮，主編張祿澤，海疆出版社發行，已知發行 3 期。

1946.08　雷石榆著《八年詩選集》，由林光灝發行，高雄市粵
　　　　　　光印務公司出版，收新詩 70 首，其中有日文新作 7 首，
　　　　　　這是臺灣光復後出版的第一本詩集。

1946.11　汪玉岑著新詩集《卞和》，由紀秋水發行，基隆市新
　　　　　　力出版社出版，為光復後出版的第二本新詩集。

1947.04.01　臺中《民聲報》周刊改為三日刊。5 月 6 日，再
　　　　　　度改為日刊，並改名《臺灣民聲日報》，副刊〈民聲副刊〉，
　　　　　　常登文藝作品。

1947.05.04　《臺灣新生報》〈文藝〉周刊創刊，由何欣主編，共出 13 期。

1947.12.11　《平言周刊》在臺北市創刊。發行人莊鶴礽，主編朱學典，臺灣青年出版社發行。

1947.12.21　《南方週報》在臺南市創刊。創刊號上登載有歐陽明〈論臺灣新文學運動〉一文。

1948.02.22　《精忠報》在高雄鳳山創刊。社長張佛千，總編輯馮愛群，陸軍訓練司令部發行，後改由陸軍總司令部發行，社長由總司令部政治部主任兼任。1968 年，改名《忠誠報》，後來再改名《忠誠日報》。

1948.03　詩集《路》，由臺北新創辦之讀賣書店出版》作者有王黎、黎焚薰、鄒荻帆、田野、葛珍、江有汜、綠原等 17 人。

1948.04.01　《創作月刊》在臺北市創刊。由小兵（謝冰瑩）主編，創作月刊社發行，迄 9 月 1 日止，共發行 6 期 4 冊。

1948.06　「橋」文藝叢《臺灣作家選集》出版。

1949.09.19　《公論報》創刊〈文藝〉周刊。由江森（何欣）主編。內容偏重文藝理論以及世界名作家與作品的介紹。

1949.10.01　《寶島文藝》月刊在臺北市創刊。督印人張仁澤，社長何定藩，主編潘壘，寶島文藝社發行。

1949.11　《民族報》創刊〈民族副刊〉。主編孫陵，大力提倡戰鬥文藝。

1949.11.22　《建國日報》在澎湖創刊。由澎湖防衛司令部發行。該報初期為四開油印，以後改為鉛印，是澎湖地區唯一報紙。副刊〈海風〉多刊載軍中官兵及其眷屬作品。

1950.02.16　《暢流》半月刊創刊。發行人秦啟文，由鐵路黨部創辦，文藝篇幅甚多。歷任主編有：吳愷玄、吳裕民、施淑敏、田可鑑、陸英育。

1950.03.16　《半月文藝》半月刊正式發行。社長程大成，主要刊登文學作品、文學批評，並介紹西洋現代文學。

1950.04.01　《自由談》半月刊於臺北市創刊。文藝篇幅含長篇、短篇小說、文學論著、文藝論評、傳記文學、報導文學、遊記、散文、影劇評介。

1950.05.01　《拾穗》月刊於高雄創刊。發行人張明哲、胡新南，內容包括介紹世界科學新知及長短篇小說創作翻譯、遊記、傳記、影劇及新詩。

1950.05.01　《中國一周》周刊於臺北創刊。每週一出版，發行人兼主編李鹿華。文藝篇幅含短篇小說、獨幕劇本、散文、詩歌、國劇掌故、文藝論評、青年習作、報導文學。

1950.05.10　《自由青年》旬刊於臺北市創刊，發行人郭澄，主編吳思珩、梅遜、呂天行。文藝內容有長短篇小說、文學論著、文藝論評、傳記文學、散文、新詩、青年習作。

1950.06.01　《軍中文摘》半月刊於臺北創刊。主編王文漪、黃彰位，五十八期後改名為《軍中文藝》；1956 年 4 月 15 日又改名為《革命文獻》；1962 年 3 月定名為《新文藝》。

1950.07.01　《中華日報》〈文藝周刊〉創刊。每週六出刊，主編徐蔚忱，共出 192 期。

1950.07.01　《中華婦女》月刊創刊。發行人皮以書，主編許志致，內容有中華婦女各項活動的報導及文藝作品。

1950.09.16　《大道》半月刊於臺北創刊。發行人李慎之，主編

徐聖展。291 期改為月刊，內容以刊載發展公路交通為主，
但有很大的文藝篇幅。

1950.11.01　《野風》半月刊創刊。由臺糖公司職員金文、師
範、魯鈍、辛魚、黃楊等人發起創辦。

1950.11.05　《自立晚報》副刊推出〈新詩周刊〉。由葛賢寧、
鍾鼎文、覃子豪、紀弦和李莎策劃。

1950.12.15　《火炬》半月刊於臺北創刊。主編孫陵。

1950　臺灣大學詩歌研究社成立，創刊《青潮》詩刊。

1951.03.01　《飛駝報》創刊。由尹殿甲任發行人，張佐任主
編。副刊版〈飛駝文藝〉。刊載聯勤官兵眷屬文藝作品。

1951.05　《文藝創作》月刊創刊。由張道藩任社長，葛賢寧
任主編。以刊登中華文藝獎金委員會得獎作品及獲得稿費
酬金者為主。至第 68 期（1956 年 12 月）停刊。

1951.06.01　《文壇》月刊創刊。穆中南任發行人兼主編，內
容以文學創作為主。

1951.11.05　《新詩周刊》借自立晚報副刊版面創刊，每逢星
期一出版。至 1953 年 9 月 14 日休刊，共出刊 94 期。此
為遷臺後最早出現的一份新詩周刊。

1951.11　《寶島文藝》半月刊創刊。由潘壘、陳大雷、何欣等
九人負責。

1952.01.10　《新文藝》月刊創刊。王文欽任發行人，劉炯任
社長，流浪人任主編。

1952.03.01　《中國文藝》月刊創刊。發行人唐曉風，社長唐
賢龍，主編王平陵。

1952.04.10　《中國語文》月刊創刊。趙友培任發行人，虞君

質任總經理，朱嘯秋任主編。內容以普及語文教育為主，包括古今文選、國文批改示範、文學理論、散文、小說、詩歌創作等。

1952.07.15 《海島文藝》在臺中創刊。由江楓、亞汀等主編。

1952.07 《綠洲》半月刊創刊，發行人兼主編金文璞，社長趙福鴻。該刊旨趣在闡揚反共國策，推行戰鬥文藝。

1952.08.01 紀弦主辦的《詩誌》創刊，十六開本，遷臺後第一本現代詩雜誌，只出版一期，宣稱這本雜誌有雙重意義，一是「詩雜誌」，二是「詩言志」。

1952.10.01 《青年戰士報》於臺北市創刊。副刊版〈新文藝副刊〉及〈藝壇〉由吳東權主編。

1952.10 《中央半月刊》創刊。綜合性文學及生活動態。

1953.01 《文藝列車》月刊創刊於嘉義市。發行人兼社長陳柏卿，主編有古之紅、陳其茂、郭良蕙等。

1953.01 《幼獅月刊》創刊於臺北市。中國青年反共救國團出版，1958 年以後，改由幼獅文化事業公司編輯發行。

1953.02.01 《現代詩》季刊在臺北市創刊。紀弦任發行人兼主編。共出版 45 期。

1953.03.01 《晨光》月刊於臺北市創刊。吳愷玄任發行人兼主編。

1953.04.05 《詩文之友》月刊於彰化縣創刊。洪寶昆任發行人。

1953.08.29 《商工日報》在嘉義市創刊。林福地任發行人，劉桂枘任副刊主編，副刊經常刊載文藝性及綜合性稿件。

1953.11 《小說世界》創刊。刊載作品全部是小說。

1954.01.15　《文藝月報》月刊於臺北市創刊。中國新聞出版
公司出版，虞君質任主編。

1954.01.25　《軍中文藝》月刊於臺北市創刊。新中國出版社
編輯，國防部總政治部印行。

1954.03.29　《幼獅文藝》月刊於臺北市創刊。

1954.03　《藍星詩社》於臺北市成立。發起人有覃子豪、鍾
鼎文、余光中、夏菁、鄧禹平、蓉子、司徒衛等人。

1954.04.01　《文藝春秋》創刊。黃毅辛任發行人，王啟煦任
主編。

1954.05.01　《中華文藝」月刊於臺北市創刊。李辰冬為發行
人。

1954.06.17　《公論報》〈藍星周刊〉創刊。每周四出刊一次，
覃子豪主編。自 111 期起，由余光中接編，至 1958 年 8
月 29 日出版第 211 期停刊。

1954.03.10　《創世紀》詩刊於左營創刊。由張默、洛夫主編，
自第二期起瘂弦加入編輯行列。出至廿九期（1969 年 1
月）停刊，1972 年 9 月於臺北市改組復刊，並改為季刊，
擴大為同仁詩雜誌。是詩刊永續精神，為詩壇長青樹。今
為創刊六十周年紀念，自 4 月至 10 月舉辦一系列慶祝活
動。

七、臺灣近百年來新詩發展概述

1920 年　臺灣新文學運動萌芽。

1924 年　《臺灣民報》發行。代表人物：張我軍，有「臺灣文

壇的胡適」之稱。。

1924 年　《追風》發表日文創作的臺灣新詩。

1930 年　前後新文學欣欣向榮，舊文學已趨於沉寂。代表人物：吳濁流、巫永福、劉千武、賴和……等。

1935 年　《風車詩社》成立。代表人物：楊熾昌等。

1942 年　《銀鈴會》成立。代表人物：臺中一中學生張彥勳、朱實、許世清等。

1951 年　文壇景象寥落，直到「國語的一代」成長。所謂戰後的一代，還有戰前晚期出生的一群，老一代詩人也努力克服語言的障礙，臺灣文學才有機會復甦。終於 1964 年創辦《笠》詩刊。

1949 年　紀弦、覃子豪、鍾鼎文組織詩社，創辦詩刊、推展詩運。

1951 年　鍾鼎文與覃子豪共同創辦《新詩周刊》，由覃子豪主編。

1952 年　8 月紀弦主辦《詩誌》，16 開本，只出版一期。

1953 年　2 月紀弦（上海現代派成員，筆名路易士）創辦《現代詩》雜誌。

1954 年　3 月覃子豪與鍾鼎文等人創辦《藍星周刊》由紀弦、覃子豪主編。覃子豪還主持「中華文藝函授學校」新詩組的教學。

1954 年　《創世紀》詩刊成立，創辦者以軍中作家為主：瘂弦、洛夫、張默等。今成立 60 周年，2014 年 10 月將舉辦學術論文研討會以慶祝。

1954 年～各現代詩刊社相繼成立，約有： 1955《海鷗》，1956

《南北笛》，1957《大海洋今日》，1961《中國新詩》，1962
《葡萄園》，1964《笠》、《星座》，1970《詩宗》，1971《龍
族》，1974《秋水》，1975《草跟根》，1979《陽光小集》，
1982《漢廣》，1983《臺灣詩刊》，1987《新陸》，1991《蕃
薯詩刊》，1992《臺灣詩學季刊》，1997《乾坤》詩刊創辦
人劉炳彝（詩人藍雲）含古典詩，2005《鹽分地帶文學》
（含新詩），2012《臺江臺語文學季刊》（含新詩）。（資料
來源：參考龔華社長）

1964 年　3 月 16 日笠詩社成立，6 月 15 日《笠詩刊》雙月刊
創刊。發起人包括林亨泰等人。這是一份臺籍詩人為跨越
從日文過渡到中文語言障礙而成立的刊物。今成立 50 周
年，於 2014 年 6 月 8 日在臺北紀州庵舉辦學術論文研討
會以慶祝。

1989 年　12 月 10 日明星咖啡屋停止營業。「明星」1949 年設
立，有俄羅斯甜點，是第一夫人（蔣經國總統夫人）最喜
歡吃的。此屋為作家集會與寫作場所，作家購一杯咖啡可
坐一整天寫作。1959 年起，詩人周夢蝶在其門口騎樓下擺
設詩刊雜誌與文學書的書刊。

1994 年　3 月三月詩會成立。成員每月第一個星期六聚會各提
新作研討，今已成立 20 周年。

2014 年　《華文現代詩》詩刊，2013 年 10 月 10 日鄭雅文、
林錫嘉、曾美霞、陳福成、楊顯榮、彭正雄六人發起創辦，
11 月 27 日訂定十項主題。詩刊內涵創新，2014 年 5 月 4
日創刊正式發行。

八、兩岸出版交流二十週年過程

　　兩岸關係,從歷史的演變角度來看,兩岸風風雨雨,也已度過了半個世紀。這期間兩岸的發展,尤其出版的交流,令人難忘、也最觸動心靈深處,畢竟我們傳承的都是中華文化。

　　細數兩岸出版交流 20 年,未曾間斷,每一個歷程,每一個階段,其實相當連貫。

　　第一個歷程:1988 年,首先在上海舉辦的「海峽兩岸圖書展覽」,掀開兩岸隔絕 40 年的幃幕,出版破冰之旅,開啟了兩岸交流的大門。

　　第二個歷程:1989 年開始,連續參加了各類式圖書展、交流座談會,兩岸版權貿易與合作出版。1989 年本人首次與大陸社科院古繼堂兩岸同步出版《臺灣新詩發展史》、《臺灣小說發展史》,開先鋒之例。

　　第三個歷程:1993 年在北京舉辦了「1993 臺灣圖書展覽」、1994 年在臺北舉辦了「1994 大陸圖書展覽」,從此,逐漸擴大範圍到參加圖書博覽會、圖書訂貨會、書市、交易會……等等大規模活動,深化交流熱度。

　　第四個歷程:1995 年開始舉辦的「兩岸三地華文出版聯誼會議」,筆者參與首次會議,由於澳門出版協會的加入,促成「華文出版聯誼會議」的結合。

　　第五個歷程:2002 年開始在北京召開的「第一屆兩岸傑出青年出版專業人才研討會」,促使兩岸年輕一代的出版人走上兩岸出版交流的舞臺。2003 在臺北舉辦,筆者參加與會臺灣代表總結。

　　第六個歷程:2002 年「閩臺書城」正式在福州開始營業,為臺灣出版業前往大陸投資、合作事業舖陳了一條渠道。

　　第七個歷程:海峽兩岸圖書交易會始於 2005 年,至今已分別在廈門、臺北舉辦九屆,均取得圓滿成功,已成為推動兩

岸文化產業繁榮發展的重要品牌活動。被兩岸出版及發行界譽為交流合作的重要平臺，兩岸出版及文人溝通感情的重要橋樑，展示華文出版成就的視窗。

兩岸出版交流二十年的歷程，從無到有、從小到大，已逐漸擴大領域，落實了交流的期待。今 2008 年 9 月 19 日，中華民國圖書出版事業協會在臺北舉辦「紀念海峽兩岸出版交流 20 週年」活動。活動內容包括靜態的展覽和動態的會議：展覽的項目計有兩岸出版交流 20 年成果展和圖片展、第四屆海峽兩岸圖書交易會與第九屆大陸書展等；會議的項目計有海峽兩岸出版交流 20 週年座談會、香山論壇・臺北峰會、第十三屆華文出版聯誼會議－兩岸四地華文出版論壇、兩岸大學生演講比賽。今年的活動，我們定位為從 1988 年上海書展的「破冰之旅」，邁向 2008 年的「統合之路」。華文出版的整合，時候已來到。（資料來源：參考陳恩泉理事長）

展望兩岸出版交流的未來，勢必超越現在。需官方編列預算，支援民間社團，加強兩岸交流。開拓願景、建立機制、打造平臺，是今後努力的方向。

九、兩岸傑出青年出版專業人才研討會

筆者在大會代表臺灣出版人做這一次研討會總結發言。在 36 位兩岸傑出青年出版專業人才，暨與會的專家、學者共聚一堂研討，以專業領域提出獨特見解、交流與切磋。茲理出幾點，供參考與指正：

1.華文走出世界版圖，原有四分之一自己版圖如何將華文

譯成世界各種文字，進軍環球。可先行譯成英文文字發行。

2.希望這次研討會凝聚共識，提出撰稿、編輯美編、市場行銷的出版合作計畫，減低成本，共同創造商機。

3.行銷企畫通路與媒體的溝通，提供參考與交流。

4.倉儲的庫壓問題，學術專業出版品市場有限，可採用POD（BOD）印刷，需求量先印行 3、50 冊，以後再以需求印幾冊亦可。

5.閱讀人口的流失：目前臺灣讀者購書群低落，市場低迷之因，其一為臺灣產業外移中國大陸，菁英是最忠實讀者。外流在百萬人，減少在臺消費，其二為 e 化的時代裏，網路人口增加，減少書本閱讀人口。

6.出版事業的定位：出版商→出版業→出版人→出版者。個人認為要排除「出版商」這個業別，因出版這一行業與其他行業有所不同之處，它是文化的、創意的、智慧的、教化人身的，為高尚的行業。（大陸版協于主席也認同應予正名）

十、展望人文化臺灣，安得廣廈傳書香

二十年兩岸出版交流，大陸各地新華機構、出版社為公營，都有其出版大樓，陳設出版品展示與議事以及交誼廳，目前臺灣欠缺類似的大樓，出版都是民營，財力有限，藝文界、出版界有待政府落實設置，1999 年年底筆者曾經就此向政府建言，之後本文刊於《青年日報》2000 年 5 月 3 日第 13 版。

我們知道傳播媒體發達的時代，資訊傳遞的速度雖然更快，但是人類智慧的結晶，仍有賴書本或各種出版品的形式來

保存及流通。我們看到資訊界的努力，已使得大量的文字或圖片甚至聲音，得以更輕薄短小的形式速迅流通或保存。但是我們仍無法忘懷從印刷術發明以來，「書香」曾經給予我們人類精神的滋養，甚至有如藝術品般，可以去除科技文明帶給人類機械生冷僵硬的感覺，可以給我們更親切簡易觸接的溫暖。

我們看到資訊科技帶給人類的便利，但也看到科技文明帶來的殺傷力，世界文化也慢慢呈現了後現代社會中遊樂、斷裂、破碎的負面影響。特別是臺灣在積極邁向資訊化社會的同時，社會似乎不曾因資訊傳遞的便利，變得更加和諧快樂，反而使得人際關係變得更加疏離和冷漠。

多年來政府倡導「心靈改革」以淨化社會人心，而「書香社會」的建立，正是心靈改革的重要指標，我們期待政府重視社會心靈改造的同時，能實踐多年前對於文化界的允諾，興建一個「書香大樓」。「書香大樓」的興建不如遊樂場一般耗資太多，但卻有多重的正面功能，並能具體顯示政府對於書香社會、文化建設的重視及努力。

從創作人的立場言：「書香大樓」提供創作人將其出版品陳列出來，此對於創作人有正面的激勵作用；並可成為創作人新書發表會，或作家與讀者座談交流的場所。

從出版者的立場言：「書香大樓」可以主題館的方式陳列圖書，它與「圖書館」的功能有別，可說是出版者即時且長期的大型「書展會場」，有助於出版者彼此觀摩出版品，流通或增進彼此出版印刷方面的技術。

從教化的功能言：「書香大樓」可常設各種與圖書有關的主題館，如「書籍演進館」、「傳統造紙技術館」、「印刷技術演

進館」、「裝幀形式演進館」，不僅可教育民眾了解書本製作的知識，從而使民眾珍視智慧財產的重要性，更可提供社會各階層或愛書人一個休閒場所。

　　從經濟的功能言：「書香大樓」可提供國際人士瀏覽的觀光點，可顯示政府建構一個華文文化中心的決心和企圖，此不僅可向世界展示本國出版品的水準，更直接以文化的途徑增進文化本身的拓展。

　　回顧兩岸文化交流 20 年，前 10 年臺灣有較高的優勢提供臺灣經驗被大陸取經，而後 10 年大陸的取經已快超越了臺灣。筆者畢生投入文化出版工作，因而能深切感受到愛書人對於「書香大樓」的期待，也期待臺灣出版界多幾個出版集團，以因應臺灣出版界能走入國際更寬廣的出版舞臺。2008 年馬總統在五四文藝節頒發文藝獎章致詞時，說願做一位文化總統，希望臺灣「書香大樓」能早日落成，令社會文化遍傳書香，也希望兩岸出版文化交流有更大場地與空間。過去杜甫有感於時局動盪不安，為了避亂而天下士子皆恓惶無定所，他曾發下願語說：「安得廣廈千萬間？大庇天下寒士俱歡顏！」，在此筆者深深期望馬總統領導政府重視書香社會的營造，出版界的發展。在此藉杜甫的話，願說：「展望人文化臺灣，安得廣廈傳書香！」

2014 年世界華文文學國際學術研討會
2014.06.09-10 於福華公教人員訓練中心

海西論壇發言條

　　兩岸人民分離了 40 年，1988 年臺灣出版人領航破冰之旅，開展兩岸交流先河，89 年北京國際圖書博覽會，兩岸出版人在人民大會堂，各派 200 人，一排長桌對等的出版經驗交流，90 年大陸也就制定了著作權法十條以應付美國 301 經濟條款要求。兩岸出版人開拓交流經驗後，有助力於其他財經密切往來。

　　2010 年 4 月 26 日博鰲論壇秘書長龍永圖讓利之說：「大陸『讓利』說提出新解，大陸改革開放前廿年，有百分之八、九十的資金來自臺灣，臺灣過去給大陸那麼多投資，現在大陸不該回饋嗎？以前臺灣對大陸的支持，不也是讓利？」

　　因之，先創交流的出版業未蒙其利，反後到的產業先得「利」，我出版業只求平等互惠。「簡化字」圖書輸出臺灣 22 年享免稅優惠，「正體字」書本進到大陸反需課 13%的稅，ECFA 不知有無列入議題。

　　中華民族人民「一言九鼎」，鼎乃三足鼎立，鼎一政治、鼎二經濟、鼎三文化，缺一不可，乃中華文化傳統精神。

　　　　　　　　　　　　　文史哲出版社 社長**彭 正 雄**
　　　　　　　　　　　　　2010.06.19

附　記：

申副總賜鑒：

兩岸論壇感謝盛情款待，謹此致謝忱。副座要知致新聞出版總署圖書管理司建言內容，茲附上全文。六月二十日上午十時建議文，已於當日大會晚宴回覆。另附淺見加注：

臺灣進口大陸圖書可免關稅，圖書銷售後，才有營業銷售加值稅 5%，未銷售免賦稅。大陸則進口圖書全部課 13%的加值稅，與臺灣差距 8%稅率，然而未銷售之圖書也併入計算，那麼足足差距應有 10%的稅負。今大陸的賦稅偏高，實有礙於兩岸文化出版業推廣與發展。

弟　**彭正雄**謹上 2010.06.24

文字教學之改進

1. 中國文字的字書，自魏晉演進成為楷體以來，就以「正體字」之稱，為中華文化之道統，字之構成皆以符合六書形、音、義構字原則，為教育根基。

2. 有些破壞構字之合理性，要改正。如所有從門之字，門簡化寫门，唯獨「開」「關」二字去門，簡化為「开」「关」，請問無門如何開關。如祖先「蕭」姓，簡為不「肖」的「肖」較不雅。可用甘肅的「肅」加「⁺⁺」。以符合六書形、音、義構字原則。

3. 簡化字產生的影響。

　◎不利古文字學研究。

　◎不利文史學的研究。

　◎不易識古文，漢字是中華文化基石和靈魂，研究五千年文化重要性。

　◎要學簡化字也要「識正」，保存中華五千年歷史文化文字之優美。

二〇一〇年七月二十日北京教育大會請朋友代為建言

叁、出版人心聲及建言

滿文書籍印刷三十年甘苦談

── 滿族聯誼會成立講稿

　　記得是民國五十五（一九六六）年夏天，那時我還在學生書局上班擔任業務。有一天我到臺聯國風出版社批發書籍，看到書架上出現了三本滿文書，一本是《清文虛字指南》，一本是《滿漢翻譯四書》，一本是《清文總彙》，那是我第一次與滿文書籍結緣。我對這種蝌蚪文立即生出了好感，那麼優美亮麗，是什麼人出版的，我急於知道。但是我不由分說的先買了一本《滿漢翻譯四書》，想拿回家看看。一看定價，我幾乎昏倒，一本《滿漢翻譯四書》賣四百元新臺幣，而我當時的薪水，每月不過一千元，要是買了本書，大概十天都不用吃飯了。不過我還是咬牙買了，雖然臺聯算我八折，優惠同業嘛，但是回家還是被老婆數落了好一陣子。接著我就因此認識了出資印《滿漢翻譯四書》的廣祿老委員。廣委員是立法院的資深立委，他家住在泰順街十八號，就在和平東路學生書局旁。他常

走路到學生書局看書、買書。跟我聊聊天後,再走到中山南路立法院預算委員會去上班。廣老委員人很慈祥,講話不急不徐,給我的印象深刻。《清文虛字指南》和《滿漢翻譯四書》,是以中國邊疆歷史語文學會的名義印的,而《清文總彙》則只印書,不具名。據我猜測,《清文總彙》可能是廣老委員自己掏腰包印的,所以不要學會具名,也沒有標價。我買到《滿漢翻譯四書》以後,立刻展開苦讀。這才了解,天呀!滿文字是由左向右直寫的,與漢字方向完全相反,而且,滿文上有許多的圈圈點點,據廣老委員告知,這些圈點,製版的時候千萬不能讓師傅給修掉,否則就會把意思給搞錯了。因此,我就由此學到不少滿文的知識,即使到了今天,年紀有些老大,規矩卻還也一點沒忘,這不能不感激廣老委員對我的諄諄告誡了。這本《滿漢翻譯四書》我一直珍藏著,只怪我家書多、蛀蟲多,最近檢查,書竟然給蟲蛀了不少,讓我心痛了好久。我還記得,當時廣老委員有一個學生,叫做李學智。廣委員的許多著作,都由他經手,甚至於滿文教學工作,也交給李學智辦理。後來滿文專家莊吉發教授的滿文,有一部分也是從李先生那裡學的。李先生那時是中研院史語所的研究員,翻譯了《舊滿洲檔》,學術上有相當的地位。《舊滿洲檔》國立故宮博物院景印精裝十本五百套,製版時師傅把這些圈點給修掉,故宮出版組賣一套書需要一個月時間來加以圈點,我成立出版社經常到故宮獲悉。

　　後來我自己成立了文史哲出版社,民國六十六年,就幫莊吉發教授出版了《尼山薩蠻傳》,算是自己滿文書籍印刷的初試鶯啼。《尼山薩蠻傳》的封面內有一個女薩蠻像,穿著詭異,

十分特別，讓人一看就會有印象。只是，原稿的滿文，由於轉印的次數太多，幾乎都已經模糊成一團了，真虧莊吉發教授能辨認得出來，還翻譯成好看的故事，我心裡十分的佩服。據莊教授說，翻譯的漢字由於要與滿文羅馬拼音對齊，沒有打字小姐能夠完成這種任務，莊教授只好在下班後、夜校授課之餘，利用夜深人靜的空暇，自己在家操作打字機，每夜都要打到深夜兩點鐘，十分辛苦。同一年我還幫政大那位高高瘦瘦、講話有點蒙古口音的胡格金臺教授出版了《達呼爾故事滿文手稿》。這是一本奇書，它是用滿文講達呼爾的民間故事，共有十七則。怪的是沒有翻譯成漢文，一般人怎麼看，我也不敢問、就糊里糊塗的出了。所以，我的老婆，時常罵我沒有經濟概念，只曉得印書，卻不知道怎麼賣書、賺錢。但是，我這個人就是如此，我喜歡出滿文書，即使老婆天天罵，我還是要出，我想這種脾氣這輩子是改不過來了。後來莊教授又要我陸續出了以下的一些滿文書：《清代準噶爾史料初編》1977、《孫文成奏摺》1978、《滿漢異域錄校注》1983、《雍正朝滿漢合璧奏摺校注》1984、《清語老乞大》1984、《滿語故事譯粹》1993、《御門聽政：滿語對話選粹》1999、《滿語童話故事》2004 等書。其中《清代準噶爾史料初編》1977、《清語老乞大》1984 兩書的滿文是莊吉發教授自己用手寫的，當時滿文還沒有電腦字體，要出版滿文字只有一筆一劃用手寫，十足的硬功夫、真本事。直到民國八十二年，《滿語故事譯粹》1993 是用電腦字體印刷的滿文，當時我就覺得很驚奇了，因為幾十年來，滿文不能用打字機打出來的觀念，已經根生蒂固了。到了今年，我出了《清文指要解讀／張華克校註》2005，終於遇到了電腦字體的作者

張先生，他也出書了。他說他還是文史哲出版社的忠實讀者，靠了讀我出版的每一本滿文書，琢磨出滿文電腦字體的印刷方法，現在才有一些成果拿得出來。我聽了這話十分感動，馬上跑去跟內人說，誰說我出版的滿文書沒有用？現在用處不是出現了嗎？大概是我太興奮了，內人不願意掃興，也不再跟我辯解了。

其實，我老婆的說法，一點也沒有錯。《清代準噶爾史料初編》1977，三十年前出的書，到現在書庫裡還有一堆存貨，要是單靠賣這些書、賺錢、買米下鍋，我可能早就餓死了。另外，《滿語童話故事》2004 出版後，大陸有一個網站擅自將之上網，把一本新書弄得買氣疲軟，讓我也傷透腦筋。只有《清語老乞大》1984 算是賣得比較好的，曾經再版過。原版《清語老乞大》1976，印書二百本，已經賣完了，只是，期間也長達八年。接著的《清語老乞大》1984，再印二百本，就一賣二十年，到今天還沒賣完呢。

說來說去，即使遇到了這些重大的困難，我還是喜歡出滿文書籍，仍然把它與我的印刷事業結合在一起。原因是，滿族是一個優秀的民族，滿文是一種優美的文字，就算滿族人少，學滿文的人少，這種親切感及美感，卻是一點都沒有減損。就像一首好詩，愈吟詠愈有味道。所以我以印刷滿文書籍為榮，並樂此不疲。今天，滿族聯誼會成立，各位貴賓肯聽我這個小出版人，拉拉雜雜的說一些陳年往事，我心裡十分高興，祝各位事業順利，身體健康，謝謝。

2005.02.19

一位二二八受難家屬的心聲

　　國民政府遷臺，首度實施土改政策；為穩定民生經濟物資，發行「新臺幣」，以黃金做準備金；以及發行「新臺幣限外臨時發行準備金（今稱外匯準備金）」。

一、土改政策得罪大地主

　　農業是人類十分古老的經濟活動，自古以來土地即呈現出複雜樣貌，除了純經濟層面外，更涉及社會層面。自工業化時代來臨之後，居於弱勢的工人和農民階級，尤其是佃農，一直是社會改革運動者、人道主義者關心的對象。

　　國民政府的國民黨民國三十八年來臺執政時，瞭解佃農缺乏保障，臺灣在日據時代地主未賦予佃農有好的生活。現今政府實施土地改革：農地農有、農耕、農享。民國三十八年起的三七五減租。四十年起的公地放領。四十二年起的耕者有其田。五十一年起的農地重劃。促進農村經濟繁榮、帶動工商業發展。促使土地合理的分配利用。

　　國民黨政府透過土地的重行分配，掌握當時人口結構中佔最多數的佃農，穩定其執政的正當性，土地改革受益者為佃農，阻力在大地主的關鍵的土改。得罪了本土大地主，也就是

現今的支持執政者的獨派大老。民國三十八年臺灣中南部農民皆為佃農佔大部分，實施公地放領、耕者有其田，國民黨政策，受益者為佃農。農民有了耕種土地，帶著財富近五十個年頭，民富才有尊嚴。佃農有了土地，忘了當時窮困生活，受益從哪一個執政獲得呢？忘了吃水果拜樹頭！

封閉土地投資之門，將地主傳統的觀念與習慣，改投工商業發展。使當時的大小地主放棄以土地為營生手法，而將資金注入工商業。徵收的地價，三成補償公營事業股票（水泥、紙業、農林、工礦四公司以及之後的三商銀），七成撥發實物土地債券給地主。而土地改革政策得罪了大部分老地主。

二、國民黨帶來黃金

（一）**發行金圓券**：民國 36 年發行金圓券，其兌換率二百元金圓券兌黃金一市兩，四元金圓券兌一美元，二元金圓券兌一銀元，為擁護政府，百姓排隊兌換。又因軍需，沒那麼多黃金做準備金，大量發行金元券，致通貨膨脹，國府失去民心。

（二）**國庫庫存金**：國庫庫存金之運輸黃金白銀的船隻或飛機運臺數字至今未詳。據民國 37 年 12 月 31 日俞鴻鈞曾經向蔣介石報告：已攜運黃金 2,004,459 市兩，銀幣 1000 箱合美金 400 萬元。尚有空運來臺黃金未記載，前中央信託局副局長賀肇笋先生押五架飛機運黃金準備來臺，在香港啟德機場待命，一星期之中一架飛美國（又從美國運回臺灣約 38 萬兩，據吳興鏞先生〈黃金檔案〉

記載。），四架飛臺北，不知載黃金多少。還有其他運輸，其數尚不知多少。

（三）**發行「新臺幣」**：新臺幣發行準備監理委員會第××次檢查公告

第 1 次民國 38 年 8 月 5 日公告以黃金 28 萬兩準備金，發行新臺幣 7800 萬元。　（另影印報紙資訊）

第 2 次民國 38 年 9 月 5 日公告以黃金 33.6 萬兩準備金，發行新臺幣 9400 萬元。　（另影印報紙資訊）

第 3 次民國 38 年 10 月 5 日公告以黃金 40 萬兩準備金，發行新臺幣 1 億 1243 萬元。（另影印報紙資訊）

第 4 次民國 38 年 11 月 5 日公告以黃金 43.4 萬兩準備金，發行新臺幣 1 億 2176 萬元。（另影印報紙資訊）

第 5 次民國 38 年 12 月 5 日公告以黃金 51.5 萬兩準備金，發行新臺幣 1 億 4412 萬元。（另影印報紙資訊）

第 9 次民國 39 年 4 月 5 日公告以黃金 68 萬兩準備金，發行新臺幣 1 億 9041 萬元。

第 138 次民國 50 年 1 月 5 日公告以黃金 4,949,269.99 公克準備金，發行新臺幣 2 億元。已取信於國際，是最後一次公告。

38 年臺灣通貨膨脹不亞於上海，吃一碗麵要舊臺幣 2 萬元，因有民國 36 年上海發行金圓券通貨膨脹前車之鑑，國民政府來臺，帶來的黃金是逐月加碼發行新臺幣，民國 39 年至 49 年十一年間，所發行新臺幣一直維持是二億元，不致於通膨。政府也穩定了經濟，人民方能過安居樂業生活。

（四）　**發行「新臺幣限外臨時發行準備金」**

　　國民黨總裁帶來了黃金，自民國 39 年 8 月 5 日發行「新臺幣限外臨時發行準備金」第一次公告（今稱外匯準備金），昭信國際貨幣基金會，民國 50 年 1 月 5 日第 126 次公告，已取信國際是最後一次公告，保證向國外購買物質機械之信用，做為人民生財，民有所獲利，政府可徵收稅金，建設臺灣，支付軍公教薪津及建設工程費用，繁榮臺灣經濟。

　　民國三、四十年代報紙版下每月五日，公告黃金、白銀數量做為發行「**新臺幣準備金**」及「**新臺幣限外臨時發行準備金**」的徵信，告示國際貨幣基金會之信用度；又有尹仲容經濟部長的國際前瞻性、國際村的遠見，向世界招商投資，穩固經濟，以奠定臺灣經濟的發展。

　　民進黨誣指國民黨未帶任何一毛錢來臺，又一說把臺灣錢用光光，難道民國 38 年從大陸運來的黃金做為新臺幣發行的準備金（現藏新店小格頭附近山洞），當時是以國民黨蔣總裁帶來的，非由總統身份帶來的。

三、國民黨黨產

　　在黃金地段的和平東路 1 段頭，古亭捷運站 5 號出口的 3 間房子（現改為 4 間）60 年來一直是平房，為何未蓋大樓呢？日據時代的電力公司高級主管贈予筆者家父，當時怕繳不起稅，未經過戶登記，轉送給同鄉居住，事後輾轉多人至今佔有人可居住，依民法居住 20 年居住者可以使用。又如信義路 2-3 段有某兩大食品企業，佔有日人遺留下的地產，登記為其私人所有。國民黨情況同前者，怎能說取得是不當的黨產呢？利用

黨產也發揮救臺灣當時的國際石油及金融危機。目前全國有很多很大的財團，不也是取得日人所遺下產物，難道也要還給國家？如有疑問應由法院依法裁定。國民黨全國有 161 所民眾服務站，也可享有民法賦予的權利。但最近不是率先全部還給政府了嗎？

四、國庫通黨庫？

民國 38 年，國民黨黨部來臺，辦公場所是日人留下，房舍漏水待修繕，沒經費，曾經向正中書局借二十萬元至今未歸還（正中書局退休李姓老員工提供）。又當時黨沒有錢購辦公桌椅，黨工自買桌椅來辦公（潘教授，黨工、協會秘書長提供），那時國民黨帶了黃金，只做發行新臺幣準備金，未用予他處，何謂國庫通黨庫？

五、國有財產

民國三十八年至八十八年國民黨執政五十年間，臺灣從無到有，累積保存國營財產：中華電信、中鋼、中油、臺電、臺糖等土地及財產。民國八十九年至九十六年民進黨執政七年餘，不知賤賣了多少全民辛苦及國民黨執政賺來數千兆的國有財產？

六、二二八事件

民國 36 年當時 228 事件，一說臺灣人口 300 萬人？國中

課本記錄 600 萬人？綠色說：國民黨殺了 20 萬人，那以 600
萬人來算，則 30 人就死亡 1 人，當時滿街遍地死人呢？其實
228 受難者內地人不比本地人少，內地人來臺是單身，沒有家
屬申訴。應為死難的人建個紀念碑，以慰在天之靈，促進族群
融合。

　　過去種種錯誤白色恐怖，其實受難者內地人比本地人多，
難以數計。

　　筆者是 228 受難家屬，當時年 9 歲，目睹家父受難，兩腳
跟被打爛幾乎斷裂；第一次面會五人排站，幸好其中一位懂醫
療獲得處方，筆者偕母第二次面會，面會距離約 15 公尺喊話
交談（如同現今批發市場喊叫價聲），帶了藥洗衝向前遞交給
家父，得以痊癒，幸免殘廢一生。家父生前交代子女不記仇恨，
筆者因前被列入黑名單，民國 49 年當兵時又被軍中指導員陷
害，軍中資料列為丙等，退役後不得考公務員；做生意又被警
總搜查兩次，實為難過，遵從先父遺囑，不記前嫌，只有努力
奮鬥，纔有今天小康局面，並以寬容態度，促進族群融合，過
着平靜生活。

　　　　　民國 96.（2007）11.12 寫於中國文藝協會發言
　　　　　民國 96.（2007）12.31.《黃埔四海同心會會刊》13 期刊載
　　　　　2008.03.01.《海峽評論》207 期轉載
　　　　　民國 97.（2008）03.08 臺北賓館新春文薈親呈　總統。

總統府用箋

訓，總統在 97 年 12 月 10 日世界人權日指出，我們紀念 228 事件就應彰顯人權價值，避免類似事件再度發生，唯有記取悲劇的教訓，卸下歷史的包袱，才能將傷痛化作迎接未來的力量。「錯誤可以原諒，但歷史不能忘記」，希望透過大家的努力，讓台灣人權真正落實，不再是口號。

228 事件迄今已近 62 年，仍有部分真相與責任尚待釐清，讓我們一起為還原事實的真相繼續努力，並以悲憫、寬容之心，促進各族群眾派的融合，攜手共創台灣美好的未來。今後仍深盼您能繼續支持執政團隊，並不吝時賜針砭，作為總統與政府未來施政之參考。耑此，順頌

時祺

公共事務室主任　蔡仲禮　敬啟　98 年 2 月 20 日

總統府用箋

正雄賢伉儷惠鑒：近日致總統「一位二二八受難家屬的心聲」乙文及附件，業承關心國事，提供深具意義之文章供政府參考，總統至感盛情，特囑代復致意。

總統向極關心 228 事件受難者家屬心中之傷痛，也一直致力撫平此一事件所帶來的歷史裂痕。自他擔任法務部長以來，即大力推動 228 事件補償立法及相關基金會之設立，隨著民主政治的深化，政府也以正面、坦誠、審慎的態度來處理這一事件，至今已數度公開為 228 事件向受難者家屬及全體國人道歉，並積極為受難者平反，包括賠償、恢復名譽、建碑、設紀念館、訂定特定紀念日等，深盼以最高的誠意與實際的作為，還給受難者及家屬公道，進而彌平歷史傷痛。

228 事件已經給台灣一個慘痛但寶貴的經驗和教

註：〈一位二二八受難家屬的心聲〉乙文是投稿，時事論壇即將刊登的文章，非二二八賠款。是因國民黨權力介紹政府事篡與促進族群融合。當時中國父親聯合會員眾多是六○年代白色恐怖設官官署。誓請中國，不想出火來投票，高雄市指示高者，提有 7 個房地他，其原因是國民黨未獲撫恤。民國三十八年起的三七五減租，與四十三年起的耕者有其田的德政，這位祖國軍隊待利益，意思痛苦的文章。

弱勢的出版業者，誰來關心？！

一、取消「印刷品」郵件無異變相加價

交通部郵政總局於十一月一日啟用臺北郵件處理中心自動分撿機的同時，又公佈要修正郵政法，明為整合郵件處理自動化，加速郵件處理速度，實則藉由調整郵資計算方式，悄然變相加價。

何以言之呢？現行的「郵政法」第四條規定的郵件種類，包括信函、明信片、新聞紙、雜誌、印刷品、盲人文件、小包、包裹等類，新的「郵政法」擬改為標準和非標準郵件兩大類。非標準郵件的郵資將比標準郵件高，標準郵件指信函自動處理系統能處理的信件，其餘為非標準郵件。「郵政法」修訂後「新聞紙」、「雜誌」分類保留不變，仍可享有折扣，「小包」及「包裹」的分類也不變動，大宗郵件同樣可享折扣，唯獨「印刷品」郵件將消失。

這項新法果真實施的話，打擊最大的便是利潤微薄的出版事業。郵政辦法調整，對於不是在書店銷售的圖書，如劃撥郵寄者，將受直接衝擊，尤其分為二波段郵寄的「郵購圖書」，由於寄發目錄，讀者訂購之後第二段再郵寄圖書，將使出版業者兩度受害。這種郵政辦法調整，形同變相加價，其結果只有迫使更多出版業者從郵局走出，和民間郵局合作，以尋求更實

惠的服務；或者促使出版業者將郵資獨立計算，由讀者自行負擔。而最後的受害者不僅是愛書人，恐怕還是我們對於書香社會的期待。

二、郵政為國營服務事業不應與民爭利

郵政事業乃國營服務事業，不應完全以盈利為目的，中華民國出版法第二十五條便提到：「出版品委託國營交通機構，代為傳遞，得予優待。」可是多年來郵政總局調整郵資，都藉詞反映成本，而出版業者每受震盪之際，主管我們業務的新聞局等政府機構也未曾正視業者的心聲。

回顧自民國七十六年至今，近十年來郵資總計大規模調整三次，印刷品調漲約在百分之百至百分之四百之間（見下表）。

印刷品重量	76年8月9日以前	76年8月10日起資費	77年8月1日起資費	80年7月20日起資費至今	五年間總調漲
50公克		1.50	2.00 (調漲33%)	3.50 （調漲75%)	133%
100公克	1.50	3.00 (調漲100%)	4.50 (調漲50%)	7.50 （調漲66%)註1	400%
250公克	3.00	4.50 (調漲50%)	6.00 (調漲33%)	10.00 (調漲66%)	233%
500公克	6.00	9.00 (調漲50%)	12.00 （調漲33%)	20.00 (調漲66%)	233%
1000公克	10.00	15.00 （調漲50%)	21.00 （調漲40%)	35.00 (調漲66%)	250%
2000公克	16.00	24.00 （調漲50%)	33.00 （調漲37%)	55.00 (調漲66%)	243%
3000公克	24.00	33.00 （調漲37%)	45.00 （調漲36%)	75.00 (調漲66%	212%

簡明國內函件資費表

90年7月20日起實施

		不逾20公克	21-50公克	51-100公克	101-250公克	251-500公克	501-1000公克	1001-2000公克	備註
信 函	普 通	5	10	15	25	45	80	130	（每件限重不逾二公斤）
	限 時	12	17	22	32	52	87	137	
	掛 號	19	24	29	39	69	94	144	
	限時掛號	26	31	36	46	66	101	151	
	掛號附回執	28	33	38	48	68	103	153	
	限時掛號附回執	35	40	45	55	75	110	160	
印 刷 物	普 通	3.5	7	10	20	35	55		原本的印刷品每件限重五公斤（每件限重不逾二公斤）每超重一公斤加收20元。
	限 時	10.5	14	17	27	42	62		
	掛 號	17.5	21	24	34	49	69		
	限時掛號	24.5	28	31	41	56	76		
	掛號附回執	26.5	30	33	43	58	78		
	限時掛號附回執	33.5	37	40	50	65	85		
新 聞 紙	每重50公克1.25元（每件限重不逾二公斤）								
雜 誌	每重50公克1.75元（每件限重不逾二公斤）								
明 信 片	每件2.50元，限時另貼限信片郵件1.5元								
小 包	每重100公克10元（每件限重不逾一公斤）								

影本：51—100公克郵資原為7.5元，84年才調降為7元，實施日期與實際不符。

註：民國八十年七月廿日起實施的印刷品一百公克郵資原為七點五元，業者一再反映其費率倍數於五十公克，郵資亦宜以倍數計算，延至民國八十四年郵局才調降為七元的合理價。八十五年六月郵政局編印的《臺灣地區郵遞區號簿》，恐怕因編印的方便或疏忽，遂統一標明調降後的七元於八十年七月廿日起實施。這種錯誤，是否意味著八十年七月廿日以後至八十四年之間一百公克印刷品的郵資可以依據追溯退款呢？（見影本）

　　出版業者在這十年間書價調漲約在百分之五十左右，而影響出版業成本計算的紙業、製版印刷業等卻都在百分之八十。出版業者面對逐年增加的成本與調漲日高的郵資，出版界特別是經營人文社會科學類的業者，莫不大嘆出版事業難為。

　　以民國八十年調整的印刷品資費為例，業者郵寄出版品只要超過半公斤，不到一公斤，連同掛號郵資十四元便要四十九元，而郵寄一公斤以上不逾二公斤的印刷品，加上掛號郵資十四元則要六十九元，然當時包裹郵件五公斤（最低計價單位）才四十元。即使民國八十一年九月一日起包裹郵資調漲百分之五十，不優待的一般包裹郵件五公斤以內（含掛號）才六十元，同一縣市內互寄才五十元，試問郵政當局對於出版品的優待何在？

　　民國八十年五月郵政總局擬大規模調整資費之際，當年六月二十九日筆者應中華民國圖書出版事業協會之邀，出席了消基會舉辦的「郵資郵費調整座談會」，與會的前郵政總局局長，語驚四座表示：郵件於民國七十九年下降百分之七不知何因？郵政虧損連連乃印刷品類、新聞類郵資不符成本所拖累。筆者提出以郵局投遞郵件的效率，其實部份信函和文件已漸為廉價、迅速、便捷的傳真機所取代，故郵件才會下降，我們出版、雜誌業者更大力反彈郵局所謂的「拖累」說。

　　民國八十年七月廿日郵政當局枉顧民意，仍執意調漲郵資，出版業、雜誌業者被迫尋求與服務態度更好、郵資更便宜的民間郵局合作。郵資調漲月餘後，郵政當局不再指控出版、雜誌業者，遂轉而歸咎民間郵局搶了他們的生意，致使他們虧損日鉅，並擬依法告發民間郵局的不法性。這種心態無異於是與民爭利。

三、郵資成本的反映不合理，郵資漲價
不能保證服務品質

　　郵局除了「郵遞」業務外還有「儲匯」業務，儲匯業務占

盡地利、法規的優勢，其盈利理當與同屬一機構的郵遞業務合併計算。然郵局向來執著「親兄弟明算帳」的態度分開計算業務盈虧，我們對於郵局這種穩賺不賠的反映成本方式甚感疑惑。

而證諸以往多次的經驗，每回郵局調整資費所附帶提昇服務品質的支票均告跳票。五年前前郵政總局夏局長信誓旦旦的保證言猶在耳，但迄今郵遞延宕的情形有每況愈下的趨勢：

平信「旅行」個三、五天或個把禮拜，乃稀鬆平常的事，而「限時函件」就降為以往的平信，至於新增的「快捷郵件」則取代為以往的限時信。再舉二例為證：一、財政部證管會主導下的證券市場嘗發生投資人熱中申購新股或增資股之事，而申購書限定以「掛號」寄遞；二、考選部主辦一年一度的掄才大典高普考試的報名表上聲明，一旦以平信寄遞則遺失或延誤必須由報考人自行負責。面對這兩個政府單位不信任郵政品質而戕害郵政形象的作法，郵政當局始終噤若寒蟬，恐怕還樂觀其成，因為掛號郵件可增加郵局收益呢！

郵政當局幾發佈虧損的原因，矛頭都指向新聞紙、雜誌、及印刷物資費不合理，拖累了郵局，導致收入不敷成本。甚至持「垃圾淘汰」論，認為藉著郵資調漲還可淘汰不良出版品和廣告等垃圾郵件，這種貧乏的文化陋見實為荒謬。殊不知他們所謂的負擔郵件，正是促進文化教育發展的重要憑藉呢！

四、郵件自動化不是郵資調整的藉口

去年十一月一日郵政當局啟動郵件自動化系統，加速郵件

旅行的速度，我們都深表同意，但隨著貫徹郵件的自動化，因調整「郵政法」而藉機變相調漲郵資的作法，我們實在不敢苟同。

其實早在民國五十九年間郵局即已實施仿日式的郵編三碼制，標準信封右上角劃有三個小框框，當時郵局即購有郵件自動分檢機，實施十六年間，由於宣導不力，書寫郵碼的效果不彰，故仍採人工方式來處理信件，使自動分檢機廢置不用，此為郵政局浪費公帑之實例一。（見影本一）

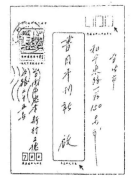

影本一：民國五十九年三月實施三碼郵區明信片

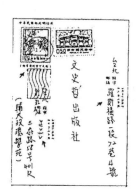

影本二：民國七十五年三月實施無框五碼郵區明信片

影本三：民國八十年一月實施有框五碼郵區明信片

民國七十六年郵政當局再次重申郵件自動化的決心，改實施仿美式的郵編五碼制，由於是隨地址書寫，郵碼位置不定，採購的自動化機器無法準確分檢郵件，且由於用郵者投遞郵件時，普遍不熟悉收件人新制郵編五碼，索性不予書寫，五碼分檢機又告停擺，此為郵政局浪費公帑之實例二。（見影本二）

民國八十年郵局發現五碼郵編隨地址書寫位置不定的問題，於是又改五碼加框框於信函右上角固定位置，但因考慮用

郵者不熟悉，宣導時先要求用郵者書寫前三碼。（見影本三）如果郵政局當是以書寫前三碼為過渡期，目標仍在五碼的書寫，令人疑惑的是，為何郵政當局於今年六月印製的宣導手冊中編印的郵碼一覽表仍是三碼（見影本四），何不援引七十六年即已編印的五碼一覽表（見影本五），以節省日後文宣重新編印的浪費。如果郵政當局日後要施行的只是三碼而已，這是否益加證明郵政當局於民國七十六年決策失當的事實？

　　對於這二十六年來，郵政當局因決策不當，屢次因汰換郵件自動分檢機所印製文宣導致成本的增加，試問郵政當局因人謀不臧而浪費公帑所造成的虧損，而轉嫁給市民，或嫁禍給出版業者，這樣合理嗎？。因此，我們認為此次郵件自動化是郵局早該兌現的支票，郵件雖有分類的必要，然而調漲郵資卻萬萬沒有道理！

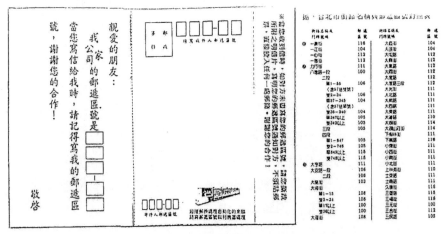

影本四：民國八十五年六月郵局印製的《台灣地區郵遞區號簿》免郵填寫五碼所附之明信片，但文宣只有三碼。

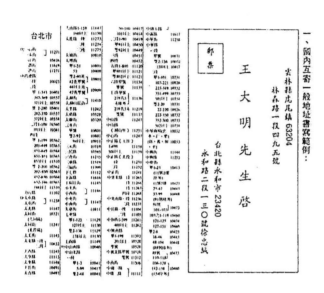

影本五：民國七十六年十一月印製的《郵遞區號簿》之五碼文宣

五、建　議

　　在此，我們業者大聲呼籲，郵政當局若取消印刷品郵件，圖書也應視同新聞紙類給予優待交寄，如果郵政當局無法辦到，便應開放民間郵局，由市場自由競爭決定價格，政府也可對民間郵局課稅，增加國庫收入。李遠哲院長於教改會說：「投資教育就是投資未來」。出版事業與學校教育、社會教育的發展有著密切的關係，因此對文化出版事業的投資，就是投資教育、投資未來，郵政當局宜多深思！

　　　　　　本文完成於民國八十五年十一月十一日

　　　　　　──刊於《出版界》，第 49 期，1997 冬季號

（按：新聞局於十一月十五日致函郵政總局，二十七日郵政總局函復公會，日後郵件種類如取消印刷品，同意於修正「郵政法」時，參照「出版法」第二十條給予新聞紙類及書籍郵資優待。筆者致郵總及行政院長建議函於十二月二十六日及元月九日相繼由郵總覆函，影本存公會。）

傳統圖書出版業何去何從

一、現今出版業面臨的困境

自從多媒體的時代來臨後，社會大眾習於透過網路取得資訊，買書的風氣漸漸式微，而公立圖書館圖書採購經費大幅下降，或大量轉向電子書的採購，以致出版業出現圖書滯銷的情形。加上各大專院校師生影印圖書當作教材的情況相當猖獗，圖書館也放任讀者無限制影印圖書，出版業者已面臨相當大的生存困境。

二、政府打擊出版業的生存

書籍出版品經過邀稿、排版、印刷、裝幀、稿酬及版稅，耗費資金甚鉅，然政府相關部門均漠視著作財產權，對智慧財產權行政保護不周。如對出版業與著作人，政府不僅鮮有補助，竟要求出版業同意校園合理影印使用，面對政府這樣的立法，大專院校教師經常將科目性質相同之圖書收集精華各數十頁，結集成冊當做教材，學生只影印教師提供之教材，而不購買圖書。本人對此曾提出質疑，教育部函覆本人說：

依著作權法第 46 條規定，依法設立之各級學校及其擔

任教學之人，為學校授課需要，在合理範圍內，得重製
他人已公開發表之著作。……同法第 51 條規定：供個
人或家庭為非營利之目的，在合理範圍內，得利用圖書
館及非供公眾使用之機器重製已公開發表之著作；……
爰本部係在「保障著作人智慧財產權」之前提下，能兼
顧校園內教學及研究等用途之「合理使用」。(參見附件一)

　　智財局亦認為學校及其擔任教學之人，得於合理範圍影印
書籍，甚至函覆說：「……**過度保護著作權人，反而不利於文
化的發展、知識的傳遞**……」(參見附件二)。

　　出版社並非寺廟或慈善事業，歡迎經書翻印，以廣流傳，
政府須建立使用者付費之觀念，政府的做法是打擊出版業的生
存。當今學校教學教材大都以傳統文本書為主，電子書使用率
鮮少，政府大部分經費投入電子書，忽略傳統圖書採購經費，
傳統出版業因而中落，將何以教育往下紮根？

三、建　議

◎總統是重視文化的，民國 97 年 5 月 4 日　總統就職前夕，
　在中國文藝協會年會宣布要做一位「文化總統」，現今呢？
　以上是民國 99 年 3 月 13 日在臺北賓館新春文薈，親自遞呈
　總統的建議函，部會回覆的疑惑所提出。

　　1.目前公家機關圖書採購招標，規定採購圖書以七折為
　　　底標，此規定對圖書出版業的殺傷力很大，得標的廠
　　　商自然會再要求出版社壓低圖書折扣，以圖利潤，因

此建議政府取消圖書採購底標七折規定。

2. 國內圖書採購經費有限，應鼓勵各級學校圖書館採購圖書，不宜整批採購國外電子書及電子雜誌，忽略國內文本圖書採購。

3. 教育既是國家大計，教育經費應由全民買單，不宜如考慮學生負擔，便要求出版業者同意「合理影印圖書」，由出版業者單方面負擔教育經費是不合理的。教育部如可以為學生的健康考量，編列 150 億蓋游泳池，教育部為教育紮根著想的話，也可以編列經費向出版業者購買影印權利金，以保障圖書出版業者的生存利潤。

4. 文化建設與出版、藝文界的活絡息息相關，加強文化建設與交流，可以激勵創作人並活絡出版市場等。今政府經費窘困，政府可撥出縣市一些擱置不用的蚊子館，改置為書香文化大樓，以供各種藝文活動之需。（參見附件三）書香文化大樓的籌建既可提供創作者／讀者／文化產業一個交流空間，或可提供政府相關文化行政業務諮詢的場域。

　　　　　　　　本文原於 2011.3.19 臺北賓館新春
　　　　　　　　文薈親呈　總統；改由 3 月 30 日出
　　　　　　　　版節寄呈　總統建言。

附件一

檔　號：
保存年限：

教育部　函

地址：臺北市中山南路5號
傳真：02-23976943
聯絡人：賴信榮
聯絡電話：02-7736588?

10074
臺北市羅斯福路1段72巷4號
受文者：彭正雄先生
發文日期：中華民國99年4月1日
發文字號：台(○)字第0990046425號
速別：普通件
附件：照附件
密等及解密條件或保密期限：

主旨：台端致總統提供智慧財產與出版事業議題之建言案，復如說明，請　查照。

說明：

一、依據行政院秘書處99年3月19日院臺文字第0990015263號函轉總統府公共事務室99年3月16日華總公三字第0990000056800號函辦理。

二、針對校園內智慧財產權之保護，本部業於96年10月25日函頒「校園保護智慧財產權行動方案」，透過「行政宣導」、「課程規劃」及「教育宣導」，向「校園影印管理」、「校園網路管理」及「輔導學校有效落實校園保護智慧財產權工作」等6大面向，鼓勵與輔導學校有效落實校園保護智慧財產權工作，積極保障著作人的智慧財產權，以及加強學生尊重智慧財產權觀念，先予敘明。

三、依著作權法第1條規定：「為保障著作人著作權益，調和社會公共利益，促進國家文化發展，特制定本法。本法未規定者，適用其他法律之規定。」爰著作權法立法意旨係兼顧「保障著作人著作權益」與「調和社會公共利益」與「促進國家文化發展」3者之目的及平衡。

四、另依著作權法第46條規定，為學校授課需要，在合理範圍內，得重製他人已公開發表之著作。但依該著作之種類、用途及其重製物之數量、方法，有害於著作財產權人之利益者，不在此限；同法第51條規定：供個人或家庭為非營利之目的，在合理範圍內，得利用圖書館及其他供公眾使用之機器重製已公開發表之著作；以及同法第52條規定：為報導、評論、教學、研究或其他正當目的之必要，在合理範圍內，得引用已公開發表之著作，施表明校園內教學及研究等需要，於「合理使用」之「合理範圍」下，應素明校園內教學及研究等需要，於「合理使用」之「合理範圍」下，尚無侵害著作人之智慧財產權，得合理使用。

五、另依上揭行動方案，本部除建構學校成立專責單位辦理或協助建置制度化的二手書平台，以協助學生購置或取得教科書外，並建構學校成立專責單位購置學生一定數量集體訂購書籍，降低低所需費用或以其它有效之替代方案，提供學生至閱圖。

部長　吳清基

正本：彭正雄先生
副本：總統府公共事務室、行政院秘書處、經濟部智慧財產局、本部主任秘書、次長室、國中署、技職司、高教司（含本文及附件）

依分層負責規定授權單位主管決行

第2頁　共2頁

附件二

正　本
受文者:吳正雄君

經濟部智慧財產局　函

地址:10637台北市大安區辛亥路2段185號3樓
承辦人:吳婷人、李逸梓
電話:(02)23767159
傳真:(02)27385061
電子信箱:lling00533@ipo.gov.tw

10074
台北市羅斯福路一段72巷4號

受文者:吳正雄君
發文日期:中華民國99年4月2日
發文字號:智著字第09900024710號
速別:普通
密等及解密條件或保密期限:普通
附件:經濟部智慧財產局委員意見表

主旨:有關　台端函詢政府重視數位版權之保護、教科書合理使用等
著作權疑義一案,請　查照。

說明:

一、依行政院秘書處99年3月19日院臺文字第0990015263號函檢
附總統府公共事務室99年3月16日華總公三字第09900056800
號來函檢送台端99年3月8日致總統函影本辦理。

二、依我國著作權法(下稱本法)第79條第1項規定,製版權係
指著作財產權消滅之文字著述或美術著作,經製版人就其
原製版以影印、印刷或類似方式重製首次發行,並依法登記之權利。按製版權係其
版面,專有以影印、印刷或類似方式重製之權利。按製版權
制度旨在保護古籍、古代文物加以整理之投資利益,以鼓
勵對古籍之整理重現。惟基於前述事務上,申請製版權登記之
案件甚少,且未能發揮立法之原旨,本法有關製版權之規定仍
保留至今,並未刪除,先予敘清。

三、著作權法之立法目的,除了保護著作人之權益外,亦重促進
國家文化之發展,現著作得以在社會流通,以謀免過度保護
著作人,反而不利於文化的發展,而現校及其擔任教學之法
人,為學校授課需要而重製他人著作之情形,所在多有,基
第44條至第65條定有著作合理使用之規定,因此本法
人,為學校授課需要而重製他人著作之情形,所在多有,基

(第1頁　共2頁)

四、然因各級學校就本法第46條合理使用之範圍,經常有難以界
定之困擾。因此教育部於去(98)年11月27日召開「教育部98
年度保護校園智慧財產權跨部會諮詢小組第2次會議」決議
由本局研擬具體之因應方式函知教育部。茲此,本局前於本(
99)年2月3日召開「推動學校影印重製合理使用之座談會」,
各級學校為授課需要合理使用著作之合理使用範圍、促進權利人團體就「依法設立之
用人雙方之和諧關係,並落實著作權之保護,惟著作權疑義
是老師、學生、影印業者為大部分之影印,以及文化基
金會之影印業者、影印業已積極向校園
為多之影印等,黃已經出合理使用範圍,本局屬未使用教科書。
之行為,對此校園著作權相關問題,視經學生使用及向各界宣導。
加強宣導等,並實作各項規定向各界宣導。

五、感謝　台端對著作權相關議題提供的寶貴意見,本局附帶為
未來修改之參考,隨函檢附「經濟部智慧財產局人民陳情案
件處理情形調查表」1份如附件,請予填寫寄回(免貼郵票),
俾利本局作為日後改進之參考。

局　長　王美花

正本:吳正雄君
副本:總統府公共事務室、行政院秘書處、本局秘書室、本局著作權組(一
科)

(第2頁　共2頁)

附件三

正本

行政院文化建設委員會　函

地址：臺北市中正區北平東路30之1號
聯絡人：沈發棻
電話：02-3343-4146
傳真：02-2321-5758
電子信箱：cca0602@cca.gov.tw

10074
台北市羅斯福路一段72巷4號
受文者：彭正雄先生

發文日期：中華民國99年4月2日
發文字號：文化字第0993006292號
速別：普通件
密等及解密條件或保密期限：普通
附件：零星散

主旨：有關 台端致函 總統，陳請政府重視文化產業發展等項目乙案，經行政院秘書處函轉本會，茲就轉寄相關事項答復如附件，請 查照。

說明：復 台端99年3月8日致總統信函。

正本：彭正雄先生
副本：總統府公共事務室、行政院秘書處、本會第二處

主任委員 盛治仁〔簽名〕

第1頁　共1頁

彭正雄先生 您好：

　　茲就您所關心事項答復本會部分答復如后：

一、有關興建書香大道、加強出版交流，以激勵創作人、活絡出版市場等建議，本會亦甚為重視。由於良好閱讀環境及習慣，進步提升我國人基礎文化教育及未來、進而提昇創作、暢書業蓬勃出版市場，足以本會陸續規劃「全國閱讀運動」「中山好水好書香」「閱讀故鄉」「大家來古典找」等計畫，深化文學於民眾生活中，培養全民閱讀的習慣與興趣，並透過「大家說故事」「聽字款位布母學者製作堂閱讀推廣活動」，進行兄弟文學期暨禮祿、提供身心障礙文學好生挂族群及各的閱讀資源及環境。此外亦持續補助輔助文大學好生挂房、文學雜誌、文藝營等計畫，結合金門及民間圖鑑力，提加國書館館藏，活絡出版市場及發展我國人間風氣。

二、另建議二二八本處，內地人共同立法、繼承屋史思情、淬料人事件路徑、淬惡及相關法入二二八事件教育事宜，雖非本會業務相關屬，准您所期待之和平、寬容亦為本會致力弘揚寬之精神價值、本會均下的衷表人權文化匡圖、綠島人權文化匡至二處歷史空間、印以人權歷史、和平文化為展示主軸、藉由傳統、思念感人權事人根事服務、回歸台灣屋史主變遷繫中、還是屋史真相、期能峰進高良人權關懷、平和自由的社會、指信此與您所懇切中張的方向與願景是一致的。

　　感謝您對於文化事務的關注，期盼與您共同參造一個和諧的書社會。謝謝您的來信，祝您順心如意！

行政院文化建設委員會　敬復

出版界漠不關心製版權嗎？

── 兼談相關兩岸著作權的問題

　　民國八十一年六月十日我國「著作權法」作了有史以來最大幅度的修正，當時的修法行動，主要是在面臨美國三〇一法案的壓力下，所作的一項因應措施。我國現為世界貿易組織（World Trade Organization，以下簡稱 WTO）[1]的觀察員，政府為了加入 WTO，成為 WTO 的正式會員，更急著手修定國內有關之經貿法令，以符合世界貿易組織所定之的「與貿易有關之智慧財產權協定」（TRIPS）之規範，為了配合協定中有所謂「國民待遇原則」（TRIPS 第三條第一項），為了配合這個原則，今年四月著委會官員便在《著作權法修正草案》中廢除第七十九條製版權登記。消息一公佈，出版業者及著作權學者多感震驚、憤怒，紛紛譴責內政部修法輕率，這樣的做法是以眼前的經濟利益犧牲掉長遠的文化前程，完全忽視了歷史文化傳承的嚴重問題。以下我要為我們出版業者再次申明關心的態度和反對的立場。附件一

1　WTO 的前身為關稅暨貿易總協定（Gerneral Agreement on Tariff and Trade，簡稱 GATT）。

一、廢除製版權不合理

　　首先我們來談談什麼是「製版權」呢？按現行《著作權法》第七十九條第一項規定，製版權就是「無著作財產權或著作財產權消滅之中華民國人之文字著述或美術著作，經製版人就文字著述整理排印，或就美術著作原件影印首次發行，並依法登記者，製版人就其排印或影印之版面，專有以印刷或類似方式重製之權利。製版人之權利，自製版完成時起算存續十年。」

　　製版權的緣起，始自民國四十九年時國內五十七家出版社的陳情，立法院整整吵了四年，直到民國五十三年才得以訂立，可見當時為了立這條法是相當不容易的。當時製版權主要是保障有心整理古籍的出版社的權益，依據民國五十三年「著作權法」第二十二條規定：「無著作權或著作權年限已滿之著作物，經製版人整理排印出版繼續發行並依法註冊者，由製版人享有製版權十年。其出版物，非製版所有人，不得照相翻印。」該規定的目的旨在鼓勵出版業者整理古籍。因為第一個投資整理古籍的人，成本最大，後來者卻可以撿便宜，使第一個投資鉅費的出版社血本無歸。

　　民國五十三年「著作權法」規定的「製版權」，只限於「文字製版權」，民國七十四年「著作權法」修正時，製版權又多增加了「美術製版權」及「電影製版權」。民國八十一年《著作權法》修正，將「電影製版權」刪除，只保留「文字製版權」及「美術製版權」，而最近內政部公佈「著作權法修正草案」第一稿及第二稿時將製版權全部刪除，著委會持以

下二個理由：[2]

一、製版權制度為我國著作權法所獨有，係於民國五十三年修正著作權法，為鼓勵善本書之所有人重印善本書供公眾利用而增訂，但自施行以來，登記製版權案件為數甚少，僅一百八十三件，未能顯現該法的實益。

二、製版權僅適用於無著作財產權或著作財產權消滅之中華民國人之文字著作或美術著作，無著作財產權或著作財產權消滅之外國人之文字著作或美術著作並不適用，此違WTO所協定的TRIPs中的國民待遇（National Treatment）原則。

上述二個理由是相當荒謬的：

第一，登記製版權案件有限的原因，是因為以前需繳納的製版權登記費用是書籍定價的二倍，業者在投資整理古籍的費用之外，不僅要付一筆登記費增加印製成本，並且要致送內政部整理後印行的古籍一套，所費不貲。如商務印書館影《景印文淵閣本四庫全書》，登記費便高達二百萬以上，所以業者有默契，除非所製版面侵害，才會去登記，以求侵權者刑責，所以一般登記者少，並不表示沒有這個需要，往往只是為了節省成本罷了。不過，由於出版業者普遍知道有製版權制度，一般業者都自律守法，因此自然成秩序，況且法律的保障精神，不在因需要者的多寡而興廢。一旦製版權廢除，大量的侵害案件接踵而至，耗費心血製成的版面隨時會

2 民國八十六年四月二十四日臺北市出版公會為製版權的廢除案緊急召開「著作權法修正對出版界的影響座談會」，會中應邀出席說明的內政部著委會莊三槐副執行祕書表示：「由於歷來登記製版權僅一百八十三件，件數很少，同時該法僅保護我國國民，有違反ＷＴＯ的國民待遇原則，而決定廢除。」

被他人撿便宜照相翻版，勢必造成業者不願再花大錢整理古籍，而不僅古籍乏人整理，三十年代、日據時代本土文學作品，甚至當代的文化成績和文學作品，日後都將面臨乏人整理的隱憂。此事攸關文化傳承的嚴重性，我們豈可忽視。

　　第二，製版權是可以無須僅針對「中華民國人的文字著述或美術著作」才能享有的，外國人的著作也可以是製版權的對象。政府為了加入 WTO 把製版權廢除，顯然是從經濟實益考量，而現行製版權的保障範圍，根本沒有擴及於外國古書、古畫，恐怕才違反 TRIPS 協定的國民待遇原則呢！

　　蕭雄淋律師指出：民國五十三年及七十四年的「著作權法」，製版權的對象，並不限於「中華民國人的文字著述或美術著作」，民國八十一年「著作權法」的修立是一項錯誤。目前英、德、中國大陸[3]的著作權法中都有類似製版權的規定，其規定並不限於整理本國著作者才能享有版權，著作財產權未消滅的著作也可以享有製版權，且製版權的享有，不採註冊登記的方式，未經註冊的著作，也可以因版面整理而享有製版權。日本的著作權法學者還稱讚臺灣著作權法中有關製版權的規定比日本進步，日本還正想立法加入製版權，[4]如今政府於修正「著作權法」時卻自動宣告放棄製版權，荒謬莫此為甚。

---

3 中國大陸對製版權有保護，但處理辦法尚未明確，目前由《中華人民共和國刑法》（一九九七年三月十三日第八屆全國人民代表大會第五次會議主席團會議通過）來規範。

4 見蕭雄淋〈「著作權法修正草案」的若干問題〉一文，原載民國八十三年十月二十四日《自立晚報》20 版。

二、出版界的自力救濟

　　筆者身為中華民國出版事業協會及臺北市出版公會的理事，不僅廢除製版權一案在修法前未曾聞訊，消息發佈後，筆者更在多次公私舉辦的著作權座談會中反映業者反對的心聲，《中國時報》記者陳文芬電訪著委會執行秘書林美珠，林執行秘書表示：「她不明白出版公會理事為何不知此事，著委會修法前舉辦過七次公聽會，出版界都沒有反對聲音，業者現在縱然有異議，但不是在公聽會上說的，其結果應自行負責。」因此她堅信「著委會已取得國人的共識」。[5]本人是出版業者的兩大社團－中華民國出版事業協會、臺北市出版公會的成員，但是本人都沒有接到著委會的通知呢。這期間的問題可能出在出版社團，也可能出自著委會，也可能兩者都有問題。這方面的問題固然可以進一步考察，但是著委會沒有誠意面對出版業者卻是再清楚不過的。首先，他沒有盡量確保通知到相關業者，最多也是形式上發了信函，至於出版業是否參與討論，就不是著委會真正關心的了。也正因缺乏要得到業者參與的誠意，所以即使業者沒有出席著委會的公聽會，著委會諸公也不太在意。更重要的是如果不是每次公聽會都有出版業者的代表出席，著委會官員憑什麼說出版界沒有反對聲音？而攸關出版界權益的業者尚且不知製版權即將廢除，一般民眾又從何關心製版權的刪除等相關問題？公聽會又憑什麼大言不慚說是「國人的共識」呢？這樣沒有誠

5　見民國八十六年四月二十五日，《中國時報》第 25 版 ──「文化藝術」版。

意，也沒有參與性和缺乏代表性的公聽會實在令人難以接受，又憑什麼要業者「自行負責」。

我認為著委會這樣的塞詞，實在令人覺得政府修法的動機、過程是相當淺薄、粗糙的。由於刪除製版權一案，去年已在立法院一讀通過，四月中旬媒體報導立法院接著又要二讀通過。臺北市出版公會眼看該法案通過後的嚴重性，四月二十四日在臺大校友會館立院集賢樓對面緊急召開自救座談會，業者參與及討論非常踴躍，並做了多項決議。座談會結束，出版業者旋往立法院向高惠宇委員陳情，是日下午六時許就要協議二讀預備會，最後在高委員把關下，製版權才有了起死回生的機會。當晚高立委與著委會官員就著作權法修正案進行磋商，並反映業者及蕭律師的意見。由於出版業者發出強烈的反彈聲浪，及連續報紙媒體的報導，加上立委的爭取，所幸我們得到的了正面的回應。現著委會官員表示，在符合 TRIPS 的國民待遇原則及中外一體保障的先決條件下，可以考慮恢復製版權，未來業者可以不必登記製版權即可以受到保障。這次轉變使製版權未來在立院審議時重新列入的可能性便大為增加。[6]

三、正視海峽兩岸著作權的差異問題

出版交流是兩岸文化交流很重要的項目之一，目前兩岸的著作權法存在著諸多差異，如果一方的著作權人受害時必

---

6 見民國八十六年四月二十五日，《聯合報》第 18 版－〈文化廣場〉版。

將有差別待遇之慮，這樣對兩岸出版交流的遠景，勢必造成重大影響。有人認為依照兩岸人民關係條例第七十八條的對等原則，雙方可在對等前提下訂定保護協定，以解決目前問題。[7]然兩岸都積極申請加入 WTO，若彼此成為 WTO 會員，依 TRIPS 規定中的國民待遇原則，是不需要另外簽訂兩岸協定來保障彼此人民的著作權。但大陸向來視臺灣為其領土，大陸會不會依 TRIPS 的協定呢？[8]答案顯然並不樂觀。今年五月二十三日大陸版權局官員五人來台訪問，中華民國出版事業協會假臺北市中山堂堡壘廳舉辦了「兩岸著作權研討會」，會中臺灣出版業者有六十九人代表參加，大陸的代表分別為：版權局版權司副司長王自強、版權局法律處研究員劉波林、版權局版權司副處長辛廣偉、福建省版權局版權處處長鄭守衍、內蒙古自治區版權局版權處處長潘玉英等五人。

　　面對學者專家及臺灣出版業者的問題時，大陸國家版權局版權司副司長王自強、國家版權局法律處研究員劉波林都表示：即使兩岸著作權保護水準存在差異，也不必討價還價訂定消除差異的保護協定，因為保護協定應在國與國、政府與政府對等前提下訂定，所以不論在中國實現統一之前或之後，這種協議都不可能訂立。

　　會中王自強先生提及大陸對臺灣的著作權保護的情況：他說大陸國家版權局，於一九八六年五月頒布了「關於

7　見民國五月二十三日「兩岸著作權研討會」陸義淋〈兩岸加入 WTO 後出版品交流問題〉一文。
8　見民國五月二十三日「兩岸著作權研討會」蕭雄淋〈臺灣著作權法之現況及其對大陸之保護〉一文。

內地出版港澳同胞作品版權問題的暫行規定」，該規定指出：
一、首次發表港澳同胞的作品，應與作者或合法繼承人簽訂
出版合同；二、翻印、翻譯和改編出版港澳同胞已發表作品，
應取得作者或其他版權所有者的書面授權；三、作品出版後
應按「書籍稿酬試行規定」向作者或其他版權所有者支付報
酬，並贈送樣書；四、事先無法徵得作者及其他版權所有者
同意的，出版者應在其出版物或以其他方式聲明，為其保留
報酬及樣書。一九八七年十一月，頒布了「關於清理港澳台
作者稿酬的通知」，該通知要求大陸各出版社、期刊社對於一
九八〇年七月一日以後重印（包括改繁體字為簡化字）、發
表、轉載或改編港澳台同胞作品的情況立即進行依次清理，
凡未支付稿酬的，按作品出版或作品發表時的付酬標準與辦
法結算應付稿酬，單列項目予以保存，以便作者或其他法定
繼承人來領取。並強調從現在起，出版港澳台同胞的作品必
須事先取得作者和其他版權所有者書面授權，未經授權者不
得出版。一九八八年二月，頒發了「關於出版臺灣同胞作品
版權問題的暫行規定」，該規定指出：自一九八八年三月一日
生效，凡以前有關出版臺灣、香港、澳門同胞作品版權問題
的規定，凡與本暫行規定相牴觸的，均以本暫行規定為準。
一九九一年大陸著作權法生效後，港澳台同胞作為中國公民
與大陸同胞一樣，依著作權法享有相同的權利。[9]

　　大陸著作權法中規定：「以自己本國訂定著作權法，不得
將外國利益高於本國，以保障自己國內為主。」雖然大陸視

---

9 以上參見民國八十六年五月二十三日「兩岸著作權研討會」王自強〈大陸
　著作權的保護概況〉一文。

港澳台同胞作為中國公民一樣，但卻又另外訂定了「兩岸著作條例」，相當大程度保護大陸的利益，其中如規定給付臺灣作者的稿酬，明定於人民幣十元至三十元之間，最高（優異人士）也僅能達四十元。由此可知大陸當局口頭上雖說視港澳台同胞為中國公民一樣，事實上仍是以保護大陸人民著作權為優先的，保護是有等差層次的區別的。反觀我們政府在修正「著作權法」時，全以美國三〇一法案的壓力或以加入WTO為修法的考慮。對於臺灣出版業者可能遭遇到的衝擊並未作出適當保護，便倉促修法。

　　而現行兩岸著作權法的差異，首先在稿酬方面便可能臨一個差別的問題：大陸當局訂定的「兩岸著作條例」中規範了印行我臺灣著作物的給付稿酬標準，這個辦法是依印量、時間給付不同稿酬的，規定中並不需要以刑責相求。其規定一九八七年以前印行臺灣著作物，每千字給付人民幣五元至十元；一九八七年至一九九〇年給付人民幣八元至十五元；一九九〇年七月後給付人民幣八元至二十元至三十元不等之稿酬。

　　目前我們「著作權法」中沒有如大陸另訂兩岸償付的行政法規，現政府對於違反著作權法者，設有賠償及刑責（六個月以上，七年以下的刑期），如兩岸未交流以前臺灣翻印大陸之圖書，大陸作者委託臺灣的親人打官司，過去已有漫天叫價的情形，倘依現行著作權法的規定，不僅業者翻印的圖書要全部沒入，並可能被求處以刑責，及被求索高價賠償，這對於我們出版界實是一個嚴重的傷害。相反的大陸翻印臺灣的出版品，我方提出告訴，頂多得到大陸所訂定的稿酬給

付人民幣，並沒有刑法的責任。如今我們如自廢「製版權」，大陸更沒有觸法的顧慮，屆時臺灣業者必遭更大傷害。這些情形也是政府廢除製版權沒考慮到的問題。出版業者是文化建設的工作者，我們希望政府在高呼心靈改革口號時，也請在立法或修法時多聽聽業者的心聲，多保障一下臺灣出版事業的權益，多關心一下臺灣出版事業的前途！

—— 刊於《出版界》，第 51 期，1997.08.30

總統為國政操心，希望能體會小事！

一、文化總統諾言之實踐

（一）97年5月4日尊座在中國文藝協會年會宣言「文化總統」的諾言希望早日實踐，不然很多藝文界、學術界支持度會流失97年5月4日尊座在中國文藝協會文藝節頒獎典禮金言：怎麼有獎沒金，明年要改進？

（二）97年9月19日兩岸出版交流二十周年，四個大活動都輪到臺灣舉辦，大陸重視文化出版產業，大陸出版新聞總署署長領銜537位出版領導盛大來臺參與，來臺費用全由大陸政府支應，每人還有零用金人民幣一萬元，對岸重視文化出版的情況。臺灣本次活動經由中華民國圖書出版事業協會主辦，活動兩大展覽及四大會議，經費約新臺幣七百萬，政府機構補助約70萬，不足經費幸由該會理監事募款，晚宴以海基會名義在圓山飯店宴請大陸高層及同業，就花費掉25萬。(附件一略)

（三）希望政府能建【書香大樓】。　　　　(附件二略)

二、蔣公逝世一二三華誕

98年10月31日大中華鄉親聯誼總會及臺北市退休公教人員協會，【舉辦紀念民族大英雄 蔣公中正誕辰愛國、藝術歌曲演唱會】，**府院黨及家屬沒任何一人到位，為立委拉票，不顧藍軍心情，今年兩次補選立委，藍軍的慘敗**（其為小例之一）。藍軍支持者，當然不出來投票。 （附件三略）

三、行政團隊必備之行動

（一）行政幕僚單位中高層儘量用自己國民黨人，少用前朝人員，以利政令推動。舉例孔孟學會獻堂館三級古蹟修建，行政程序拖延近年，行政效力延宕。

（二）黨基層如無忠心自己的人，無法推動事務，黨政幕僚也要合理合法施利益，否則無忠心之人為尊座效命，父母子女都有利害關係，何況行政團隊。

四、智慧財產與出版事業

（一）教育部於98年11月27日所召開「教育部98年度保護校園智慧財產權跨部會諮詢小組第2次會議」中提案討論案由4之決議，為協助各校對教科書合理使用範圍之界定能更加瞭解，希望本局及權利人團體協助該部解釋「著作權的合理使用範圍」，

製版權尚有著作權法保護。

前文建會主委陳郁秀在音樂系主任時用一則樂譜，當文建會主委時被告，被判罰數十萬元，前立法委員盧修一在病危**力主廢製版權幾成定局**，愚在公聽會建言，日本沒製版權法條，認定臺灣製版權是良法要跟進，沒想這條法要廢，委員又主張本土文學及文獻要推動，出版業者怎會請學者田野編寫呢？現編製圖書沒有「製版權」，出版後，他人就可以隨意印製，出版沒意願編書，希望本法規繼續保留，因之盧委員同意保留，同意以但書十年，也保留了早年立法的「製版權」精神。

日本重視智慧權，影印店每影印一頁就需登記那位作者的書，至年底全國總彙結付版稅。當今臺灣出版業是一個弱勢事業，經濟效益遠不如科技業。而文化出版教育乃立國根基，應不遺餘力往下紮根，雖無立竿見影，望能持續耕耘看到遠景。政府對外國著作物，查緝影印嚴謹追究侵權；國內出版品隨影印店影印不予查緝；今教育部、智慧局又要中華民國出版事業協會等相關公、協會團體開會同意合理影印，書籍出版品經過邀稿、排版、印刷、裝幀、稿酬及版稅，費時費力費資金，難予同意合理影印使用立法。**著作權的合理使用範圍是寫書引用重排**，非經過排版可直接影印，更不能結合多人著作精華匯集成冊，**又侵害製版權及著作財產權**。

（二）教科書出版，使用書籍出版品1頁，著作權法都要付費，何來學校可合理影印使用。

（三）圖書館採購縮減，學校圖書館採購圖書以量（本）捨優質圖書，劣幣驅除良幣，又大量採購大陸圖書，今研究所論文80％以上引用參考書是大陸的圖書，96年大專院校評鑑，

愚評鑑高雄某國立大學研究所，3 年圖書經費全採購大陸的書。今政府圖書館採購標，又下降 0.3 折，出版業難以生存，政府統一採購抽取手續費，從前朝制定行政法規至今，更不合理。

（四）教育部能為高中學校編 150 億游泳池經費，以後每年師資、行政費又要另編預算；海軍陸戰隊游泳訓練，有專職教官在旁都出人命，將來高中學校游泳池可能變魚池。那麼學校把書業出版品合理影印各著作者為一分教材，而不付費，教育部是否也應編列 150 億做為學校教材影印費，出版業如無法生存與存在，何來政府列合理影印，出版業無法為下一代編好教材，就依照美國政府買教材借給學生，或政府自編教材給學生。（最近南部有位婦女在馬路邊採野花，當偷竊送法辦，前有偷書者稱作雅賊？）

（五）教育部函大專院校成立二手書屋，對出版業又一殺傷，政府為什麼連續殺害出版業？臺灣不要出版業了嗎？教育部是全國教育政策大規畫者，非事務性業務人。

五、二二八事件受難家屬

（一）228 受難家屬的心痛，是快要到 228 的日子，經政客爭論一番而獲得政治利益。今日選舉得到好處，卻忘了還給 228 家屬公道。63 年來 228 受難家屬，大多數人，心早已撫平了，每到 228 日子又再傷口撒鹽，賠償也賠了道歉也道歉，請不要再提這檔事件，有論爭家屬是少數，政治人物不要玩弄全體受難家屬了。愚主張廢除 228 受難基金會，接受 228 事件學

者研究成果，還給受難人清白，免得經常受特殊人利用，又每年可省下公帑一億行政經費。 (附件四略)

（二）228 受難者當中，其實內地人不比本地人少，由於內地人來臺多是單身，沒有家屬為之申訴，因此我主張政府要為 228 事件中罹難的本地及內地人一起立碑，不僅是安慰亡靈，也是為了促進族群的融合。仇恨是和諧的毒藥，我，身為228 受難家屬，願意摒棄歷史悲情，用寬容的心，包容異己。臺灣人應向海洋學習包容的心胸，不辭涓細，接納百川，不要再存有被殖民的仇恨思維，我認為只有族群融合，心胸寬廣，發揚臺灣刻苦奮鬥的精神，臺灣才有可能走向世界，再創一次臺灣的經濟奇蹟。 (附件五)

六、全民安居與選舉孰重

（一）選舉要勝選要得民心，要有政策、要有執行能力、要有政績，使人民安居樂業，當然藍營回歸投藍。民進黨有團隊精神百分百支持自己人；貴黨沒團隊精神，有正義感，不投藍或不投票。

（二）要爭取綠營票源是不可能的事，那也就會失去藍營的支持度。

（三）做好藍軍需求，就穩定基本盤，101 年（2012）大選，唯獨尊座莫屬。

彭 正 雄 謹呈 2010.03.08.
臺北市 100-74 羅斯福路一段 72 巷 4 號
電話：（02）2351-1028

致國防部海軍司令部督察室為作者馮馮申訴函：96.11.20

函：海總督察室公文書

受文者：國防部海軍司令部督察室

主　旨：據後備司令部律宣字第 0960001112 號函，請貴督察
　　　　室協查馮士雄（原名培德）先生「海軍軍籍資料」與
　　　　拘押「鳳山招待所」及員林「反共先鋒訓練營」等資
　　　　料。

說　明：

一、本人係馮士雄先生之委託人(附證件)，依民國 96 年 8 月
　　23 日上午 8 點 57 分貴督察室來電通知，小民當日補件「口
　　頭遺言」受託人證明書在案，負責辦理馮先生白色恐怖平
　　反事宜，茲附上馮先生相關資料，敬請貴部提供民國三十
　　八年至四十三年間，海軍反共先鋒營及鳳山海軍招待
　　所，有關馮先生的資料，以備向有關單位申請平反及補
　　償之用!

二、檢附相關文件

　　1.馮士雄先生軍中自述流程

　　2.海總軍官學校補發除名證明書，毅尊字第 6226（0226？）
　　　號

　　3.預備軍官適任證書，預官字第 195 號

4.馮士雄先生預立遺囑及「口頭遺言」受託人證明書

5.首屆十大傑出青年馮馮居士（1935-2007）生平事略

6.馮士雄(馮馮)著,《霧航——媽媽不要哭》自傳一套。(因被
　囚禁黑牢多年的陰影影響,書中人物姓氏皆用諧音；如
　書中之文上校即溫哈熊將軍,武上校即吳炳鍾翻譯官)

副本：國防部後備司令部

申　請　人：彭正雄（受託人）

性　　　別：男

通　訊　處：100-74 臺北市羅斯福路一段 72 巷 4 號

電　　　話：02-2351-1028　　0919-985-915

E-mail：lapen@ms74.hinet.net

肆、傳　述

孔子誕辰致詞

　　至聖先師孔夫子誕辰，本會紀念的方式雖然簡單，但作為中道傳人，我們慕化和使命感，卻不輸給孔廟。這就顯示，實際意義遠勝過任何形式。

　　此刻，我要特別強調，中庸之道對修身、齊家與治國平天下的重要性。

　　中庸第十二章有曰「君子之道，肇端乎夫婦，及其至也，察乎天地。」這是說，君子所奉行的中庸之道，就從夫妻關係開始，而其適用的範圍，則廣及天地間一切事理，可見中庸之道多麼可貴。

　　中庸第二十七章又曰「極高明，而道中庸。」這是說，不論才學有多高明，但實際作為，都須遵循勿過勿不及的中庸之道。

　　為什麼中庸第十二章有曰「君子之道，費而隱」？因為，中庸之道無所不及，所以並不需要處處都貼上標籤。中庸第二十章就說「仁者人也，義者宜也。」具有仁德的人，才算具有

人格，而義作合情、合理、合宜解，仁而依義，才不違背中庸之道。所以，中庸第十章有曰「忠恕，違道不遠。」具有忠恕的仁德，只能說是距中庸之道不遠，仁而依義，才是完美的中道作為，可見義字宛如中庸的縮影，也可說是中庸之道的度量衡。

　　本會創會迄今，已有十一年，理監事也二度改選，大大提升領導階層的水準。老子曰「九層之塔，始於壘土」、「千里之行，始於足下。」我們的會刊廣受肯定，而在宣教效果上，也符合生活化與通俗化。我舉兩個例子。

　　第一、臺北市公車司機以前對乘客僅有極少數有禮貌，但自從本會會刊予以表揚後，首都、大都會和欣欣客運的司機，全都見賢思齊。到現在連中學生和陸客，也都禮讓老弱婦孺，使外國人對臺灣的進步有著深刻的印象，而首都公車名叫楊見成的司機，則對本會榮譽理事長說：「他妻子對他受到表揚引以為榮，每隔幾天，就把「中庸學苑」拿出來細讀一遍。」

　　再看我們會裡的幾個寓教於樂的歌唱班，每次活動中段，就站起來唱會歌，然後由班長宣讀「每週一語」，結果真的產生「以文會友，以友輔仁」的效果。

　　荀子曰「蹞步而不休，跛鱉千里」老子曰：「九層之塔，起於壘土」、「千里之行，始於足下」只要我們同心同德，不斷奉獻心力，並表現高度使命感，我們就不失為正牌的中道傳人。

中庸實踐學會慶祝九十九年（2010）
孔子誕辰彭理事長致詞

以文化出版人自居
文化傳承捨我其誰

　　視文化出版事業為第二生命的彭正雄，投入文化出版業已逾四十七年，對於子女各自成家獨立的他而言，出版事業不再是一種工作，已是一種文化使命。在海峽兩岸頗負學術出版聲譽的彭正雄，曾有人戲問：「你最喜歡的職銜是什麼？」，回答：「我最喜歡的職銜不是社長或理事長，而是文化出版人。」

　　就是這種文化人自居的精神，使我不計得失，擔任中華民國圖書出版事業協會的常務理事職務、臺北市中庸學會理事長，除不時奉獻時間金錢，還積極地向主管出版工作的新聞局提出各種建議，以為出版界同仁和後進謀取更合理的經營環境。我曾感慨：「臺灣的外交處境艱難，每個國民都有責任，而最好的文化外交便是文化出版品。」秉此信念，將文史哲自家出版社的學術出版品捐贈至國內外圖書館，如新加坡大學圖書館、政治大學圖書館、佛光大學圖書館等。我因為清楚個人的生命有限，有賴文化的生命來延續，因此年屆古稀早可退休，仍對文化出版事業充滿的熱情不輟。　　　　　　　2008

丁文治先生與我

　　臺北市出版業同業公會，囑我寫一篇短文介紹丁文治先生。本來，我想認識丁公的人很多，自會有很多大塊文章，不必我來續貂。不過，既然公會堅持，那麼，我只好勉力為之。但是，我想我應該採取一個不同的重點，這樣才可以免於

花蓮之旅：丁公文治、陳恩泉、作者。

雷同。所以我想只就以我與丁公的交往，選一些重點，略為談談。

　　我和丁公認識，可上溯至民國五十一年。當時，我剛從部隊退伍下來，就在學生書局工作，丁先生是股東，自然就認識了。但是我們也僅止於認識而已，根本沒有交往，更談不上熟識了。只知道他是新聞界知名從業人員。一直到民國五十六年，學生書局出版新修方志叢刊，因丁公選方志之故，我們才有機會進一步認識對方。談到這套方志，我還記得江蘇方志十一種之中，在《叢刊》中，編號八十五號的《光緒武進陽關縣志》及八十七號的《光緒泰興縣志》都是丁公他親自提供的，而且他也實際參與編務。翌年七月一日，丁公接任總經理一

職。當時是由前任總經理馮公愛群移交，董事長馬全忠監交。其實，丁公曾參與編務，而且先後擔任總經理、董事長、發行人等職務。所以算起來，丁公在學生書局前後奉獻達三十餘年之久，因此，學生書局幾乎可說他後半生的全部心血所注。後來，我從訃告中得知丁公從事新聞工作雖長，但亦只有二十二年，所以丁公在出版界的時間其實比在新聞界還久。不過，我們都知道丁公的為人處事，卻贏得新聞界與出版界一致的愛戴與崇敬。

丁公擔任總經理後，我們就有更多的共事機會了。丁公在學生書局，辛勤苦幹，不求名利，貢獻良多。丁公處理業務非常細心，處事明確果斷，對同仁非常關愛，從來沒有跟同事發脾氣。因此上下同心，努力工作，經常不眠不休，三更半夜還在為公司的業務盡最大的努力。我在丁公手下工作了三年，得到他的愛護、教導，個人實在獲益良多。特別是丁公對工作的執著與奉獻的精神，更是令人印象深刻，譬如，他以董事長之尊，還不辭勞苦，負責最辛苦的執行編輯工作，甚至親自負責校對的工作，上下員工，無不感動。也就是在丁公等的耕耘與領導下，學生書局才得以茁壯成長。

在學生書局的種種耀目成就中，《中國書目季刊》的出版與發行，是丁公感到最值得傲人的。書目季刊的創刊源於五十五年時，美國普林斯頓大學一位學人，要找有關老子的書目，我花了一週查到相關書目資料（包括期刊、專書、古籍等），寫了約十張稿紙交差。不過，我想花了那麼多的時間，才服務一個人是很不值得的。所以便建議當時的劉國瑞總經理辦一個雜誌，刊登學術性的圖書版本、目錄學的文章，而後面則附上

臺灣出版的新書目錄，方便學人。當時，劉公欣然同意，並定名為《圖書季刊》。不料我們到臺北市政府新聞處申請刊物登記之時，發現在數月前，省立臺灣圖書館已經捷足先登，使用了《圖書月刊》的刊名，於是我們才改以《書目季刊》四字登記。當時，學生書局劉總經理非常重視這份雜誌，光是《書目季刊》這四個字，就特別請國立中央圖書館（今改名為國家圖書館）特藏組的蘇瑩輝先生，從漢隸石碑拓本中集字取得。因為當時沒有影印機，於是只能採照相技術，將碑字放大、縮小十數次，方告完成，自然所費不貲，當時花費幾達千金。所以說只是簡單四個字，但是真可說字字得來不易。

　　民國六十一年十二月七卷二期出刊後，《書目季刊》因故延誤了出刊時間，據當時出版法實施細則規定，新聞雜誌季刊延誤二期以上必須停刊，因此在延刊三期之後，直到國六十二年十二月，這本刊物才以《中國書目季刊》新刊名重新登記發行。如今很多人並不知道《書目季刊》更名為《中國書目季刊》，可說是為了復刊的權宜之計。而六十四年起丁公接任學生書局《中國書目季刊》發行人及編務工作。在他主持下，迄今該刊已刊載論文一千五百餘篇，並四度榮獲教育部的全國優良期刊獎，丁公生前長期擔任學生書局董事長兼《中國書目季刊》的發行人與執行編輯，他在病榻中猶念念不忘《中國書目季刊》事宜，可見丁公對它的深厚感情。這種三十年不計盈虧，堅持出版學術刊物的精神，體現了丁公的精神理想，也建立了學生書局商譽與崇高的學術地位。

　　民國六十年，我計劃經營文史哲出版社。丁公非常信任我，甚至提議大家合作創業。由他負責出版社的全部資金，並

答應給我乾股十分之一，條件是由我負責實際經理新書店業
務。我雖然沒有接受他的好意，但是對他的信任與支持，我真
的非常感動。而此後我們兩人還是相處甚歡，而且經常交流業
務經驗。

　　在臺北市出版業同業公會中，丁公也克盡義務，貢獻良
多。他曾主編公會的《出版界》雜誌。此外，丁公曾先後出任
公會常務監事、理事、出版委員會主任委員，最後在常務監事
一職任內，於八十六年十一月仙逝。丁公一生待人誠懇，努力
工作，從不計較報酬，更樂於提拔後進，這些都是值得我們追
思學習的。

——刊《出版界》第 53 期，1998.02.15

民國 85 年 11 月 19、20 日，行政院新聞局出版處主辦「圖書出版
業花蓮文經建設參訪團」，討論「圖書分級制度」座談會，會後餐
敘合影。左起：丁公文治、彭正雄、花蓮師院許教授學仁、李教授
殷魁、出版界「老師傅」劉紹唐先生、新聞局周專門委員蓓姬……。

卜老與我

—— 懷念平易近人與堅持創作的卜老

我早就仰慕作家無名氏的大名了，因為在中學時期有緣讀到他的成名作《北極風情畫》、《塔裏的女人》，但是與他從相識到結為莫逆，卻是四十多年以後的事了。

記得一九九七年六月瘦雲王牌先生介紹卜老與我認識，我們就過從甚密。基於對卜老的敬仰，一九九八年起我重刊卜老的舊作《抒情煙雲》上下冊，《北極風情畫》《塔裡的女人》等

1999 年卜寧先生無名氏於木柵住宅庭院前留影。右上圖於 1946 年隱居杭州慧心庵專心創作時攝。

著名小說，接著幾年又陸續印行了卜老十幾本著作。當然我們的接觸是從出版事務開始的，但是後來卜老與我愈來愈投契。平常我敬稱他「卜老」，他則稱我「彭兄」，卜老視我為忘年知己，甚至將我列為其「黃昏五友」之一，卜老將王志濂（瘦雲王牌）、徐世澤、薛兆庚、宋北超和我稱為「黃昏五友」，我們五人時常在醫療、生活上關心與照顧卜老。

　　卜老常來寒舍走動。那時《人間四月天》電視連續劇相當風行，他說很想看，於是我買回四十卷《人間四月天》劇錄影帶，上午陪他在我家一起觀賞。下午就近到南門市場買現成菜餚，晚上請他在寒舍吃飯，飯後送他上計程車回木柵住處，我會抄下計程車車號，直到卜老安全返抵家門。

　　卜老也常約我去他住處小聚，閑話家常，談論書稿，我也便中幫他打理居家環境。卜老身體並不好，有攝護腺炎及眼疾，加上親人遠離，孤身一人獨居臺北，生活相當清苦。三餐他常以乾稀飯為主，早餐加個水煮蛋，中晚餐配菜則是附近小吃店送來的炒蘿蔔絲或炒茄子，我頗耽心卜老缺乏營養影響身體。探望他，時常順道買些魚肉等各種菜餚，讓他補充營養。幸而他的創作精神極為旺盛，所以生活雖然清苦，但是從來不放棄他對生命及創作的堅持，從這裡我看出卜老的文人風骨。

　　但是我更有幸看到卜老平易近人、待人以誠的一面。五友當中的王牌、徐世澤與我三人在二〇〇〇年六月十日陪同卜老到大陸自助旅行，足跡遍及上海、杭州、蘇州、漢口等地。卜老重遊神州，遊興甚佳，他過去住過蘇杭等地，為了盡地主之誼，卜老以八十三歲高齡當大家的嚮導，詳細介紹各地觀光景點，卜老待人如何，於此就可見一斑了。

　　晚年的卜老仍然創作不輟，努力爭取讓自己的作品和讀者

見面，這當然有部份是為了生計，但在背後更隱藏著一份作家的執著。其實卜老的驟然離世，跟他在二○○二年上半年趕工寫作有關，原來卜老應南京電視臺之邀，改寫《塔裡的女人》為二十集的電視連續劇，就在卜老完成十五集劇本，準備與南京電視臺簽約之際，他便因過度勞累、體力不支而病倒。

　　卜老生前最後的心願，也就是將自己著作一一修訂出版。其中，他最關心的就是《無名書》的定稿，也常記掛《野獸‧野獸‧野獸》及《開花在星雲以外》二書的付梓情形，所以常不時來電向我說明如何修改著作、何時寄給他校對。二○○二年十月二日中午，我與卜老還在電話裡談論書稿，談話中得知他與政大中文系尉天驄教授正在餐敘，及討論之前我向臺北市文化局申請的「無名氏文學作品研討會」事宜。午後稍事休息，卜老完成《野獸‧野獸‧野獸》及《開花在星雲以外》二書的封底介紹文，晚間七時許傳真至出版社給我。介紹文中卜老親筆寫下的句子：「中國五四新文學運動一體系，目前碩果僅存的兩個名小說家，一個是大陸巴金，一個是臺灣無名氏。巴金纏綿病床多年，無名氏雖以八十五歲高齡仍在寫作……。」（時年八十五歲又九個月）這些句子不僅是事實的描述，更透露出卜老個人對持續創作的自我堅持與肯定。

　　詎料五個小時後，十月三日凌晨一時傳來卜老吐血，住進榮民總醫院急診加護病房的消息。誰也料想不到卜老這次因食道靜脈破裂住院，便再也無法康復過來。我們「黃昏五友」每天早上分別輪流探望卜老。十月五日清晨六時半我探視時，卜老因口中插著管子無法講話，但神智、精神甚為清醒，還能用筆交談，卜老閉著眼寫著：「鼻子悶、鼻（子）不透氣，伸舌頭、伸不開、口不開、透氣（要）幾天，拔拔管」，我安慰卜

老：「病情好轉，就可拔管」又寫著：「有幾天可吃、幾天吃米（飯）」，我又答：「很快」，他又寫：「好好」（附親筆遺墨）。

十月六日徐世澤先生先探視卜老，卜老猶寫著「不要死」三個字。八日轉二樓加護病房，我陪他兩小時，當時心跳、血壓都已穩定，怎知後來病情急轉直下，十月十一日零時六分卜老竟然離開了人世。

卜老生前念茲在茲出版《無名氏全集》的「修正定本」二十卷，其中二一七卷《無名書》，是他的代表力作，卜老最為重視，他還想用《無名書》六卷申請諾貝爾文學獎。原訂二〇〇二年十一月出版《無名書》時舉行「無名氏文學作品研討會」，很

（醫院報表紙經整理剪接縮小）

遺憾的是，卜老來不及參加了。十一月九日「無名氏文學作品研討會」如期在臺北市市長官邸藝文沙龍舉行，只不過這次研討會，成了無名氏逝世後第一個文學紀念會。我們從一九九八年陸續刊行卜老的修正定本著作《無名書》共四卷八本，直到研討會這一天又趕出《無名書》其餘二卷《野獸·野獸·野獸》及《開花在星雲以外》這兩卷四本出版，使《無名書》六卷得以完整面世，我想卜老在天有靈，也應感到高興吧！

目前《全集》修正定本至今出版了十卷二十本，約「全集」三分之二，文稿達三百五十萬字。文史哲出版社出版了「全集」第一卷《北極風情畫》、《塔裡的女人》，第二卷「無名書定稿

第一卷」《野獸・野獸・野獸》、第四卷「無名書定稿第二卷」《海艷》，第五卷「無名書定稿第四卷」《死的巖層》，第六卷「無名書定稿第五卷」《開花在星雲以外》，第七卷「無名書定稿第六卷」《創世紀大菩提》，第十一卷《抒情煙雲》共十四冊；九歌出版社出版了第三卷「無名書定稿」《金色的蛇夜》計二冊；中天出版社出版了第九卷《花的恐怖》分成《花與化石》、《一根鉛絲火鈎》兩本，第十二卷《在生命的光環上跳舞》、《宇宙投影》計四冊。但第八、十、十三至二十卷迄今尚未出版，只有期待文化界有識之士，將來整理文稿印製出版。

　　《花的恐怖》英文版由美國葉憲先生主持的天馬圖書公司印行，出版後評價極高，並獲美國百老匯歌劇巨星王洛勇先生推崇。卜老古道心腸，託筆者申請他來臺，於一九九八年八月十七日來臺訪問，並會晤卜老。王先生主演《西貢小姐》歌劇一齣戲將近四年一千餘場，來臺期間先後拜會新聞局、臺灣新生報、聯合報、中國文藝協會等機關團體。並在臺大校友會館、新聞局記者會，並在耕莘文教院演講及演唱示範，轟動一時。王先生在臺期間所有活動，卜老全程陪同、介紹，評介、參觀。觀光景點，自告奮勇當起嚮導，不假手他人。直到最後一晚因身體負荷不了才由瘦雲王牌、言言小姐及筆者陪同臺北夜景。於是由王牌開車，卜老與我一起送王、葉到中正國際機場話別。由此可以看出卜老熱忱助人的一面，令人尊敬與懷念。

　　時光荏苒，轉眼卜老離開人世已經兩年了，卜老的文學成就與地位，學界及文壇自有評價，無須我多著墨；但身為卜老的忘年交，我得說一句心理話，他待人處世的精神，以及努力創作的堅持，將永遠銘刻在喜好文學的人士及我們一群好友的心中。

　　　　—— 錄自《無名氏的文學作品探索與紀懷》一書

無名氏文學創作年表

一、小　傳

　　無名氏，譜名卜寶南，後改卜乃夫，又名卜寧(1997 年以後出版《無名氏全集》之正名)，一度稱卜懷君。生於 1917 年 1 月 1 日(農曆 1916 年 12 月 8 日)南京下關天保里。祖父卜庭柱原籍山東，少時遷揚州，父卜善夫又由蘇北定居南京行醫。1934～35 年，在北京俄文專科學校畢業，抗戰爆發後，考入金陵大學外文系三年級，未就讀。

　　抗戰八年，無名氏先後擔任藝文研究會編譯員，中央圖書雜誌審查委員會幹事(審查員)、香港立報、星報、爪哇吧城(雅加達)新報駐重慶特派員，重慶掃蕩報記者，重慶新蜀報、貴陽中央日報駐西北特派員，西安華北新聞主筆，上海真善美出版公司總編輯。從事新聞業期間，立報社長成舍我、掃蕩報社長何聯

奎，黃少谷，大公報總編輯王芸生，國際問題研究所所長王芃生等人先後對他頗加青睞。抗戰後期，大公報驕橫不可一世，甚藐視同業，唯對卜寧在掃蕩報發表之報導文章，有時均轉載香港、桂林兩版，並在編輯會議上討論。

1938 年起，除撰新聞報導外，兼事文藝創作。1939 年以後，其文體極被當時名作家名編輯靳以賞識，曾主動要求與他通訊。1940 年，四千字散文《薤露》在時事新報副刊登載後，中央廣播電臺曾請前國立劇校一期學生郭季定朗誦廣播，連當時遠在印度旁遮普省的國軍醫院的軍官也把它速記下來。黃炎培所辦的中華職業學校則印成國文教材。(此文後亦收入臺灣語文教科書)

1943 年 11 月，應華北新聞總編輯趙蔭華之請，第一次用「無名氏」筆名，寫長篇小說《北極風情畫》，連載後，轟動大西北。次年，又寫長篇《一百萬年以前》與《塔裡的女人》，《塔》刊行後，亦風行一時。1945 年，無名氏返重慶，《北》、《塔》二書出版，暢銷盛況，造成中國新文學出版史上新記錄。一年後，各地有廿一種翻印版本問世，被公認為新文學作品中第一暢銷書。至 1949 年大陸淪陷止，估計印了一百多版，銷了卅幾萬冊。當時凡能看小說亦能買得到此二書的青年 幾乎全讀過。

1945 年冬，抗戰勝利，無名氏赴上海，翌歲遷杭州慧心菴，完成「無名書」第一卷《野獸、野獸、野獸》約卅萬字，第二卷《海艷》約四十萬字，並出版。1948 年 1 月，搬至西湖邊葛嶺，寫成第三卷《金色的蛇夜》上冊廿餘萬字，1949 年夏，中共占滬杭後，潛赴上海刊行此書。

中共佔據大陸，無名氏因老母需照顧，未離杭州，但決定
對中共秘密進行信仰戰爭，這就是：一、不與中共合作；二、
不任公職；三、不拿中共一文錢；四、不寫文章捧中共；五、
繼續忠於藝術原則，自由創作；六、繼續忠於真理與正義，凡
有所寫作，一定要對抗，反叛馬、列、史、毛思想體系 —— 精
神體系；七、繼續用巧妙手法，相機寫直接反共作品；八、絕
不寫任何反對或傷害自由世界的文章。

1950 年，並偷偷完成《金色的蛇夜》二十餘萬字；1956
年夏至 1960 年 5 月，在最艱苦、驚險的環境下，他又完成《死
的巖層》、《開花在星雲以外》、《創世紀大菩提》等，共約一百
四十萬字。

1982 年春 3 月，申請探親，10 月批准，11 月 5 日通知他。
緊張準備了一個多月，12 月 19 日，由杭州飛廣州，23 日上午
搭火車至深圳，下午乘火車抵九龍。次年 3 月 22 日在香港居
留期滿的當晚，夜九時，由兄長卜少夫陪伴，乘香港到臺灣班
機，抵臺北投奔自由，回歸中華民國自由臺灣，正式結束了卅
年的大陸夢魘生活。1985 年 5 月 19 日與馬福美結婚。

1983 年先後擔任臺灣日報顧問，臺灣中華日報特約主筆，
臺灣國立成功大學文學講座，當代中國研究所研究員，舊金山
中山文化學院名譽教授。

他的《獄中詩抄》獲 1985 年中山文藝獎；《我站在金門望
大陸》獲 1986 年國家文藝獎；1987 年，文建會致贈「文藝醒
世」獎牌；1990 年教育部頒贈社會教育有功個人獎。

2002 年 6 月 15 日(端午節)因貧血嚴重一度進入臺北萬芳
醫院治療，7 月又轉榮總醫院治療，病情漸穩定。未料 10 月 3

日凌晨 1 時大量吐血，復進榮總急救，10 月 11 日清晨零時 6
分不幸辭世。11 月 2 日舉行告別式並火化。11 月 9 日舉辦「無
名氏文學作品研討會暨書法展」。12 月 29 日 15 時骨灰安奉於
高雄佛光山寺，萬壽園大慧界西 5－86（西 5－86：巧合寫作
時在西湖，諧音西 5，仙逝享壽 86 歲－86）。

二、作品年表

・1937 年

在南京完成散文《崩潰》，還是作者收在無名書全集中
的第一篇文章，描寫尼采精神崩潰前的心理狀態。

・1938 年~1943 年

在重慶等地及海外各報發表不少報導抗戰的文章，作者
曾說：將來擬收集成冊，出《抗戰文錄》。

・1939 年~1941 年

在重慶及海外各報及雜志發表短篇小說〈騎士的哀怨〉
等七篇。又完成〈人之子〉，此篇四十年後在臺灣《華視新
聞雜誌》刊出。又發表《薤露》等散文詩數篇。

・1942 年

1.《露西亞之戀》(短篇小說)，重慶，光復社，1942 年，
32 開，169 頁；香港，新聞天地社，1976 年 9 月，32 開，
169 頁。

2.完成報告文學《韓國的憤怒》，並出版。

3.《中韓外交史話》，重慶，韓國獨立社，1942 年，32
開，210 頁。

・1943 年

1.在西安完成長篇小說《北極風情畫》，先在《華北新聞》

連載。

・1944 年

　　1.《北極風情畫》(長篇)，西安，華北新聞社，1944 年，
32 開，246 頁；香港，新聞天地社，1976 年 9 月，32 開，
282 頁；臺北，黎明文化事業公司，1989 年 10 月，32 開，
247 頁；與《塔裡的女人》合集，廣東，花城出版社，1995
年 1 月，大 32 開，283 頁；上海，上海文藝出版社，2001
年 7 月，大 32 開，176 頁；編入《無名氏全集》第一卷下冊，
臺北，文史哲出版社，1998 年 10 月，25 開 246 頁。

　　　附註：凡編入《無名氏全集》均為修正定本。

　　2.在西安完成長篇小說《一百萬年以前》，在報紙上連
載。完成長篇小說《塔裡的女人》，自辦「無名書屋」發行。

　　3.《塔裡的女人》(長篇)，西安，鐘樓書局，1944 年，
32 開，196 頁；臺北，黎明文化事業公司，1976 年 9 月，
大 32 開，197 頁，又 1987 年 5 月，32 開，199 頁；臺北，
遠景出版事業公司，1984 年 9 月，32 開，203 頁；編入《無
名氏全集》第一卷上冊，臺北，文史哲出版社，1998 年 10
月，25 開，185 頁；上海，上海文藝出版社，2001 年 7 月，
大 32 開，140 頁。

　　4.《一百萬年以前》(長篇)，西安，鐘樓書局，1944 年，
32 開，207 頁；香港，新聞天地社，1976 年 9 月，32 開，
207 頁。

・1945 年至 1946 年

　　1.在重慶、上海、杭州完成六卷本長篇小說《無名書稿》
的第一卷《野獸・野獸・野獸》。

　　2.　《野獸・野獸・野獸》(長篇)，上海，真善美出版公

司，1946 年 12 月，32 開，530 頁；臺北，遠景出版事業公司，1984 年 12 月，32 開，585 頁；編入《無名氏全集》第二卷上下冊，臺北，文史哲出版社，2002 年 10 月，25 開，558 頁。

- 1947 年

1.在杭州完成《無名書稿》的第二卷《海艷》，1943~1947年完成哲思隨筆《沉思試驗》。

2.《薤露》，上海，真善美出版公司，1947 年，32 開，191 頁；香港，新聞天地社，1976 年 9 月，32 開，191 頁。

3.《海艷》(長篇)，上海，真善美出版公司，1947 年 9 月，32 開，703 (531-1233)頁；香港，新聞天地，1977 年 1 月，32 開，756 頁；臺北，漢光文化事業公司，1986 年 7 月，上下冊 32 開，513 頁；廣州，花城出版社，1995 年 2 月，25 開，512 頁；編入《無名氏全集》第四卷上下冊，臺北，文史哲出版社，2000 年 5 月，25 開，621 頁。

4.《龍窟》(散文、短篇小說)，上海，真善美出版公司，1947 年，32 開，197 頁。

- 1948 年

1.《沉思試驗》，上海，真善美出版公司，1948 年 7 月，32 開，217 頁；臺北，遠景出版公司，1983 年，32 開，221 頁。

- 1949 年

1.完成《無名書稿》第三卷《金色的蛇夜》上冊。

2.《金色的蛇夜》(上)(長篇)，上海，真善美出版公司，1949 年，32 開，478 頁；香港，新聞天地社，1977 年 1 月，32 開，478 頁；編入《無名氏全集》第三卷上冊，臺北，九歌出版社，

1999 年 1 月，25 開，397 頁。

・1950 年

　　1.完成《無名書稿》第三卷《金色的蛇夜》下冊。

　　・1951 年~1955 年

　　1.完成《沉思試驗續》，及文藝理論思想隨筆書評若干篇，收集為《吮蕊集》。

・1956 年~1960 年

　　1.1956 年~1957 年完成《無名書稿》第四卷《死的巖層》。

　　2.1957 年~1958 年完成《無名書稿》第五卷《開花在星雲以外》。

　　3.1959 年~1960 年完成《無名書稿》第六卷《創世紀大菩提》。

　　4.1960 年完成朦朧詩集《夜梟詩篇》。

・1961 年~1968 年

　　1.寫詩一百多首，長詩二首。

　　2.完成長篇自傳小說《綠色的迴聲・青春愛情自傳》。

　　3.完成《聖誕紅》等短篇小說六篇。

・1968 年~1976 年

　　1.作詩近二百首，定名為《猩猩詩篇》。

・1977 年~1982 年

　　1.寫詩多首。整理、修改積稿及已出版的書達三百餘萬字，以數千封信寄往海外發表、出版。

　　2.《冥思偶拾》(哲學隨筆)，香港，新聞天地社，1977 年 1 月，32 開，217 頁。

　　3.《印蒂》(長篇)，香港，新聞天地社，1977 年 1 月，32 開，567 頁。

　　4.《死的巖層》(長篇)，臺北，遠景出版公司，1981 年，32 開，712 頁；編入《無名氏全集》第五卷上下冊，臺北，文史哲出版社，2001 年 4 月，25 開，630 頁。

　　5.《金色的蛇夜》(下)(長篇)，香港，新聞天地社，1982 年，32 開，552 頁；編入《無名氏全集》第三卷下冊，臺北，九歌出版社，1999 年 7 月，25 開，459 頁。

　　6.《無名氏詩篇》，香港，新聞天地社，1982 年 2 月，32 開，294 頁。

　　7.《聖誕紅》(短篇)，香港，山河出版社，1982 年 12 月，32 開，198 頁；臺北，遠景出版公司，1983 年，32 開，208 頁。

・1983 年

　　1.《開花在星雲以外》(長篇)，香港，新聞天地社，1983 年 1 月，32 開，775 頁；編入《無名氏全集》第六卷上下冊，臺北，文史哲出版社，2002 年 10 月，25 開，700 頁。

　　2.《綠色的迴聲》(長篇)，臺北，展望雜誌社，1983 年七月，32 開，391 頁；臺北，黎明文化事業公司，1983 年，32 開，495 頁；《無名氏青春期愛情自傳》，廣東，花城出版社，1995 年 1 月，大 32 開，308 頁。

　　3.《魚簡》(書信)，臺北，遠景出版公司，1983 年 4 月，32 開，221 頁。

　　4.《海峽兩岸七大奇蹟》(演講集)，臺北，黎明文化事業公司，1983 年 12 月，32 開，175 頁。

・1984 年

　　1.《創世紀大菩提》(長篇)，臺北，遠景出版公司，1984 年，32 開，963 頁；編入《無名氏全集》第七卷上下冊，臺北，

文史哲出版社，1999 年 9 月，25 開，834 頁。

2.《無名氏詩詞墨蹟》(書法)，臺北，黎明文化事業公司，1984 年 32 開，61 頁。

3.《獄中詩抄》，臺北，黎明文化事業公司，1984 年 5 月，32 開，273 頁。

・1985 年

1.《大陸冥思》(哲學隨筆)。

2.《我站在金門望大陸》，臺北，黎明文化事業公司，1985 年 8 月，32 開，367 頁。

3.《海的懲罰》(集中營實錄)，臺北，新聞天地社，1985 年 8 月，32 開，173 頁。

4.《無名氏自選集》(小說、詩)，臺北，黎明文化事業公司，1985 年 3 月，32 開，303 頁。

5.《無名氏巡迴美、加、日演講紀要》，臺北，光陸出版社，1985 年 4 月，24 開，254 頁。

・1986 年

1.《走向各各他》(1968 年受難紀實)，臺北，新聞天地社，1986 年 2 月，32 開，80 頁。

・1987 年

1.五月八日完成《塔底的女人》，同年 8 月 7 日第一次修改，8 月 16 日第二次修改，9 月 6 日第三次修改完竣，10 月 10 日第四次修改，11 月 19 日第五次修改。

・1988 年

1.《花的恐怖》(短篇)，臺北，黎明文化事業公司，1988 年 1 月，32 開，328 頁；編入《無名氏全集》第九卷上冊，《花

與化石》，臺北，中天出版社，1999 年 5 月，25 開，207 頁；編入《無名氏全集》第九卷下冊，《一根鉛絲火鉤》，臺北，中天出版社，25 開，207 頁。

2.《中國大悲劇時代對話演講集》，臺北，黎明文化事業公司，1988 年 5 月，32 開，257 頁。

・1989 年

1.《紅鯊》(報導文學)，臺北，黎明文化事業公司，1989 年 9 月，32 開，468 頁。

・1990 年

1.《塔外的女人》，臺北，風雲時代出版社，1990 年 4 月，32 開，280 頁。

2.《塔裡・塔外・女人》，臺北，風雲時代出版社，1990 年 4 月，32 開，244 頁；廣州，花城出版社，1995 年 1 月，32 開，342 頁。

・1991 年

1. 一月完成《淡水魚冥思》。

・1992 年

1.《淡水魚冥思》(散文)，臺北，黎明文化事業公司，1992 年 1 月，大 32 開，171 頁；廣東，花城出版社，1995 年 1 月，大 32 開，217 頁。

2.《恐龍世紀》(報導文學)，臺北，黎明文化事業公司，1992 年 12 月，大 32 開，88 頁。

・1993 年

1.《愛情・愛情・愛情》(散文)，臺北，黎明文化事業公司，1993 年 5 月，25 開，485 頁。

・1994 年

1.《蝴蝶沉思》，臺北，黎明文化公司，1994 年 6 月，25
開，239 頁。

2.*Red in Tooth and Claw*（《紅鯊》英文本），New York，
Grove Press，228 頁。

・1997 年

1.《在生命的光環上跳舞》(散文)，編入《無名氏全集》
第十二卷上冊，臺北，中天出版社，1997 年 12 月，25 開，280
頁；北京，人民文學出版社，2002 年 6 月，25 開，287 頁。

2.《宇宙投影》(散文)，編入《無名氏全集》第十二卷下
冊，臺北，中天出版社，1997 年 12 月，25 開，237 頁。

・1998 年

1.《抒情煙雲》—— 無名氏與美麗才女趙無華的一段情，
編入《無名氏全集》第十一卷上冊，文史哲出版社，1998 年 1
月，25 開，380 頁。

2.《抒情煙雲》—— 生命是漫天奇景，編入《無名氏全集》
十一卷下冊，文史哲出版社，1998 年 1 月，25 開，457 頁。

・1999 年

1.*Flower Terror* (《花的恐佈》英文本)，New Jersey.，Homa
& Sekey Books，255 頁。

・2001 年

1.《談情》(抒情短文)，江蘇，江蘇文藝出版社，2001 年
12 月，40 開，135 頁。

2.《說愛》(抒情短文)，江蘇，江蘇文藝出版社，2001 年
12 月，40 開，205 頁。

3.《我心蕩漾》－俄國少女妲尼婭與我的故事，江蘇，江
蘇文藝出版社，2001 年 12 月，大 32 開，354 頁。

三、附　錄

1.《無名氏傳奇》，汪應果、趙江濱著，上海，上海文藝出版社，1998 年 10 月，大 32 開，342 頁。

2.《神秘的無名氏》，李偉著，上海，上海書店出版社，1998 年 8 月，大 32 開，281 頁。

3.《獨行人蹤無名氏傳》，耿傳明著，江蘇，江蘇文藝出版社，2001 年 4 月，大 32 開，247 頁。

4.《中國現代文學百家》── 無名氏代表作，沐定勝編選，江蘇，江蘇文藝出版社，1999 年 10 月，大 32 開，379 頁。

── 2002. 12. 30. 修訂
── 錄自《無名氏的文學作品探索與紀懷》一書

首屆十大傑出青年馮馮居士生平事略

（1935-2007）

馮居士曾於五十年代崛起文壇，是最傑出的青年作家，著作甚豐（得獎著作《微曦》四部曲，是一部勵志文學之鉅著），作品富浪漫色彩。

馮馮居士與彭發行人正雄夫婦合影

曾經是影視、文壇上驚鴻一瞥的、光芒閃耀、最英俊而氣質瀟洒的明日之星；是萬千少女眼中的白馬王子，但也是很多人士的眼中釘。

馮居士一生坎坷，歷經滄桑、戰亂與白色恐怖，他集難童、失學青年、海軍學生、軍官、總統譯員、匪諜、囚徒、流浪漢、乞丐、苦力、勞工、豬奴、車伕、擦鞋童、名作家、大學教授、文學獎得主、首屆十大傑出青年之首、淪落天涯的亡命之徒，各種名分於一身。曾是精神病與雙重人格的憂鬱症患者、以及社會底層的邊緣人，或謂匿跡於冰雪之國的隱士！

他，是自修古典作曲家，以印象派創作芭蕾舞曲，世界首度公演於莫斯科，被譽為二十世紀最後的天才作曲家，榮獲博

士學位與美國榮譽公民，美、俄報刊均稱他為「謎樣身世之音樂奇才」。

　　他浪漫傳奇的一生，叛逆性的愛情，神秘的謎樣身世。一生有血、有淚、有愛、有忠、有孝、有榮譽與凌辱，但始終抱持無怨無悔之心，免費義診，以愛心散播社會。

本　名：馮培德，字士雄　　**筆　名**：馮　馮　　**外文名**：PETER　FAUN

出　生：1935年4月5日（農曆3月3日）於廣州（根據出生後一個月內天主教洗禮證書）

　　　　　（但據軍方軍籍記載為1931年4月5日於廣州）

生　父：姓名不詳　　**繼父**：馮竹（身分證記載馮國勳，廣東人）

生　母：張鳳儀，廣西人。

1938年4歲，日軍轟炸廣州，隨母避難香港。10月21日，廣州陷落。

1939年5歲，投宿廣東潮州普寧方家新寨，年幼隨眾拜祭方家祖祠，分得三斤燒豬肉，日後取「方一民」作為筆名之一，寓感懷紀念之意。

1941年7歲，就讀桂林市省立模範小學，跳級唸4年級，半年後，日軍猛攻桂林，又再上路逃難。1941年12月7日，日軍偷襲美國珍珠港。

1944年10歲，就讀曲江市黃埔中正幼年軍校，其時馮母張鳳儀患了肺癆病，臥病醫院，不久又遭日本機群狂炸，大火三十里。1945年1月28日，曲江陷落。

1945 **年 11 歲**，就讀龍南中學，跳級唸上初二春季。1945 年 8
月 15 日，日本無條件投降。同年，考入龍川中學高中一
年級。

1948 **年 14 歲**，9 月 1 日，升上培正中學高三，趁高三上學期
舉行畢業旅行，與兩百名同學坐火車遊杭州西湖與上海。

1949 **年 15 歲**，高三畢業，考上嶺南大學醫學院。

1949 **年 10 月 1 日，虛報 19 歲**，進入海軍軍官學校（四三年班
── 即為一九五四年應屆畢業的），在黃埔軍校入伍。11
月 1 日乘「崑崙號」軍艦抵達臺灣，赴臺灣左營海軍軍官
學校，正式受訓。

1949 **年 12 月 12 日**，因寄信往廣州問候母親，信件被海軍指導
員截取，校長將之交給海軍情報隊審訊，誣為「共諜」、
「洩露軍機」，被押交海軍情報處囚禁於鳳山「鳳山招待
所」，與副艦長俞信同囚一小暗間；195？年，在臺灣初期，
軍人不得領國民身分證，因而無國民身份證證明，在澎湖
被囚山洞時，海軍將戶口報在海軍軍區特別戶口，為澎馬
華口字 1041 號；1953 年員林「反共先鋒訓練營」第三期等
地秘密牢獄山洞，先後五年，備受刑求與侮辱，導致精神
分裂躁鬱症，自殺未果，旋被海軍官校拒收，貶為陸戰隊
二等兵，開除理由謂「精神失常」（為白色恐怖時代，對
政治犯的通稱罪名）。

1955 **年 21 歲**，12 月 24 日夜，流浪臺北火車站，在新公園路
邊小食攤乞求殘食，當起擦鞋童，露宿街頭。其後棲身中
和鄉農場，養豬幹活。

1956 **年 22 歲**，7 月 3 日，獲得預備軍官適任證書，預官字第
195 號，由國防部長俞大維、參謀總長彭孟緝頒布，核定

適任編譯少尉，被派回海軍以少尉任用，兩三年後，請求調回臺北，後改派陸軍。

1957 年 23 歲，3 月 10 日，離開中和鄉農場，再度流浪臺北火車站當擦鞋童。同年，考取國防部外事編譯榜首，任少尉編譯預備軍官三年。

1958 年 24 歲，823 砲戰，當海軍翻譯官有功，獲國軍模範。

1958 年 12 月 24 日，出席海軍軍官俱樂部舉行聖誕晚宴與舞會。

1959 年 25 歲，1 月，海總軍官學校補發除名證書，除名原因為「精神失常」。同年，取得身分證戶口名簿，申請母親赴臺，安家租戶於臺北中和鄉農場豬舍竹棚。

1960 年 26 歲，國防部下召集令，延長役期，進入總統府替蔣介石、蔣經國作法語翻譯。

1961 年 27 歲，馮馮英譯墨人（張萬熙）短篇小說〈馬腳〉，膺選奧地主利「世界最佳怪異小說選集」。

1962 年 28 歲，以法文撰寫〈水牛的故事〉，膺選奧地利「世界最佳動物小說選集」。

1963 年 29 歲，以〈苦待〉一篇，榮獲《自由談》雜誌徵文獎第一名。並以英文撰寫〈苦待〉，膺選奧地利「世界最佳愛情小說選集」。

1963 年，獲得國防部頒發「**國軍模範**」榮譽獎狀和「**景風獎章**」與「**績學獎章**」。亦獲頒國際青年商會首屆「**十大傑出青年**」文學著作成就獎。

1964 年 30 歲，皇冠出版百萬字《微曦》，當選首屆十大傑出青年，並榮獲嘉新獎學金。

1964 **年**，退役為後備軍人，任職美國軍事顧問團海軍組譯員。
　　5 月 3 日，以《微曦》一書，榮獲嘉新文化基金會首屆優
　　良文學作品獎 。受聘東吳大學，代課英國文學。

1965 **年** 31 **歲**，皇冠出版《青鳥》與《昨夜星辰》。

1965 **年**，申請母親返香港瑪麗醫院複檢開刀傷口。5 月拍攝電
　　影「美目王子」。

1965 **年** 12 **月**，曾一度成為總統的譯員，參與國防會議及為外
　　國元首貴賓翻譯英、法、西等語言，升至上尉，又以寫作
　　獲獎，鋒頭至健；旋即受妒，遭受海軍情報處與國家安全
　　局的政治迫害，不得不逼迫潛離臺灣逃命。由美軍軍艦帶
　　往日本，再到加拿大政治庇護難民，逃亡到加拿大溫哥
　　華，後成公民。將近四十年，不敢返臺灣，隱居海外。

1970 **年代**，任職溫哥華《大漢公報》總編輯。

1975 **年** 41 **歲**，皇冠出版長笛《紫色北極光》（華僑被歧視受欺
　　凌之故事）。

1975-1982 **年**，中斷寫作。

1985 **年** 51 **歲**，臺北天華公司出版佛理研究系列：《夜半鐘聲》
　　（散文集）、《禪定天眼通之研究》（論文集）、《禪定天眼
　　通之實踐》（論文集）在佛教界聲名大噪。

1986 **年** 52 **歲**，天華公司出版佛理論文集《太空物理核子物理
　　學與佛理之印證》（三冊）。

1987 **年** 53 **歲**，臺北天華公司出版百萬字《空虛的雲》（現代小
　　說）。

1990 **年** 56 **歲**，10 月，捐獻尼泊爾法王所贈佛陀舍利子十顆，
　　與班禪喇嘛贈予後藏日喀則喇嘛宮的法寶之一「佛骨瓔
　　珞」108 顆，為慈濟醫院籌款。

1990 年，北京中央交響樂團及合唱團，在北京演奏作曲《現代佛教聖樂》，一舉成名，成為自修作曲家，ＣＤ在臺灣，義賣助病院。

1991 年 57 歲，應邀赴美國洛杉磯市柏沙典那大學劇院，登臺義演獻唱，為慈濟醫院籌款 50 萬美元。

1991 年，北京中央交響樂團演奏自修作曲《Ｄ短調第一號鋼琴協奏曲》（中國民歌改編）。

1992 年 58 歲，同上樂團演奏《Ｅ短調第二號鋼琴協奏曲》（紀念林力克與德弗札克）。

1993 年 59 歲，同上樂團演奏Ｅ短調第一號小提琴協奏曲《中國風味情》，轟動北京樂壇，為血淚心聲之作。

1994 年 60 歲，6 月以外籍人士身分來臺，重返睽別近三十載的臺灣。在國父紀念館義演，參與慈濟義演籌款，捐獻「再生舍利」，與虛雲高僧輾轉贈予泰王所賜「緬甸菩提玉石手釧」。

1996 年 62 歲，莫斯科音樂學院首次演奏其作曲《水仙少年》交響詩（印象派），震驚俄京。

1997 年 63 歲，10 月，出席由俄羅斯聯邦交響樂團與莫斯科芭蕾舞團聯合演出的《水仙少年》與首演，獲頒烏克蘭國家音樂學院榮譽作曲博士。

1997 年 10 月，陪母親抵達莫斯科，在大使與文化部長陪同下，進入克里姆林皇宮，謁見俄羅斯總統葉爾辛與夫人。6 日與 7 日，在俄羅斯聯邦交響樂團首席指揮家佐丹尼亞指揮之下，與莫斯科芭蕾舞團合作，在克里姆林宮的藝術宮大戲院上演新作《雪蓮仙子》三幕兩小時印象派作曲芭蕾舞三夜，轟動全俄。俄總統及五位部長與夫人及俄京文化界

上流人士蒞場觀賞，祝賀者數千人，莫斯科音樂院邀請為
特別貴賓，烏克蘭音樂學院贈予「榮譽古典音樂作曲博士」
學位證書，此為馮馮一生最高峰。

1997 年 11 月，陪同母親抵達夏威夷小住 7 天。

1998-2002 年，中止作曲與寫作。因精神分裂再發作，兩次中
止寫作共計 11 年。

1999 年 65 歲，10 月，美國以其古典作曲成就殊榮，贈以「榮
譽公民」，歡迎赴美。（但仍居於加拿大）

2001 年 67 歲，10 月，陪母親搭乘火車頭等房艙，橫越加拿大
東西兩岸，前往蒙特里爾市的美國大使館領取母親移民簽
證。

2002 年 68 歲，7 月至 2003 年 1 月，重新寫作，用七個月時間
寫下回憶錄《霧航》90 多萬字，是自傳體裁的小說，回憶
一生往事，如在「霧中航行」。

2002 年遞呈臺北「財團法人戒嚴時期不當叛亂暨匪諜審判案件
補償基金會」，申請平反海軍情報處非法刑求及囚禁冤
獄，編號為 6581 號。

2003 年 69 歲，7 月 18 日，馮居士慈母張鳳儀女士逝世於溫哥
華寓所，享壽九十有八。

2003 年 11 月，臺北文史哲出版社出版 90 多萬字的《霧航》3
冊，1450 頁，備用自我平反的回憶錄。**因被囚禁黑牢多年
的陰影影響，書中人物姓氏皆用諧音。**

2004 年 70 歲，2 月，馮馮奉母骨灰遷居美國夏威夷；在夏島
隱居，守孝、自修散步、摒絕交遊。有如深山修行僧。

2004 年 3 月 13 日，換發國民身份證戶口名簿，落籍於嘉義市。

2004 年 7 月 20 日致　總統函補件平反資料。是年，遭結案拒

絕，理由是「查無實証」、「所報日期不確」、「無任何資料可以証明」、「不予補償」。

2004 年 11 月，離開臺灣 39 年，首次以中華民國國籍身分正式回臺。在臺南林鳳營小住一個月，重遊當年被囚之地。

2006 年 72 歲，2 月，花一個月時間寫成《趣味的新思維歷史故事》乙書。

2006 年 3 月，腹痛赴臺檢查病況，先後經數家醫生診斷，及多種儀器篩檢，診斷是由憂鬱與緊張引起的腸胃潰瘍。

2006 年 10 月，經夏威夷醫生診斷患胰臟癌，告之僅有 6 個月生命。

2006 年 11 月 6 日回臺灣。

2006 年 11 月，臺北文史哲出版社，為馮居士在生前出版最後一本著作《趣味的新思維歷史故事》，本書 285 頁。

2006 年 11 月，赴臺灣南部診斷，3 次切片檢查疑是胰臟炎(或胰臟腫瘤)。

2006 年 12 月 12 日赴慈濟醫院臺北分院治病，診斷患胰臟癌，訂 24 日開刀，因癌細胞擴散不宜開刀，改每週化療，為了不致於疼痛，採用最高貴藥品治療（有善心慈濟人捐助)。

2007 年 4 月 18 日（農曆 3 月 2 日）19 時 9 分病逝於慈濟醫院臺北分院，享壽七十有三。

2007 年 5 月 10 日十二位三寶弟子恭護馮居士靈骨灰於 8 時出發，12 時 40 分抵達關廟，13 時由如本法師主持入寶塔儀式，率十位師父在法界寶塔奉安助念。安厝於臺南縣龍崎鄉關廟中坑村內潭子 18 號法王講堂之法界寶塔，位置在第 1 樓、第 35 區、第 2 層、第 33 號。

2007.08.07

不忮不求的喬衍琯先生

（1929-2008）

　　喬衍琯先生，江蘇連雲港市人，生於民國十八年（1929）農曆四月十二日。父親喬迺作，母親張梅。先生譜名延琯，因避先祖名諱，改名為衍琯，自號望雲樓主人，又依母姓另取別名為張義德。自幼住在雲臺山下，抗戰初期，更在山中住了幾年，所以深愛山水。經史典章、戲曲掌故無不博覽，又好讀遊記，以補山水遊歷之不足。先生自幼聰穎，好推理，喜算術，父親曾命其研讀科學以救世，而就讀高中時國文老師王子約為一通儒，勉勵先生研究學術要義以發揚民族文化，於是先生放棄數學改讀國學。

　　民國三十八年（1949），先生考進臺灣省立師範學院（今臺灣師範大學）國文學系就讀。大學四年，先生修習許世瑛「讀書指導」、潘重規「訓詁學」、王叔岷「校勘學」等科目，從此體認學術源流的門徑，掌握治學之法貫串條例，為後來研究版本目錄學，及從事圖書文獻工作，建立深厚的基礎。

　　先生大學畢業後，先後於宜寧中學及臺南高工擔任國文教

師。民國四十六年（1957）春，先生回母校國文研究所攻讀目錄學，師從蔣復璁先生學習「版本學」、高明先生學習「校讎學」，及鄭騫先生學習「戲曲概論」，諸位師長對先生治學之勤勉聰穎，無不讚賞。

先生就讀國文研究所期間，同時在國立中央圖書館（今國家圖書館）編目組實習，實習期間，積極盡力，常自請擔任新書編目工作，以此體驗在校所學。除為《叢書集成》編目外，並完成《國立中央圖書館藏線裝舊籍目錄》、《蘇東坡著作展覽目錄》等不同形式之目錄；而所撰〈跋敦煌本史記殘卷〉一文，發表於《國文研究所集刊》第二期，迄今仍廣為學界引用。

民國四十九年（1960）春，先生以《增訂書目答問補正史部》為論文題目，自師大國文研究所碩士班畢業，並留任中央圖書館特藏組，前後十餘年。期間在蔣復璁、昌彼得指導下，從事整理舊籍、撰寫書志提要、編訂善本書目及管理善本書室等相關工作，中央圖書館之珍本佳槧，因此得以公諸於世。先生為保存典籍英華，發揚傳統文化的貢獻可謂卓著，為臺灣之圖書文獻學及提供學界研究便利，均奠立深厚的根基。

擇善固執，不為五斗米折腰的性格，可見一斑。

先生因工作經驗累積而成的版本目錄學學識，實成一家之學，備受海內外欽崇。其時所輯《書目叢編》，前後四編，收書八十餘種，各書先生親撰敘錄一文，介紹作者生平及著作源流，並闡述其內容之特色與價值，此體例開啟學界古籍整理之先河，而先生論述之精善，後學仍難望其項背。

民國六十一年（1972）夏，政大中文系主任高明教授賞識先生在目錄版本學的學識，特聘至政大中文系任教，直至民國

八十五年（1996）屆齡退休，前後二十五年；以講授「版本」、「目錄」及「校勘」、「輯佚」、「辨偽」等文獻學為主，亦曾教授「大一國文」、「經學通論」、「紅樓夢」等課程。先生從學術源流角度論述經學發展及詩文小說要義，並以自身經歷及體會印證，精闢通徹，經常可以啟發學生。當時政大承辦空中行專，學生平常透過電視課程學習，暑假期間教師須至各地親授課程，校內同儕每以暑假授課是苦差事，而先生經常自請授課，因此足跡遍歷全臺。先生每至一地，即以學員為師，探詢當地文化風俗，課暇則考察地方名勝景物，兼考地方圖書藝文相關建設，以印證載籍之記錄及學員之所論，先生之好學如是。

　　先生素性曠達，不汲求虛名，每將教授升等機會讓予同儕。與人交亦不矜誇，同儕學生無不欽崇其學識，如張錦郎先生曾說：「喬衍琯教授不但為我編的幾種『報紙索引』、『工具書指引』寫序和書評，還從他那裡學到很多目錄學、版本學和編書目、編索引的知識，我常和研究生說在師大求學四年，不如在中央圖書館受到喬衍琯教授像導師制一對一的教誨，收穫多又實用。」

　　先生不好交際應酬，摯友有：張錦郎，為圖書館界同事；古國順、王國良、王國昭，為學界後進；筆者，為出版界晚輩。先生學識豐富但不自高，經常相偕登山健行，引為莫逆知交。筆者因為經營文化出版事業，得以結識先生，先生經常造訪出版社，並教導我許多圖書文獻學、目錄版本學方面的知識，給予我許多出版建議，有時甚至義務為出版社撰稿或整理稿件，如果我在古籍整理與出版方面有些貢獻的話，這都要感謝先生慷慨教導。

　　先生讀書有得，經常給予學界晚輩或研究生新的研究材料和題目，如自書稿曾云：「然所曾遊過的山水則很有限，所以好讀遊記，對徐霞客遊記尤其喜愛。又因近年指導學生以徐霞客遊記為題寫論文，不免讀得較細。感到其中有些關於石刻的資料，如予以錄出，可成一篇〈徐霞客訪碑記〉。」先生雅好古籍，然不以收藏相尚，退休後所藏圖書捐贈輔仁大學、東吳大學等圖書館，僅留平日喜讀之傳記小說數十種，一讀再讀，每得佳構妙趣或體悟新見，仍不覺手舞足蹈，歡喜之情，溢於言表。

　　先生寡欲儉約，衣衫襤褸，不求口腹之慾。先生經常造訪寒舍，不棄清湯淡飯，竟專挑家中隔夜菜食用，內人雖阻止無效，其恩師蔣復璁曾嘆其飲食菜餚如廚餘。晚年先生牙齒漸漸鬆脫，整排掉落，不曾尋求牙醫治療，世人以為苦者，先生竟甘之如飴，故世人均以先生個性怪奇。

　　先生身體素康健爽朗，然退休後數年間，二度車禍導致行動不便，精力耗損竟至不起，於民國九十七年（2008）二月十七日逝世，享壽八十。

　　先生一生奉獻圖書館事業與學術，著有《書目舉要》、《陳振孫學記》、《宋代書目考》、《千字文今解》、《史筆與文心：文史通義》、《崇文總目研究》、《古籍整理自選集》、《中國歷代藝文志考評》（喬衍琯講述，曾聖益記錄整理）等書，編有《歷代輿地沿革圖索引》、《圖書印刷發展史論文集、續編》（與張錦郎先生合編），單篇論文二百五十餘篇，尚待裒集成帙。

　　喬先生行事低調，未曾作壽，張錦郎先生於民國七十七年
五月初編〈喬衍琯先生著述年表〉（凡 180 篇），推算先
生實際壽誕應為五月十五日，筆者排印後，眾友人相約當
日登臺北香山，登頂時獻先生之著述年表，賀先生六十大
壽，先生大表驚喜。（左起王國昭、張錦郎、彭正雄、壽星
喬衍琯、王國良、古國順夫人。古國順攝影）

　　　　　　　—— 應國家圖書館編退休館員資料集撰述
　　　　2012.09.26。

「我的詩國」永在世間

詩壇巨擘羅門，本名韓仁存，海南島文昌人，1928 年 11 月 20 日生，2017 年 1 月 18 日仙逝。乍聞噩耗，憶起筆者與大詩人私下的獨特互動，點點滴滴湧上心頭，更教人悲痛不捨，因作此文以誌之。

慟！「我的詩國」擁有者

大詩人，您安詳抱走了「詩國」，也永存世界的"我的詩國"。您的《我的詩國 MY POETREPUBLIC》特大本 A3（高 43.4cm 寬 31.6cm）綢布精裝彩色印刷，出版於 2013 年 4 月 14 日，是大詩人伉儷結婚 58 周年的紀念禮物，全球僅有三套是筆者親手製作。一套餽贈於兩位大詩人做為賀禮，另一套筆者親自於當年 4 月 20 日致送到大詩人家鄉海南島燈屋藝術館典藏，第三套筆者自行保存，在世僅此三套限量珍稀。

大詩人，您可記得，您和張默、碧果先生，以及筆者四個人，經常在福賓餐廳相聚，一邊品嚐有魚子的紅燒鯉魚二吃，一邊談論詩事、詩篇、詩評等，無比暢快。

大詩人，您說：羅門是為了門羅天下，如今，您築成的「燈屋」、「白宮」、「詩國」，雖未全然「門羅天下」，然而您對詩壇的影響，留給詩人們的啟發與懷念，永不寂寞 —— 長存世間。

　　大詩人，您與筆者相識於 1963 年夏日，至今 54 年。筆者每次到燈屋，往往一談就是數小時。當然大多是您的發言，舉凡詩歌創作理論、知名詩人、思潮派別、詩壇現象等等，海闊天空無所不談，然而話題總離不開「詩」，您說詩作、藝術品保留空間最為完美，筆者至今猶記心懷。

憶！友誼永固

　　1971 年 8 月 1 日我文史哲出版社成立，時過十九年 1990 年 9 月，電話一端鈴響聽到那熟悉之聲音 —— 是羅門的來電：「有一位大陸朋友寫了我們倆人的評論集，可否在貴社出版？」我立即允諾出版，他遲疑停頓了一下，我還沒看稿子，居然就同意了？喔！他哪裡知道電話這一端竟然是 1962 年在書局服務認識的彭正雄呀！

　　1990 年 9 月 20 日羅門來函：「正雄先生大鑒：先在此對先生從事文化工作的執著與苦幹精神，表以敬意。那天在電話中蒙 先生應允出版周院長花近兩年時間寫弟與蓉子的專論，至為感謝。如果 先生下週一（廿四日下午三時）能有空到弟之『燈屋』見談，當面請教，至為感盼。並隨函奉贈弟與蓉子（帶有紀念性）的短詩集乙冊，敬請指教。耑此順祝 文安 內人蓉子附筆問好　弟羅門敬上　79 年 9 月 20 日」（附手稿）。周偉民、唐玲玲合著《日月的雙軌》於 1991 年 2 月出版了。

賀羅門與蓉子結婚四十周年出書十二本

　　1995 年 4 月 14 日，祝賀羅門與蓉子結婚四十周年，文史哲出版社出版十二本書祝賀：蓉子《永遠的青鳥》（蓉子詩作評論集）、《千曲之聲》（蓉子詩作精選集）兩本及羅門的《羅門創作大系》十本一套；在辛亥路青年活動中心（前臺大校園

復興南路口，現已不存在）舉行新書發表會，由大詩人余光中教授主持開場白：「請蓉子女士講言二十分鐘，羅門先生十分鐘」，羅門立刻抗議說：「蓉子出二本講二十分鐘，我出十本應該講兩小時」，余教授故意刺激他說：「羅門你只出版一套，而蓉子出版兩本呀！」全場與會文友聽了哈哈大笑！

華文現代詩編輯團隊拜訪蓉子

　　2015 年 12 月 23 日華文現代詩編輯群六人同去拜訪蓉子於大龍老人住宅。讓我想起 1962 年年初投入出版事業的往事，53 年前的歲末羅門帶了《藍星詩葉》及《第九日的底流》詩集來書局要求代售，因而認識羅門與蓉子，而結了這一份緣。就這樣我們有了頻繁的接觸，交往 50 年來陸續出版了有關羅門蓉子作品 33 種 34 冊。

　　這五十年來，我經常到燈屋去拜訪羅門、蓉子，蓉子總是帶着微笑接待，文靜溫柔儒雅，和藹可親。

　　啊！蓉子，是"永遠的青鳥"。

羅門著作及有關研究羅門論著目錄

＊論　述

1. 《現代人的悲劇精神與現代詩人》：臺北，藍星詩社，1964年 6 月 32 開，144 頁。
2. 《心靈訪問記》：臺北，純文學出版社，1969 年 11 月，32開，216 頁。
3. 《長期受著審判的人》：臺北，環宇出版社，1974 年 2 月，25 開，186 頁。
4. 《時空的回聲》：臺北，德華出版社，1982 年 1 月，32 開，450 頁。

5.《詩眼看世界》：臺北，師大書苑，1989 年 6 月，32 開，390
頁。

6.《羅門散文精選》：臺北，文史哲出版社，1993 年 12 月，244
頁。

7.《羅門論文集》：北京，中國社會科學出版社，1995 年 4 月，
25 開，401 頁。

8.《羅門論文集》：臺北，文史哲出版社，1995 年 4 月 14 日，
295 頁。(《羅門創作大系》之 8)**結婚 40 周年紀念系列出版
12 種。**

9.《論視覺藝術》：臺北，文史哲出版社，1995 年 4 月 14 日，
25 開，232 頁。(《羅門創作大系》之 9)

10.《燈屋‧生活影像》：臺北，文史哲出版社，1995 年 4 月 14
日，25 開，167 頁。(《羅門創作大系》之 10)

11.《存在終極價值的追索》：臺北，文史哲出版社，2000 年 1
月 1 日（21 世紀始），222 頁。

12.《創作心靈的探索與透視》：臺北，文史哲出版社，2002 年
4 月 14 日，371 頁。**結婚 47 周年紀念版。**

13.《全人類都在流浪》：臺北，文史哲出版社，2002 年 4 月 14
日，155 頁。**結婚 47 周年紀念版。**

14.《我的詩國 MY POETREPUBLIC》：臺北，文史哲出版社，
2010 年 6 月初版； 2011 年 2 月增訂再版，329 頁

15.《我的詩國 MY POETREPUBLIC》（彩色）：臺北，文史哲
出版社，2010 年 6 月初版，A4 平裝上下冊；2011 年元旦增
訂再版，936 頁

16.《我的詩國》(彩色) ：臺北，文史哲出版社，2013 年 4 月
14 日，936 頁，A3 綢布精裝豪華版上下冊，為兩位大詩人
結婚 58 周年紀念版，限量印製 3 套。

　　＊詩創作

1.《曙光》：臺北，藍星詩社，1958 年 5 月，32 開，74 頁。

2.《第九日的底流》：臺北，藍星詩社，1963 年 5 月，25 開，

120 頁。

3.《日月集》：臺北，美亞出版社，1968 年 6 月，25 開，85 頁。（英文版，與蓉子合著，榮之穎教授譯）

4.《死亡之塔》：臺北，藍星詩社，1969 年 6 月，25 開，97 頁。

5.《羅門自選集》：臺北，黎明文化公司，1975 年 12 月，32 開，257 頁。

6.《隱形的椅子》：臺北，藍星詩社，1976 年，32 開，75 頁。

7.《曠野》：臺北，時報文化公司，1980 年 11 月，25 開，155 頁。

8.《羅門詩選》：臺北，洪範書店，1984 年 7 月，32 開，344 頁。

9.《日月的行蹤》：臺北，藍星詩社，1984 年，32 開，96 頁。

10.《整個世界停止呼吸在起跑線上：臺北，光復書局，1988 年 4 月，25 開，220 頁。

11.《羅門蓉子短詩精選》：臺北，殿堂出版社，1988 年 4 月，新 25 開，189 頁。

12.《有一條永遠的路》：臺北，尚書文化出版社，1990 年 4 月，25 開，223 頁。

13.《太陽與月亮》：廣州，花城出版社，1992 年 3 月，32 開，241 頁。（與蓉子合著）

14.《羅門詩選》：北京，中國友誼出版公司，1993 年 7 月，大 32 開，196 頁

15.《誰能買下這條天地線》：臺北，文史哲出版社，1993 年 12 月，25 開，167 頁。

16.《羅門長詩選》：北京，中國社會科學出版社，1995 年 4 月，大 32 開，227 頁。

18.《羅門短詩選》：北京，中國社會科學出版社，1995 年 4 月，大 32 開，249 頁。

19.《戰爭詩》：臺北，文史哲出版社，1995 年 4 月 14 日，25 開，183 頁。（《羅門創作大系》之 1）**結婚 40 周年紀念系列出版 12 種**。

20.《都市詩》：臺北，文史哲出版社，1995 年 4 月 14 日，25

開，276 頁。(《羅門創作大系》之2)

21.《自然詩》：臺北，文史哲出版社，1995 年 4 月 14 日，25 開，192 頁。(《羅門創作大系》之3)

22.《自我‧時空‧死亡詩》：臺北，文史哲出版社，1995 年 4 月 14 日，25 開，178 頁。(《羅門創作大系》之4)

23.《素描與抒情詩》：臺北，文史哲出版社，1995 年 4 月 14 日，25 開，180 頁。(《羅門創作大系》之5)

24.《題外詩》：臺北，文史哲出版社，1995 年 4 月 14 日，25 開，165 頁。(《羅門創作大系》之6)

25.《麥堅利堡》特輯：臺北，文史哲出版社，1995 年 4 月 14 日，25 開，183 頁。(《羅門創作大系》之7)

26.《在詩中飛行：羅門詩選半世紀》：臺北，文史哲出版社，1999 年 12 月 31 日（20 世紀末），25 開，480 頁。

27.《全人類都在流浪：臺北，文史哲出版社，2002 年 4 月 14 日，155 頁。**結婚 47 周年紀念版。**

28. *The Collected Poems of LOMEN*（A Bilingual Edition），臺北，文史哲出版社，2006 年 11 月，23.5x15.3，430 頁（羅門英譯詩選，英譯 210 頁，中文 213 頁）。

＊有關研究羅門之論著（文史哲出版社出版）

1.《日月的雙軌——羅門‧蓉子創作世評介》　周偉民、唐玲玲著　1991 年 2 月，471 頁。

2.《門羅天下——當代名家論羅門》，蔡源煌等著，1991 年 12 月，537 頁。

3.《羅門詩一百首賞析》，朱徽著，1994 年 1 月，270 頁。

4.《羅門‧蓉子文學世界研討會論文集》，周偉民、唐玲玲編，1994 年 4 月 14 日，477 頁。**結婚 39 周年紀念版。**

5.《心靈世界的回響——羅門詩作評論集》，龍彼德著，2000 年 10 月，301 頁。

6.《存在的斷層掃描——羅門都市詩論》，陳大為著，1998 年 6 月，170 頁。

7.《羅門論》，張艾弓著，1998 年 11 月，146 頁。

8.《重塑現代詩——羅門詩的時空觀》，尤純純著，2003 年 6 月，254 頁。

9.《從詩中走過來——論羅門‧蓉子》，謝冕等著，1997 年 10 月，642 頁。

10.《從詩想走過來——論羅門‧蓉子》，張肇祺著，1997 年 10 月，138 頁。

—— 華文現代詩，第十二期，2017.02；2017.05.23 修訂。

正雄先生大鑒：

先生在此對先生從事文化工作的執著與苦幹精神表以敬意。

那天在電話中蒙先生應允出版，周院長化近一兩年時間寫弟與蓉子的專論，至為感謝

如果先生週一（廿四日）能有空到弟之「燈屋」見讀曹書靖教亦為感動

并隨函奉贈弟與蓉子「無有紀念珍品」短詩集乙冊敬請指教.

耑此順祝

文安

　　弟羅門敬上

蓉子附筆問好

79年.9月20

（1990.9.20）

小金門六一九砲戰親歷記

口述：彭正雄・記錄：田立仁

根據彭正雄的口述歷史，一九六〇年時，大小金門已經部署好美國援助國軍的二四〇公厘 M1 型砲、一五五公厘榴彈砲和一〇五公厘榴彈砲，並構築了地下工事。但大、小金門砲兵指揮官的開砲權限不同，由於大二膽和小金門更接近共軍，反應時間很短，戰時或天候不佳，通訊常被干擾中斷。因此小金門和大二膽的砲兵

指揮官，遭遇敵人攻擊時可不待上級指令，獨立判斷是否採取適當的還擊作為；但據說，大金門的還擊必須報告國防部或參謀本部，批准後才能還擊。

　　「六一九砲戰」前，中共已不斷心戰廣播，本來小金門前線因訊息封閉，新聞都晚很久才知道。但對岸大規模的心戰廣播，讓小金門的軍民知道了艾森豪總統訪台，更被共軍預告要展開砲擊！於是官兵都嚴陣以待。到六月十七日晚上，共軍開始砲擊，一陣陣轟隆巨響傳入彭正雄耳裡，他知道大戰開始了，他從陣地內碉堡的觀測孔看出去，對岸砲彈形成一片片火網劃過黑夜，一波又一波的砲彈，不停息的向小金門撒下來。

砲兵連的射擊指揮所內，有連附（軍官）、水平手和計算手（計算士），尚未得到開砲命令，計算手彭正雄只能在碉堡內，完成所有關於「目標」的計算工作，準備並待命下達「射擊口令」。

　　彭正雄發現一個奇怪的現象，共軍砲彈不打我方部隊陣地，而是飛越小金門我砲陣地上方，落在小金門南方的海灘海面上。顯然共軍只是想示威一下，只有少數意外砲彈會落在小金門陸地，也都落在無人地帶，很明顯是不想打傷或打死人！這是很奇怪的戰爭！甚至可以進一步質

問，這算是「戰爭」嗎？

到了六月十八日早上，共軍停止砲擊。彭正雄利用白天從碉堡觀測孔用望遠鏡看出去，發現共軍竟然直接將火砲從掩體拉出，在海灘上放列一字排開。為何會有這種大膽舉動？彭正雄猜想有兩個原因。第一是從一九五八年「八二三砲戰」以來，金門國軍挨砲從不還擊，以避免升高兩岸戰爭。所以共軍以為這次猛烈砲擊，國軍砲兵也不會還擊，就大膽把火炮放列在開闊的海灘地帶，想對國軍展示他們的武器和士氣。第二個原因，可能是當初他們砲陣地原已計算打小金門陸地上，這次要更遠打到小金門南方海灘海面上，砲位就得臨時向前推移，放列到海灘上，才可以讓砲彈落在海灘海面的無人地帶，達到不打死（傷）人的目的。

到六月十七日日夜，共軍又對小金門展開猛烈砲擊十萬多發砲彈，六月十九日這回我砲兵連指揮所很快接到師部（33）的射擊命令，所有劃定我單位的射擊目標點，這位彭計算士老早計算並準備好，下達全連射擊口令，也猛烈對共軍展開砲擊。當然依上級命令，也只打在對岸無人地帶，以示「禮尚往來」，共軍見我方還擊，很快又將火砲撤回陣地內。後來聽說這場砲兵戰役，光是小金門和大二膽，國軍打了三萬多發砲彈給共軍當「還禮」。

按彭正雄所述，小金門當時另有二四〇公厘榴彈砲和一五五公厘榴彈砲之砲兵單位，但只有彭正雄單位的一〇五公厘榴彈砲單位受命還擊。開砲時也都打在無人地帶，為什麼雙方都這樣打仗？只有兩個原因可以解釋，一是都不想升高戰爭規模，二是大家都是同胞，都不忍心對自己同胞下重手，打死打傷都不願意吧！

《全球防衛雜誌軍事家》，382 期，2016.06，頁 107-108。

國防部、立法院對「六一九砲戰」
參戰者說明和處理

　　歷史總是讓人難以預料，有些古老往事又「從天上掉下來」。戰後半個多世紀，當年參戰官兵很多已移民西方極樂世界，尚未移民者都是公祖級老人家。藍綠大鬥法過程中，竟又將「六一九砲戰」搬上舞台，極少數尚在人間的參戰者成為媒體注目的焦點人物，國防部和立法院被迫針對問題處理，各黨派政治人物緊抓這個機會表演，以謀取最大政治利益。

　　二〇一六年（民國一〇五年）元月七日，國防部首先表示，已在本月五日，修頒「金門馬祖民防自衛隊及其他關係國家安全重要戰役

金門 619 砲戰反共有功　臺立法照顧參戰人員

國防部人次室人事勤務處處長董培倫上校 4 月 12 日表示，民國 49（1960）年共軍對金門地區實施砲擊，金門駐軍徹底壓制共軍砲火；國防部已啟動辦理身分核認作業，這些人可依法提出申請享有榮民就醫、就養等國家照顧。（國防部發言人臉書）

更新：2016-04-13 2:35 AM【大紀元 2016 年 04 月 12 日訊】中華民國立法院日前修法，將首參加過金門 619 砲戰的官兵和金門、馬祖民防自衛隊員，視為榮民照顧。國防部 4 月 12 日表示，民國 49（1960）年共軍對金門地區實施砲擊，金門駐軍徹底壓制共軍砲火；國防部已啟動辦理身分核認作業，這些人可依法提出申請享有榮民就醫、就養等國家照顧。

榮民是中華民國對退伍軍人的尊稱，國防部 4 月 12 日舉行例行記者會，國防部人次室人事勤務處處長董培倫上校表示，民國 49 年 6 月 17 至 19 日，共軍對金門地區實施砲擊，我金門駐軍英勇作戰，積極奮力反擊，徹底壓制該砲火，使共軍不敢輕越雷池一步。

董培倫說，該戰役名稱為「金門 619 砲戰」，當時不僅鞏固廈、澎、金、馬之安全，並確保後續臺海和平，屬臺海保衛戰之範圍，國防部已核認該砲戰為關係國家安全重要戰役。

他說，為感佩「金門 619 砲戰」參戰官兵、參戰自衛隊員，於戰役期間積極參戰、保衛臺灣安全之犧牲奉獻精神，應給予適切、合理照顧，是以「國軍退除役官兵輔導條例」第二條文將其納入政府服務照顧對象。

董培倫表示，申請對象包括金門 619 砲戰期間（49 年 6 月 17 至 19 日），直接參加作戰之退除役官兵，及曾於作戰區直接參加作戰之金馬自衛隊員（年滿 16 歲至 50 歲之男子，及 16 歲至 35 歲之女子）。他說，國防部估計當年的參戰官兵約有 1,500 人，目前有 14 人提出申請；金馬自衛隊員則有 800 多人，有 559 人審認為榮民。

彭正雄：
陸軍步兵新竹訓練中心 49.01.09 入伍　第 204 梯次
陸軍砲兵訓練中心 49.03（台南三分子）第二梯次
小金門戰地電兵計算士(49.05.01-51.01.12)
33 師埔光砲兵連　陣地小金門司令部山獅下
兵籍天 271824？

參戰核認作業規定」，將民國四十九年參加「六一九砲戰」人員，依該規定，向戶籍所在地鄉鎮公所提出申請，彙交國防部查認核定。由於年代久遠，很多文件、證據可能早已不在，加上有不少已是西方「先行者」。因此，查認作業是有不少難度，直到同年四月十二日的報紙有了肯定的訊息報導。立法院表示已經修法，將曾參加過金門六一九砲戰的官兵、金門和馬祖民防自衛隊員，依法確認為「榮民」身份。同日，國防部亦舉行記者會，人次室人事勤務處處長董培倫上校表示，民國四十九年六月十七至十九日，共軍對金門地區實施砲擊，我金門駐軍英勇作戰，積極奮力反擊，徹底制壓共軍砲火，使共軍不敢輕越雷池一步，確保台海地區安全。

按董上校說，該場戰役正名為「金門六一九砲戰」，當時不僅鞏固台、澎、金、馬之安全，並確保後續台海和平，屬台海保衛戰之範圍，國防部已核認該砲戰為關係國家安全重要戰役；為感佩「金門六一九砲戰」參戰官兵、金馬自衛隊員，於戰役期間參戰者，應給予適切、合理照顧。依「國軍退除役官兵輔導條例」第二條規定，將其納入政府照顧對象。

此項申請對象，包括「金門六一九砲戰」期間（民國四十九年六月十七至十九日），直接參加作戰之退除役官兵，及金馬自衛隊員（年滿十六至五十歲之男子，及十六至三十五歲之女子）。國防部估計當年參戰官兵約一千五百人，已有十四人提出申請，金馬自衛隊員有八百多人，已有五百五十九人審認為榮民。

報　告

主旨：敬請查核彭正雄昔日參加〔619金門砲戰〕33師埔光部隊砲兵連
　　　計算士兵籍資料，並煩賜覆，確認本人為〔榮民〕身份為禱。

說明：

一、2016年4月12日立法院修法：略以〔將曾參加金門619砲戰官兵，
　　視為榮民照顧〕。

二、同年4月12日國防部人事參謀次長室人事勤務處處長董培倫上
　　校表示：國防部已啟動辦理身份核認作業，這些人可依法提出申
　　請享有榮民就醫、就養等國家照顧。

三、當時本人彭正雄服役資料
　　49.1.9.入伍(204梯次)分發陸軍步兵新竹訓練中心。
　　49.3月分發陸軍砲兵訓練中心(第二梯次)砲兵專業受訓(台南三分子)。
　　49.5.～51.1.12.在33師埔光部隊砲兵連任計算士，駐紮小金門
　　　司部山腰下，當時師長兼小金門司令為郝柏村將軍。

四、本人參加619金門砲戰服役資料及軍籍證件，年代已久，均無保
　　存，煩請代為查核賜覆，俾確認本人具備〔榮民〕身份。

五、彭正雄：
　　身份證字號：A100126760
　　戶　　　籍：台北市中正區南福里24鄰羅斯福路一段38號9樓
　　電　　　話：02-2351-1028
　　E - M a i l： lapen@ms74.hinet.net
　　通　信　處：台北市羅斯福路一段72巷4號

謹呈

國防部作戰參謀本部人事參謀次長室

彭　正　雄　謹呈

民國105年6月6日

　　同年八月十八日，國防部經過兩個月的查證，終於核覆，
彭正雄從這天起正式具備「榮民」身份。這是國家給有功於國
家的一種「尊榮」，實際上也享有就醫就養等各種利益。而其

精神意義上的最高價值，我以為正是一種「戰役認證」，因為兩年充員兵是不具備榮民資年格的，唯「金門六一九砲戰」參戰者得享殊榮。這是他對國家民族的貢獻，更是我人生的最高意義和價值。

　　我在小金門參戰、退伍後，經過漫長的五十年後得享殊榮。我深感一個人的事業不論多麼成功！有多大的財富！若無對國家、民族、社會做出一點貢獻，人生的意義和價值是極大的減損。而這種對國家民族社會的貢獻，我在人生的起步階段（或起步前），竟已「功德圓滿」的完成。

　　戰後，我要對國家、民族和社會，獻上另一種層次更高的貢獻「文化」。是一名文化戰士、文化出版人，這裡沒有砲聲轟隆，也還是一種戰場！

民國 49 年砲兵訓練中心

民國49年4月17日於砲兵訓練中心受訓 8 週，結訓時攝於台南三分子營區之 105 榴彈砲前。民國 49 年 619 砲戰彭正雄任計算士以此 105 榴彈砲，指令砲擊對岸。

民國 49 年服役小金門

右圖：民國四十九年七月三十日攝於小金門文康中心。與 33 師砲兵連兩位長官

及戰友謝忠正合影留念。

左圖：33 師砲兵連觀測班班長劉玉祥先生。在小金門軍營承蒙劉班長關心愛護。民國 51 年回防在彰化田中埔尾。元月十四日退伍劉班長贈與照片留念。並賜嘉言：「忍耐才是您真正事業成功的要訣，望共勉之」。

附：新詩三首

有子魚　　彭正雄

與詩三老①
談詩說藝論人生
左抓右抓②
小酌福賓有子魚
一魚三吃③
享受快活如神仙　　　2018
①三老張默、碧果、羅門三位大師。
②活魚自己抓。
③福賓，餐廳名，於羅斯福路二段。

耕耘

一生與書為伍，今朝白髮吟唱，
往來文人雅士，案前編印史集。
堅持耕織文學，扛起歷史使命，
經年傳承發揚，優美中華文化。

憶充員

憶民國四十九充員兵，年少不知天下事，
台南三份子砲兵特訓，苦練五十又六日。
打狗旗津等船何處去，越南金門兩匆忙，
九百小時後入料羅灣，方知金門戰區到。
小金門唯屬我砲兵連，水井取水水如蜜，
火頭軍伕兄弟輪流幹，人人學做大饅頭。
美國總統艾森豪訪台，昔日共黨啟戰端，
六一九烈嶼砲打廈門，一心只想保家園。
猶記數趟往返小金門，烈嶼營齊心一力，
立法院經半世紀立法，準榮民千五百位，
時任指揮士親歷砲戰，申報僅僅數十位。
友朋說吾乃勇氣可嘉，白髮蒼蒼赤子心，
晚來適時得榮民之光，寫詩追憶望疆場。

民國 105 年獲得榮民後一些函件

書　函

地　　址：100-74 台北市羅斯福路
　　　　　一段 72 巷 4 號 1 樓
聯 絡 人：彭 正 雄
電　　話：02-2351-1028
行動電話：0919-985-915
電子信箱：lapen@ms74.hinet.net

受文者：退輔會臺北市榮民服務處
發文日期：中華民國 107 年 08 月 31 日
發文字號：彭正雄 1070831 號
附　　件：如文

主旨：檢覆 107 年 08 月 28 日「退輔會臺北市榮民服務處：北
　　　市榮服字第 1070012109 號函」相關 619 砲彈史料紀實
　　　陳述，請查照。
說明：依據①《榮光雙周刊》編輯群 08.07 便函附資料：第 1
　　　項《傳記文學雜誌》、第 2 項《劉安祺先生訪問紀錄》
　　　並未有記載 619 砲戰 240 砲打了 4 千餘發；②貴處 08.28
　　　函確認榮光雙周刊無誤。　敦請國防史政編譯局查證。

敬提疑議。

附件：①維基百科資料，

②軍砲金防部編制表彭正雄製表及敘述說明。

③小金門六一九砲戰親歷記。

正本：退輔會臺北市榮民服務處

副本：郝將軍柏村、榮光雙周刊

回覆榮光雙周刊來函

據榮光雙周刊來函內容：資料 1.2.項並未有記載 240 砲打了 4 千餘發，是不太可能的；3.4.項為最近文資，可信？（附(一)維基百科資料(二)軍砲金防部編制表）

①我是民國 49 年 1 月 9 日步兵受訓 8 周，復又於 3 月台南三分子砲兵專業受訓 8 周，操作 105 榴彈砲及計算士，在高雄等了近一個月待分發金門或越南，而分發小金門。

②適 619 砲戰我職務是計算士，也是彈藥班長的助理登記砲彈批數(因彈藥班長不識字，33 師老兵特多，一個連充員才15 位)。

　　③大陸 617、619 大砲是拖到海邊射擊的，飛過小金門落在南方海域，打了 17 萬發砲彈，死亡方 7 人，他們是無心要傷我軍民。

　　④我軍 619 上午反擊，標定對岸的海岸線以及人煙稀少地區開砲，表示對共軍砲擊「禮尚往來」的意思，同時也對共軍展現一下國軍砲兵實力。**可請益 619 小金門砲戰郝司令。**我在碉堡用望眼鏡遙視大陸大砲，於沿海海邊急忙拖回碉堡。

　　　（附《全球防衛雜誌》382 期，頁 107-108，〔本書頁306-308〕。）

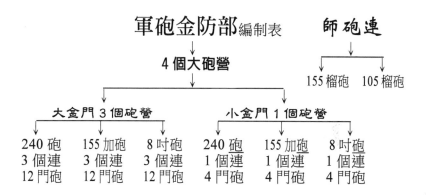

　　大小金門 240 砲共 16 門砲，據 240 砲資料顯示最快 2 分鐘打 1 發砲彈，1 小時不過總數打 480 發砲彈，而且打了數發砲彈後還要清洗砲膛。

　　240 榴彈砲:搬運一發砲彈砲重 160 公斤、上膛、射擊等射擊動作指令，每發不止 2 分鐘，怎麼打了 4 千餘發砲彈。

　　1950 年代末美國贈我國 240 榴彈砲 30 門，全部 30 門射擊開砲，每門 30 發（1 小時）不過總數為 900 發砲彈，何來 4 千餘發砲彈；105 榴彈砲 155 加砲 105 榴彈砲加在一齊，應有打 4 千餘發砲彈。請研究研究。

　　　　　　　　　　　　　　彭正雄謹上　　107.08.31

M1 式 240 公厘榴彈砲（英語：240 mm howitzer M1），暱稱「**黑龍**」（英語：Black Dragon），是一種曾在美國陸軍服役的榴彈砲。M1 式 240 公厘榴彈砲是設計用來取代於美軍在第一次世界大戰期間服役且已過時的M1918 式 240 公厘榴彈砲，M1918 式於 1911 年由法國設計。美軍自 1934 年起開發新型 240 公厘榴彈砲，原型在 1940 年 4 月完成，美國原計劃於1941 年起淘汰 M1918，但實際上火炮製式化量產要到 1943 年 5月才頒布。240 公厘榴彈砲是美國於第二次世界大戰期間所使用過最具威力的火砲，可將 **360 磅（160 公斤）**的高爆彈發射至 25,225 碼（23 公里）之外。除了將戰艦艦砲改裝成的列車砲與岸防砲外，這是美國陸軍在第二次世界大戰期間所擁有的射程最遠的火砲，這種火砲是野戰砲兵用來摧毀像是齊格菲防線等加強防禦的據點。它被設計成可與長射程的M1 8 吋砲共用運輸工具與砲架。

目前，240 公厘榴彈砲仍在中華民國陸軍中服役，主要部署於金門及馬祖前線的加強碉堡內。

服役[編輯]

M1 式 240 公厘榴彈砲非常適合用來摧毀加固的目標，像是重型水泥防禦工事；但是分離運輸狀態的 240 榴彈砲要完成組裝標準需要 8 小時，這也限制了本型武器在運作上的靈活度。第二次世界大戰歐洲戰場首度運用它的場合是 1944 年 1月美國第 5 軍團登陸義大利安濟奧灘頭後，在 1944 年 4 月起以 8 吋加農砲執行反砲擊任務，雖然 8 吋加農砲精度不夠好，但是可以對付小至德軍坦克大至德軍據點，大致來說相當優秀。而 240 榴彈砲在義大利戰場也顯示其擁有相當高的價值，因為它可用來在長距離外摧毀重要的橋樑。陸軍軍械軍官於義

大利攻防戰中記載著 240 公厘榴彈砲有著「破壞性的威力以及不可置信的精確度」。在卡西諾戰役期間，M1 被用來摧毀早已被空襲破壞的修道院，也有能力反制德軍的K5 列車砲。在義大利戰區，也有少量的 240 公厘榴彈砲被服役於英國陸軍第8 軍團。 儘管最初 M1 笨重而龐大的身軀使其移動能力受到質疑，但由於優異的火力支援能力，1944 年時第五軍團指揮官稱240 公厘榴彈砲為「最令人滿意的武器」。後來，240 公厘榴彈砲隨於諾曼第登陸的盟軍部隊繼續參與西線戰事，並以優秀的火力消滅強化工事目標。

　　240 公厘榴彈砲也被用於太平洋戰爭，尤其是馬尼拉戰役，但不像歐洲戰場，太平洋戰地僅有少數目標需要如此重型的火力才能被摧毀。第二次世界大戰後，240 公厘榴彈砲繼續在美國陸軍中服役，稍後並參與了韓戰。它一直服役於美軍，直到 1950 年代庫存彈藥耗盡為止。

　　在韓戰期間，12 門 240 公厘榴彈砲向前線射擊庫存備用彈，用以摧毀由中共人民志願軍建立，且無法以小口徑火砲摧毀的深度掩體及防禦工事。1953 年 5 月 1 日，第 213 及第 159野戰砲兵展開行動，第一輪射擊由第 213 野戰砲兵執行，由野戰砲兵空中觀察員指引，對代號為「甜甜圈」的山頭目標進行射擊。第一輪射擊原本只是觀測射擊，但卻直接命中了位在"甜甜圈"的彈藥庫並導致了連鎖反應，把山頂的一部分給炸掉。[1]

　　在 1950 年代晚期，大約三十門 M1 被轉贈予中華民國，並被布署在金門及馬祖列島上。這些 M1 被置於軌道上，使其可以輕易地被布署在野外並對目標射擊，當需要時可在射擊完畢後拖曳至可承受 500 磅砲彈直接命中的加強掩體內。

性能諸元[編輯]

倍徑比:34 倍

口徑:240MM

膛線:64 條等齊右旋

射角:15 至 65 度(266.5 至 1157 密位)

方向轉動界:共 45 度(左右各 400 密位)

射程:23100 公尺

射速:最大:1 發/分，持續:1 發/2 分

操作人員:25 人

放列時間:30-360 分鐘

砲身程式:M2A1

最大初速:700 公尺/秒

膛線長:654.523 公分

砲管壽命:2400 發

砲身諸元:長:31 呎 9 吋　寬:118 吋　高:128.25 吋

火砲重量:21645.8 公斤

砲身重量:7593 公斤

離地高度:0.356 公尺

來源：維基百科

創業甘苦談：走過烽火邊緣的
文化人彭正雄

口述：彭正雄・記錄：陳巍杉

因為歷史的巧合，讓我成為榮民的一份子，這個機緣來自於繼「八二三」之後，另一場關係國家安全的臺海砲戰。

民國四十九年我以臺籍充員兵身分，於

彭正雄（中）和太太（右）及女兒（左）是人生與事業夥伴。（記者林建榮攝影）

新竹第二步兵訓練中心受訓兩個月，結訓後又分發台南三分子砲兵訓練中心第二梯次專業受訓八週，再分發小金門服役。在第三十三師的砲兵連擔任下士計算士。才到一個多月就遇上「六一七、六一九砲戰」，適逢美國總統艾森豪訪臺，六月十

七日晚間共軍開始砲擊，砲彈大多落到小金門南邊海灘或海面，示威但不傷人意圖明顯。隔天我利用望遠鏡觀察時，發現共軍火砲在海灘一字排開的異狀，當時我判斷應是一方面展示武力，一方面更動射擊目標，臨時移動砲位。六月十九日上午共軍再次砲擊，這次本單位奉令以一〇五公厘榴彈砲還擊於廈門海灘，表示對共軍「禮尚往來」。後來我曾查閱相關歷史資料，得知當時除小金門之外，大金門等前線也曾動用各型火砲積極反擊（當時重砲不多）。

我因為參與此一重大戰役，在民國一〇五年時依法取得榮民身分；但也因身歷其役，造成聽力受損等後遺症，至今仍無法完全康復，雖為了保家衛國卻也留下了自己光榮印記。

服役期間，我為了省下每個月四十元的薪水，動了一下腦筋。例如當地一碗麵大約五元，偶爾想打牙祭，也捨不得花費；而我發現一整包麵條僅約三元，因此建議同袍五、六位買來自炊，配上豬肉罐頭和自種青蔬，一大鍋吃得不亦樂乎，所需費用大夥輪流出划算許多（時白米欠缺，較容易餓，夜間需要打牙祭）。諸如此類的小技巧及購買同袍儲蓄券中獎金，讓我退伍時竟存下八百多元。在軍中開始養成的勤儉習慣，也在日後創業過程中發揮很大的正面效用。

退伍後不久，我就到學生書局上班，那時可是沒有怨言的「朝九晚九」；工作了一段時間，老闆曾給我取得大學學歷的機會，而且只須晚間上課，但我考量到書局營運可能受影響而作罷。苦幹實幹看似篤鈍，但累積的經驗對創業很有助益，因為業務內容廣泛，編輯、校對、印刷、會計、發行等十八般武藝樣樣接觸，甚至我還「進駐」曾國藩嫡系曾孫、國策顧問曾

約農府上數個月，專事整理數十箱的「湘鄉曾氏文獻」，因而發現遺失近百年的曾國藩日記，所缺兩年日記名曰《縣縣穆穆室日記》。在我接觸這些歷代經典時，一股對傳承大中華文化的使命感油然而生。

民國六十年臺灣退出聯合國，社會瀰漫著不安，我將危機視為轉機，從書局離職，並創立「文史哲出版社」。我的創業目標以出版中國歷代文史哲經典，相較國際政治瞬息萬變，而大中華文化的傳承與宣揚才是永久的，這正是我的使命所在。

因為出版文史哲相關學術書籍，所以我必須常到「中央圖書館」（現今國家圖書館）研讀古籍資料、比較版本差異，也常向相關學者請益，只是投入時間多，反映在營收上面卻不是那麼顯著，多數都是在磨劍練功。因為這塊市場較冷僻，所以我不分書籍製作的難易，只要對文化傳承有幫助，不計盈虧全盤接收，憑著這股傻勁以及勤勞工作與對著作出版品的完美主義，完成每一本書的出版發行。

萬事起頭難，所以我必須竭盡所能，在不影響書籍品質下，節約成本。例如我曾在進行文字學書籍出版計畫時，常因印刷時找不到鉛字而影響流程，我靈機一動買了好幾套《大漢和辭典》，遇到上述狀況時，就剪貼書中文字運用（當時 A4 影印一張 8 元台幣），直到現在，我的手上功夫還是很好。

手工雖有溫度，仍無法阻止數位時代的來臨，我從十五年前起自學電腦，現在產品的電腦排版，我也不假手他人，又能省下一筆支出。不過一個人有時還是忙不過來，我的創業夥伴是太太和女兒，她們和我一起度過創業低潮，很幸福的是，她們仍是我現在最好的「同事」！

　　民國六十八年我們出版了《應用文》一書，光是第一年就超過一萬本銷量，這是一個重要的里程碑，這本代表作歷三十年而不衰，估計已經銷量破百萬冊。開始有了暢銷書後，我慢慢建立一套「用暢銷書，來養銷量小的長銷書即學術、專業書籍」的經營模式，目前出版近三千種各式文史哲書籍，除獲利穩健成長，更重要的是我更有餘裕，繼續大步向自己的創業初衷：「傳承中華文化精髓、推進兩岸出版交流」的使命持續前進。

　　晚年我才加入榮民行列，雖非大公司的老闆，分享我創業心得，凡是腳踏實地，寧可小本經營，也不要到處借貸，或是花錢在誇大不實的投資上。另外，如果能夠找到相關領域，做為經營標的，對創業者而言更能事半功倍。

　　── 刊《榮光雙周刊》，2018.10.17，榮民園地 6 版

伍、附　錄

附錄一

臺灣出版界的奇人俠士
— 記不平凡的臺灣人彭正雄

無名氏〈卜乃夫〉撰

　　照說，只有政界、軍界、大企業界，才會出現奇人、俠士。出版界只是企業界的一種文化點綴，一件小擺設，那談得上有什麼奇人、俠士，像王永慶、張忠謀雖不能稱俠士，卻稱得上企業界的奇人。臺灣出版業那裡會冒出王永慶這號人物！

　　中國出版業倒真出過奇人，他就是王雲五。他經營的商務印書館，是廿世紀中國文化重要保母之一。王公幾乎未進過學校，全靠自學，卻能通讀《大英百科全書》。後來他入閣任財政部長、行政院副院長。中文大學校長金耀基說他應是內閣總理之才，但王雲五這棵文化巨樹，只能生長在一千一百多萬平方公里的大陸，四萬多平方公里的臺灣，出不了這種巨樹。

　　此文論奇人、俠士，不想涉及偉人或大名人，易言之，不欲指量的奇俠，而是專指質的奇俠。比如說，你前後喝過一桶大海水了，算嘗過「海」味，但你只喝過一小酒杯大海水，也算得上嘗過海味了，這是以質類比。

　　出版業也是商業，是做生意。俗話說：「賠錢的生意沒人做。」在出版家，則是賠錢的書不出版。彭正雄所以可稱奇人，因為有時他竟敢反叛上述出版商的清規戒律，賠錢的書他也肯出版，只要是好書。

　　隨便舉個例子。幾年前紀弦從美國來臺，帶了一本雜文集《千金之旅》，有廿幾萬字，想出版，儘管他是鼎鼎大名，卻無出版社肯接受此書。因為它無甚特色，也算不上好書，肯定銷不好。此書找到彭正雄，後者一口答應，使他喜不自勝。彭明知此書是賠錢書，但念及紀弦是當年臺灣現代詩點火者，文學史少不了他，坊間卻無一本專書提供他的史料。未來史家及研究者必感困難。他印此書，多少可解決一點困難。像他這種為文化、文學研究者設想的出版家，臺灣恐無第二人，可謂既奇又俠。

　　再正式舉幾例。前些年，某出版社想請人編臺灣現代詩名家的評論專集，首先印了李瑞騰編的《詩魔的蛻變》，是許多評論名詩人洛夫的論文彙編。但書上市後銷路甚不佳，出版商立刻打退堂鼓，預約好編寫的另外幾本名家評論彙編，決定不再出版。大概彭正雄在出版界也有些「奇」名，他們便找彭，

彭又是滿口答應，前後印了蕭蕭編的《詩儒的創造》（評瘂弦），《詩癡的刻痕》（評張默），《人文風景鐫刻者》（評葉維廉）這三種書，每種全有數十萬字，出版費自是不貲。雖三位詩人買了一些書，出版社還是賠了點錢，雖然所賠有限。但更大的耗費卻是人力。印此三書，所耗一定人工，形同義工，無分文報酬。彭的看法是，這三位詩人全是現代詩名家，作品流傳青史，未來海峽兩岸現代詩讀者、教授、研究學者，必視此三書為瑰寶，因為這以前尚無人出版過這些書。他能出這種好書，自感喜悅。

他對現代的詩盡力最多的是印了羅門廿餘本書，多為詩集，還有研討會上評論他的一些論文，甚至他的特殊作品《燈屋》也出版。他說，羅門是他近四十年老友，他重視這份友誼，更看重羅門被選為臺灣十大名詩人之一。在友誼加學術的天秤上，金錢的力量應是較輕的。

說穿了，這是他對臺灣新詩界的俠情流露。

關於賠錢出好書，例子還有不少，限於篇幅，我不再提了。

早在廿九年前，各大學的博士、碩士寫好研究論文，即使自費，許多出版社也不願替他們印。彭正雄知道後，總說：「拿來，文史哲願替你出。」這時學校只肯付四千元論文助印費，彭正雄並不計較，寧願再賠些錢，予以出版，學生取走一定的書，其餘歸文史哲。直至目前為止，這廿九年中，彭正雄印了三、四百種博士、碩士論文，即使他們有些人已開始出名，經濟較寬，付費較多，他仍給予一些照顧。像龔鵬程、黃永武這些知名學者，早年博士論文悉由文史哲印。龔鵬程寫《四十自述》時，還提到此事，對彭表示謝意。

除了博士、碩士論文外，臺灣有些學者願意自費印著作或全集，包括一些非知名學者的文人，全找彭正雄幫忙，因為總善予照顧，定費較低廉，印刷也較精美，校對更較認真，像名

教授方祖燊，雖在文史哲出版過十種書以上，但他的《方祖燊全集》，仍願自費請文史哲出版，因為他們全敬重彭的敬業，無一般商人俗氣，最難得是，他有俠氣。

大約他的俠氣、奇氣已名播四方，許多學者、名人全想請他出書。他似乎已變成有求必應的彌勒佛了。

人們可能覺得這是一個平常人，他既不是財主沈萬山，憑什麼能堅持願意賠錢出好書，我試提出下列幾點來解釋。

（一）常和他接觸的友人，一定會覺得，他真是個奇人。三、四年前，他居然徹底學拿破崙，每天只睡五小時，有時還不到一小時。這二、三年（今年也已六十三歲了（2001）），經我們不斷苦勸，健康第一，他才開始睡六小時。那許多年，每日他工作十六小時，一個人生龍活虎抵得上兩人，這樣業務自然做得又深又透，也省了一些成本。

（二）卅年來，他共印了一五○○種書，倉庫現存的尚有一二○○種，每年印四十種左右，每月三種半。近十年來，每年約出書七十種左右。據我所知，大陸有些相當大的出版社，每年只出一百種書，人員卻有百人之多。（註）在臺灣每年如印四十種書，人手也得七、八位，但文史哲卻只有三名幹員，彭與妻子、女兒。這樣少的人，印這麼多的書，在中國恐怕要入「金氏紀錄」了，如果中國有「金氏紀錄」。

（三）像文史哲這樣大的出版社，一般總有社長、總編輯、美工、會計、校對、發行、送貨、雜工，但這許多職務，彭一個人包下，他幾乎變成魔術化身的人物。我每見他騎著摩托車，把一大包又一大包新書送往書店，不僅佩服他經營的智慧，更欣賞他的含辛茹苦的大禹精神。正因為他能身兼數職，自然又省下一些開銷。我們這些朋友見他太辛苦，都勸他多用一個人。他說，多用一個人，每月總要支付二、三萬元，一年下來，要幾十萬，有這筆錢，我又可多出一些書了。

　　（四）上面這段話，倒揭穿了他的靈魂秘密。為什麼他這樣愛印書、印好書？十幾年前，某大報報導他的事蹟，標題「**癡心一片，執著一人。**」他對書確是一片癡心，他告訴我：「每次出一本新書，捧在手裡，我真是歡喜。」也難怪，人類所以能從野獸進步為文明人、文化人，全靠書嘛，古人貼這樣小標語：「敬惜字紙！」也是這個意思。印書既是彭的幸福，也是他活潑生命力的源泉，這一門專業，他當然做得很出色了。只要想想，印書如此之多的大出版社，辦公室卻小得可憐，只有卅坪左右，又是在一個小巷子裡。他這種苦幹精神，真如孔子讚顏回，說他「居陋巷，人不堪其憂，回也不改其樂。」

　　（五）努力節約成本只是「節流」，還得「開源」才能賺點錢。一九七九年出版的張仁青撰《應用文》，一直暢銷到今天。此書一年的利潤就可以助彭一年印十本左右的書，有的書被學校選為教材，也銷得不錯。同樣重要的是：他出的那些文史哲古籍學術專著，由於具有一定價值，早獲得口碑，在國內外也爭取到不少固定的客戶，因而獲得一些利潤。不過，談到這些古籍，此事就須從頭說起。

　　彭原是新竹市人，週歲就遷居臺北。他的學歷並不高，畢業於高級商校，相當於高中水平。可是，他在著名的學生書局工作近十年，卻學得一身本事，更重要的是，因為他為人極誠懇，器度寬宏，又喜助人為樂，便在各方面建立很好的人脈關係。當初他開業辦「文史哲出版社」，由於故宮博物院領導及友好教授支持，再加影印、印刷兩方面的友人協助，他赤手空拳，白手起家，便出版了一套「明版善本影印」的書，不只贏得國內、美國、日本學術界的重視，此後繼印的古籍學術專作，也吸引他們漸成為固定客戶。

　　到現在為止，他出版的學術專著，最重要的是「文史哲學集成」多種，其次是「文史哲學術叢刊」、「臺灣近百年研究

叢刊」、「南洋研究史料叢刊」、「藝術叢刊」等多種。像「南洋研究史料叢刊」這種專著,其他出版社絕不會印,但他認為,南洋華僑有數百萬,他們當中總有些人要閱讀,甚至研究此書。又如他目前不斷印《中日外交論文集》,日本及各國國際外交學者也要看此書。早年他陸續影印殷商篆刻等史料,中國及日本許多篆刻家(包括藝術家)也視為珍寶。有一回,我在他社裡見到古本明代《李卓吾文集》,他笑說:「這些明代影印本早賣光了,剩下這一兩本也保不住了。」可見真有價值的書,總不愁沒人讀的。

彭從事文史哲出版並不容易,首先他自己要懂得古籍。為此,前後他師事過臺大教授吳相湘,又多次請教毛子水、鄭騫、高明大師及嚴靈峰、戴君仁、夏德儀、昌彼得、林尹等教授,這些學者全願指導,他這才能馳騁古籍,通版本學及其他基礎學問。在名師傳授、薰陶下,他自己也學識豐富,業有專長了。他主辦過《文史哲雜誌》,也寫過論文〈臺灣地區古籍整理及其貢獻〉等數篇。他不只是出版家,也是學者。當然,最大的貢獻是他創辦臺灣最重要的文史哲古籍出版機構,而且以花甲之年,仍為文化、出版理想奉獻心力。

今年八月一日是文史哲成立卅週年,我們一些文友特舉辦小小餐會,慶祝彭正雄先生的事業成功,並對他的道德、智慧、堅強的意志表示敬意。

大家希望我寫一篇蕪文,介紹正雄先生事跡,匆匆草成,尚乞方家指正。

註:這些出版社編輯雖多,但大半是掛名,
　　不一定做實際工作。

—— 刊《青年日報》13 版,2001.08.28-29。

附錄二

只取這一瓢飲
─ 文史哲出版社的故事

徐 開 塵

　　以家庭手工業的方式經營出版，彭正雄選擇的卻是文、史、哲學這條冷門且專業的路。即使時代變了，出版生態也不同於以往，他只取這一瓢飲，而不改其志。

撰者徐開塵

　　彭正雄七十歲，曾任學生書局編輯、文史哲雜誌季刊總編輯。民國 60 年創辦文史哲出版社，擔任發行人兼社長。編著有：《歷代賢母事略》、《臺灣地區古籍整理及其貢獻》等書文。亦曾於海內外學術研討會中發表古籍研究及整理的論文。

　　臺北市羅斯福路上人車川流，但轉進巷子裡，城市的喧囂也被隔離在外。寧靜的巷道，自成一個天地。位於羅斯福路一段小巷內的文史哲出版社，36 年來安居於城市一隅，自得其

樂。守在這裡，也守著文、史、哲學類學術著作的出版領域，就像在臺灣圖書出版市場裡一直屬於非主流類型，卻默默累積出可觀的成果。

「文史哲」始終維持出版社與門市二合一的經營模式。塞滿一屋子的自家出版品，標示著一路走來的軌跡；後面狹窄空間擺放三張桌子，就是出版社的辦公室了。

「文史哲」社長彭正雄指著其中一張方桌說：「這還是當初買的桌子，到今天仍然是我的編輯檯，也是一家人的餐桌。」多年來，彭正雄和妻子、女兒三人共同撐起文史哲出版社。到訪的那天下午，聊到近黃昏時，彭太太已經在後面廚房裡又洗又切，開始準備晚餐；大女兒彭雅雲忙著接電話，每有讀者上門，她動作俐落的幫忙找書，提供諮詢服務。在這裡，依然可以看到早年臺灣出版「家庭手工業時代」的典型樣貌。

歪打正著投身出版

以家庭手工業的方式經營出版，彭正雄選擇的卻是文、史、哲學這條冷門且專業的路。即使時代變了，出版生態也不同於以往，他只取這一瓢飲，而不改其志。彭正雄形容自己投身出版業是「歪打正著」。民國 51 年，他退伍後，進入「學生書局」工作。高職畢業的他，初入行時，對出版一無所知，不免左顧右盼尋找其他可能。有一天，他向老闆請了一小時假，騎著腳踏車偷偷去參加日立電器公司的徵才考試（為時三小時），結果試算表還來不及再核對，十五分鐘就急忙交卷，又趕回去上班。沒想到後來接到錄取通知，被分派到臺中工作。

可是父母反對他離家太遠，只好放棄這個機會，繼續留在學生書局。當時學生書局給他的月薪只有 650 元，日立提供的待遇已有 1000 元以上。他說，捨高薪而就出版，其實是發現自己對出版業產生了興趣。

學生書局以出版古籍、經典和學術著作為主，彭正雄從店員做起，然後是業務、會計、編輯等工作，幾乎他都做過。由於人少事多，身兼數職更是常有的事。那個時期，因為工作的關係，他日日環繞古籍經典，邊做邊學，開始閱讀和研究古籍，整理目錄版本。他曾受教於臺大教授吳相湘，並經常向毛子水、鄭騫、高明、嚴靈峰、戴君仁、夏德儀、昌彼得、林尹等知名學者請益，深受啟發；尤其是對宋元明清善本書，特別感興趣。

他在學生書局一待九年六個月，在古籍研究的專業，以及版本學和其他基礎學問上，扎下根基。如同在少林練功期滿，彭正雄覺得自己了解如何經營出版社，也懂得古籍整理印製的需求，他決定「出山」。

隻身創立文史哲

民國 60 年 7 月他離開學生書局。8 月 1 日，中華民國退出聯合國的重要時刻，創立了「文史哲出版社」。那個年代登記設立出版社的門檻是新臺幣 9 萬元。彭正雄離開學生書局時，老東家給了他一批約 5 萬元定價的書，作為離職金。

他把這些書以 6 折賣給美國亞洲協會臺灣分會，所得新臺幣 3 萬元，加上朋友的資助，才湊齊了創業基金，開始自己的

事業。循著原本熟悉的出版領域，他將自己的出版社定調為文、史、哲學論著總集成，連名字都不用費心多想，直接叫做「文史哲」，讓人一目了然。

　　創業之初，由於財力不足，他只能選擇低成本的書，例如影印明版善本書，出版了「中國文史哲叢刊」，接續又影印殷商篆刻等藝術史料。後來，故宮副院長莊嚴推薦他出版英文版《Chinese Painting》（中國繪畫史），學會計的他，竟忙中有錯，估錯了成本，精裝 7 冊才售價 1200 元，一時間藝術學系教授、學生和故宮研究人員都爭相訂購。為守信經一個月後趕緊調回 1800 元，半年內就收回成本。但後來增印的 300 套書，到現在還未售完。

　　早年印行古籍為主的出版社，還有學生書局、文海出版社、藝文印書館等，別看這是小眾專業領域，仍然競爭激烈。彭正雄刻意避開老東家往來的大學圖書館，靠著以前建立的人脈，找到國立中央圖書館、臺灣師範大學等客源，讓「文史哲」的營運穩定下來。他說，當年出版古籍利潤不錯，「一本精裝書賺的錢，可以買 3 斤豬肉呢！」

　　不過，學術典籍畢竟是專業書籍，一般的銷量十分有限，一版印刷 300 冊到 1000 冊不等，反應好的，五年、十年可以再刷。真正讓他嘗到「暢銷」滋味的，是 1979 年出版張仁青編著的《應用文》。這本書被許多大學院校選為教材，年年再刷，已成為「文史哲」的招牌書，至今已銷售五、六十萬冊。彭正雄說：「我的出版社前 15 年都是靠《應用文》養的，每年帶來的利潤，可以養 10 本專業書，15 年就讓我多出版了 150本書。」

只問價值不問銷量

　　翻開「文史哲」的書目,「文史哲學集成」、「文史哲學術叢刊」、「臺灣近百年研究叢刊」、「現代文學研究叢刊」、「藝術叢刊」、「南洋研究史料叢刊」等,洋洋灑灑排滿了一大張、兩大頁。其實「文史哲」自成立至今,出版了 2500 多種書,有 700 餘種已絕版,其餘 1800 種仍在流通。環顧一屋子的書籍,彭正雄嘴角揚起淡淡笑容,在文、史、哲學領域能照顧到的類別或面向,他都不偏廢,理所當然的將這些智慧財視為資產,而非負擔。

　　他選書出書不太問價格、銷量,在意的是價值。溫和、不計較的個性與行事風格,使他在文、史、哲學學術界頗得人緣,主動上門找他出書的人,自然也不在少數。作家無名氏生前曾撰寫〈臺灣出版界的奇人俠士〉一文,記述多年好友彭正雄。文中提到,有一年詩人紀弦自美返臺,帶來一本 20 餘萬字的雜文集《千金之旅》,期望在臺出版,卻沒有出版社願意合作。彭正雄念及紀弦是臺灣現代詩先驅,在文學史上的地位無庸置疑,明知這書必然賠錢,還是一口答應出版,理由是應該要有一本紀弦的書留給未來史家和研究者參考。

　　曾經有一出版社計畫推出多本臺灣現代詩名家評論集,才印行了李瑞騰編的《詩魔的蛻變》,即因銷路不佳,打了退堂鼓,讓其餘幾本專書難以為繼。後來,彭正雄得知此事,立即同意由「文史哲」出版蕭蕭所編,分別評論瘂弦、張默和葉維廉的三本專書《詩儒的創造》、《詩癡的刻痕》和《人文風景鐫

刻者》。

不僅如此,「文史哲」也出版了許多個人詩集和作家全集,例如羅門、方祖燊、無名氏、童真等。其中詩壇怪傑羅門的作品,幾乎都由彭正雄出版。他景仰羅門的才情,主動徵詢合作的可能,兩人因書結緣,相交數十年,羅門的詩集、論文集、視覺藝術評論到著名的《燈屋》等二十餘種著作,都收錄在「羅門創作大系」中。

代印論文,維繫學界互動

「文史哲」還有一重要業務項目,在出版界傳出口碑,那就是「代印」博士和碩士論文,以及教授的升等論文。以前,博、碩士研究生的論文即使自行付費,也少有出版社願代印出版,因為這些論文不具市場性,人力和時間的投資,完全不敷成本。然而彭正雄在學生書局工作時,已開始接觸這項業務,「文史哲」也自民國 61 年起提供此服務,繼續維繫與學界互動的關係。

最先找上他的是黃永武教授。那個年代,連影印機都不算普及,影印一頁就要新臺幣 8 元,黃永武的博士論文共一千多頁,需印 30 份,還分上、下冊,由於量大、費用太高,才找上彭正雄幫忙。彭正雄採用照相打字方式處理,3 天就完成。高效率的服務,贏得口碑,前來求助的人也陸續增加,二、三個月內就接了三、五十部論文,每部印製 50 到 100 冊,成為文史哲重要收入之一。

從此每年四月到六月,研究生交論文、口試等旺季,印製

論文就變成「文史哲」的重點工作。後來他變成了「救火隊」，每有學者急著交論文，或趕著提出升等申請，都會找他幫忙。一般來說，「文史哲」收取數千元的助印費用，博、碩士生取得一定數量論文，其餘的才交由出版社展售。

日本岩波書店的出版精神，在強調業者提供好書，讀者總會回報以感激的心。彭正雄開啟代印碩、博士論文的服務，正是受到日本岩波書店的影響。他深信今日名不見經傳的學者，他日可能成為學界大家，因此抱持傳播知識與新思維的想法，陸續推出「文史哲學集成」、「文史哲學術叢刊」、「文學叢刊」等書系。像黃永武、龔鵬程等眾多知名學者的博士論文都名列其中。龔鵬程在《四十自述》一書中頁 203：

> 「……在寫論文時，黃錦鋐老師適在日本訪問，我寫完即付印，沒敢拿給他看。怕他要我修改，延遲了我想兩年畢業的打算（當時所中規定無須讀三年）。故騙他曾寄去日本，說可能郵路遺失了。黃老師知我妄誕，一笑置之，仍讓我提交口考。由於論文寫好後沒請老師替我斧削裁正，我送去文史哲出版社請彭正雄老闆刊印時，他便發現我的格式體例並不符合現代學術論文的規範，才指導我修改調整。當時我很覺得不好意思，也很感激他。且知市井多高手，各出版社老闆其實都不簡單，我們學院中人不能自以為是，時時虛心向各行各業人士討教，是很重要的」。

還特別對他表達謝意。「文史哲」迄今收錄了數百種博、碩士論文。此外，國內舉辦的學術研討會，經常匯聚海內外學界菁英，熱鬧登場三兩日，如煙火一陣，過後即逝。有鑑於此，

彭正雄也將學者在會中發表的論文，納入出版計畫，為諸多學術研討會留下重要的紀錄。到目前為止，「文史哲」出版的學術研討會論文集和祝壽論文集，已多達 100 種，包括：《魏晉南北朝文學與思想學術研討會論文集》、《唐代文化研討會論文集》、《慶祝藍乾章教授七秩榮慶論文集》、《慶祝蘇雪林教授九秩晉五華誕學術研討會論文暨詩文集》、《日本福岡大學《文心雕龍》國際學術研討會論文集》等。

這些學術專書可說是「出一本，賠一本」，別家出版社避之唯恐不及，但彭正雄不以為意，他語氣堅定地說：「這些書若不能出版，文化就無法傳承。為了一份文化使命感，別人不出，我出。」多年來，「文史哲」因此累積了豐富的書目，很多學者也與他建立深厚情誼。

國立臺北大學古典文獻學研究所教授王國良 31 年前為了印製碩士論文，結識彭正雄，長年來幾乎所有學術論著都交由「文史哲」出版。王國良表示，正因為彭正雄的「願意」，使他的論著得以流傳海內外，1987 年兩岸剛開放交流，他去大陸開會，當地多位學者都表示已讀過他的書，令他相當驚訝，對彭正雄一直心存感激。

多年來「文史哲」也將這些學術著作行銷日、韓、香港等地，是臺灣學術研究成果推向海外的重要管道。在王國良心中，「文史哲」的影響力，一點不亞於商務印書館等大出版機構。一個出版社的價值，由此得以印證。

雖然業務廣及海內外，彭正雄依然是社長、總編輯、美工、校對、發行等工作，總攬一身。以前是騎著腳踏車到處送貨，後來改為摩托車，就這樣從年少到白頭，歲月流轉，也不怨不

悔。別人勸他多用個人，他說，每月省下幾萬元，一年下來又可以多出一些書了。直到四年前，他才雇用一個外務，接下繁重的送貨工作。

老作家的黃昏摯友

在文化學術圈內，彭正雄律己甚嚴，寬以待人，是出了名的。尤其多位作家晚年無依無靠，都由他來照料，甚至送別人生最後一程。誠屬難能可貴。

知名作家無名氏來臺時，新聞炒熱一陣，復歸平淡，後來婚姻出現問題，乏人照料，詩人王牌和彭正雄聽聞此事，趕到無名氏在淡水的住家附近，無名氏匆忙整理了書籍文物，把他送到木柵安頓下來。從那以後，彭正雄經常去探視無名氏，天南地北地話家常，且為老作家張羅生活起居，偶爾也接他到家裡作客，互動頻繁，成為黃昏摯友。

彭正雄中學時就非常喜愛無名氏的代表作《北極風情畫》和《塔裡的女人》等，更珍惜這段因緣。後來兩人閒談中，才得知這些名著已不再流通，他徵得作家同意，將無名氏著作 14 冊，重新出版上市。

2002 年 10 月 11 日無名氏病逝，彭正雄不但忙裡忙外為他安排後事，並主動與當時臺北市文化局局長龍應台爭取舉辦「無名氏學術研討會」。兩年後，他又為無名氏策畫舉行了一場在國軍英雄館追思會。

曾被誤認為匪諜而遭監禁的 50 年代重要作家馮馮，生平曲折離奇，充滿神秘色彩。早年以百萬字小說《微曦四部曲》，

轟動一時；後來長居加拿大、夏威夷等地。馮馮晚年返臺治病，苦於巨著《霧航》全三冊寫到政治問題，無人願意出版，請託唐潤鈿接洽後賴碧玉拿給彭正雄。彭以身為「二二八受難家屬」的同理心，點頭同意，讓馮馮最後遺作能夠問世。

去年底，馮馮再度入院，彭正雄經常前往陪伴。病榻前，馮馮將自己的後事、文物史料和藏書，都要託付給彭正雄。馮馮今年 4 月 18 日離世，彭正雄與慈濟人在 5 月也為他合辦了一場追思音樂會暨告別式。

只要讀者需要，會一直做下去

有人說彭正雄行事做人就是一股傻勁，他自己則認為「以誠待人」，是為人的本分，只要生活過得去，出版社能勉強維持，人生不必計較太多。

他的身教言教，也影響了自己的子女。深受家庭環境影響，而從事學術研究和教學的彭雅玲說，父親執著學術典籍的出版，多少源於成長環境難以自由吸收知識的遺憾，因此當他有能力、可選擇時，義無反顧地投入這個領域，是一種內在補償。

另一個角度來看，從知識荒蕪的年代，到追求商業利潤的出版市場，學術書籍的生存空間十分有限，彭雅玲卻看到父親在學術推廣上的努力不懈，獲得各方肯定，也感佩於心。她說，專注於出版事業，是父親生存的方式，與外界溝通的語言，「文化出版是他的第二生命」。

這幾年，大陸簡化字學術書籍大量進口，書種多、價格低

廉，搶佔了不少市場；就連印製博、碩士論文集，都有新技術取而代之，出版愈來愈難為。已屆七十的彭正雄，難免倦勤，偶有退意，只是每次一本好書到手，他又開始生起鬥志，忙裡忙外，他說，數十年來全心力投入，很難割捨了，只要能動，只要有讀者需要這些書，他會一直做下去。

— 刊於 2007 年七月《文訊》雜誌 261 期

— 《台灣人文出版社 30 家》，2008.12《文訊》出版

附錄三

走過歲月

── 臺灣文史哲出版社掠影

林　明　理

慷慨多氣　風雅的儒者

　　我想寫下我所感覺到的，以最真
實的方式報導出位於臺北市羅斯福
路一段 72 巷口、一棟貌不顯眼的出
版社，其主人彭正雄是如何用自己
簡樸的一生，締造出古籍叢書的殿
堂，以及對各家藝文等論著的終極
關懷，試圖找到一個平凡但足以令
人動容的圖騰。

撰者林明理

　　彭正雄是位名符其實的「書的墨
客」。他說過，「每次出一本新書，捧在手裡，我真是歡喜。」
而每本書出版的背後，他總能引述一段故事。彭生於新竹市，
周歲就遷居臺北。雖然學歷並不高，在他一生最困苦的年代，

嫻雅的妻子及巧慧的女兒，成了精神上豐富的源泉；他總是擁有超人般的毅力、夜以繼日地勤奮工作，加上他的樂天知命，在學生書局任職十年後，竟已學得了經營出版業的本事。

彭正雄以做「古籍整理的代言人」為己任，於忙碌中找到了深化自己藝術人生的基點。他為人慷慨多氣，人脈廣闊、與業界關係和諧；也常抽空請益於吳相湘、毛子水、鄭騫、嚴靈峰、戴君仁、林尹等教授，汲取有關古籍文獻等學識，群稱其才。曾主辦過《文史哲雜誌》、也寫過論文〈臺灣地區古典詩詞出版品的回顧與展望〉等數篇，對文獻有造詣深厚的見地；也融入了他多年來的研究心得和文獻學教學中的思考，體系完整，內容平實，可讀性高，既是文獻學教學的補充書籍，也是理論研究的一部佳作。他長期深耕於臺灣的藝文界，是風雅的儒者，也是中華民國圖書出版事業協會常務理事、中國詩歌藝術學會常務理事、中華民國新詩學會常務理事、中國文藝協會理事、臺北市中庸實踐學會理事長。

回顧與展望

回顧民國六十年八月一日退出聯合國的那一天開創「文史哲出版社」，在這惡劣時候，由於故宮博物院主管及多位教授學者的支持，再加影印、印刷兩方面的友人協助，彭正雄似乎具備了十八般武藝，不僅在印製古籍學術專著，深獲海內外各界肯定，其中尤以「文史哲學集成」六百多種、「文史哲學術叢刊」、「臺灣近百年研究叢刊」、「南洋研究史料叢刊」、「藝術叢刊」、「現代文學研究叢刊」等，猶如聚寶盆般的書庫，總是

讓觀摩者目不暇給。雖然受大環境普遍景氣不佳等因素，有些
叢刊本身賣相並不討好，但身為出版家，同時也是文化學者的
彭正雄依然注入了自己對古籍及學術的獨特感和精神執著，也
是為了讓人們更易於研究其思想義理和學術意義。他的溫雅個
性、真樸而沉潛深厚。早年他曾陸續影印殷商篆刻等史料，頗
受中外篆刻家好評。

　　印象所及，比如幫紀弦、羅門等名詩人大力出書，充分展
現出偉大的經營者須有擁抱社會的襟懷，而不是只想當一般汲
汲營營的書商。這 40 年來，至少有數百種博碩士論文，他為
了照顧優秀學生出版的急需，彭正雄寧願自己賠錢，仍予以協
助出版。像龔鵬程、黃永武這些知名學者，早年博士論文悉由
文史哲助印。民國八十五年獲得中國文藝協會文藝獎章，又加
強投入新文藝的工作，處處可見，他積極的參與藝文界公益，
俠骨柔腸，使一起並肩工作的家人與有榮焉。

　　一路走來，文史哲約印了 2600 餘種書，藏書萬冊，網絡
及電子書衝擊下，迄今每年仍出書六十多種，惠及數十萬群
眾。令人折服的是，彭正雄夫婦與女兒的同心，在寸土是金的
市區，雖只有 30 坪左右的空間，但滿室書香，雖辛苦也具有
溫馨與最平常的快樂。對彭來說，出版書即是他人生的意義，
也存有甜美的果實。比如 1979 年出版的張仁青撰《應用文》，
獲得暢銷，有的書也被學校選為教材；也有些古籍學術專著，
極具歷史價值的意涵。他已 73 歲，但仍創造屬於自己生命的
意義，當他回憶起過去的歲月及處世的方法時，更有不少值得
借鑒之處。

彭正雄：對臺灣地區古籍整理及貢獻

　　其實，古籍整理出版工作，是一項文化建設的好傳統。我以為，彭正雄最大的貢獻是他創辦臺灣最重要的文史哲古典古籍出版社，儼然成為臺灣古籍文化傳播的主陣地。彭社長在這方面的實踐與成果是非常豐富的，現在雖有古籍的電子化、網絡化方式，但很顯然，透過出版文獻學名著的介紹，邏輯聯繫將更為密切，學術脈絡也較為清晰，實具歷史性意義。古籍圖書是兩岸圖書交流的主要項目，前年廈門外圖出口臺灣的古典文史及古籍圖書高達 500 多萬元人民幣。目前大陸在古典文史圖書的出版、發行上有資源，而臺灣仍有古典文史圖書市場，未來如何加強兩岸史料研究合作，使以古籍為代表的中華傳統文化在世界圖書之林占有一席之地，實為未來出版業交流的重要議題。

　　記得 2009 年 4 月底，第十九屆圖書博覽會在山東濟南舉行，彭社長獨身自任，代表文史哲出版社到大陸參加書博會。之前，彭正雄也曾在 2005 年 8 月 1 日於廈門鷺江賓館參加中國傳統文化圖書出版發行研討會，來自臺灣的 13 家出版社及知名書店代表、15 家大陸古聯會成員參加了會議，發表〈臺灣地區古籍整理及其貢獻〉乙文，獲得與會出版人及大陸媒體肯定。就兩岸古籍出版社聯合會中提出的有關古籍的出版觀點中，彭提出核心是優勢互補，具體地說，就是將古籍方面的圖書簡單化，要加以注釋或譯成白話文，易識易讀，以適應現代快節奏社會的需要。同時，要多譯成"英文版"。這樣才能在西方國家大面積發行，外國人才能瞭解中華民族傳統文化。在

這一點上，與上海辭書出版社社長彭偉國說，古籍要生存和繼續發展，就要不斷修煉"內功"，在注重學術性、專業性的同時，也要與市場結合，特別是和通俗類讀物的出版上科學細分市場。堅持品牌戰略、合理定價，重視包裝，做到表裏如一。基本上，他們倆的理念是一致的。然而，如何加強古籍出版規劃的科學性、系統性，形成脈絡清晰的古籍整理出版體系？其中，最重要的是，建立一個由"國家"層級主導的古籍整理精品出版工程機制，方能定期整理出版一批具有文化傳承價值，體現中華優秀文化傳統的精品力作；同時，古籍經典與普及性的出版工作，著力於內容生產上的創新力度。總之，今年八月一日即是文史哲成立 40 周年之際，彭社長對於擴大文史哲研究領域、填補研究空白實具有重要性的生存意義。

然而，當今臺灣館藏古籍最多的是"國家圖書館"、臺灣大學，其他圖書館因經費及管理上人力困難仍無力經營；凡此瓶頸，彭正雄一家人仍秉持不棄不離崗位，默默為古籍整理而付出，不斷加強和改進新時期古籍整理出版工作，且更努力朝著心中的理想前進。我們可以預見，憑著文史哲對古籍整理的負責態度，今後亦將繼續在實踐中不斷擴大其影響，使之成爲受到各階層歡迎的一部學術外博雅的研究殿堂，也成為學者進入古籍研究的入門鑰匙。

2011.4.23　　AM9：10

──《全國新書資訊月刊》2011 年 8 月，第 152 期。

　　作者林明理，1961 年生，臺灣省雲林縣人，法學碩士，曾任臺灣省立屏東師範大學講師，現為詩人兼評論家，"中華民國新詩學會理事"。近作 2010《新詩的意象與內涵-當代詩家作品賞析》臺北市

文津出版。2011.5.1《藝術與自然的融合-當代詩文評論集》由臺北市文史哲出版。近作常發表於海峽兩岸文學院學報、臺灣《全國新書資訊月刊》、《創世紀》詩雜誌、《文訊》、《笠》、《文學臺灣》、《乾坤》、《秋水》、《人間福報》、《亞特蘭大新聞》、《Poems of the World 》等刊物。山東省作協主辦刊物《新世紀文學選刊》2009 年封面插畫一年。

附錄四

彭正雄：《歷代賢母事略》

林　明　理

　　《歷代賢母事略》的編纂，為臺灣文史哲出版社負責人彭正雄〈註〉於 1991 年 10 月初版的作品，參閱許多相關文獻的基礎上所寫成，是為考證中國歷代賢母生平行誼之重要參考資料。其所著錄人物，賢母之選擇取捨，則多從史料上出發，具有時代跨度長之優，上起數千年前帝王或賢哲〈含唐虞時代、夏、商、周、秦、漢、三國、晉、南北朝、隋、唐、五代、宋、元、明朝〉，下迄清朝人民國的名士。收錄人物數量之多，共計 212 人；所包含形式，則有記、述、傳、略、事、叙等諸種文體；文字紀錄中，提及母教的內容，則各具參考價值，留下的史獻也十分豐富，是迄今為止臺灣該領域的拓荒之作。

　　根據彭正雄大量地方誌文獻所得，這類帶有傳奇色彩的賢

母故事，其真確性有多大，也許不得而知。但書中收錄了賢母的許多精微警闢之論，確是舉世無雙的；她們多為通曉大義之人且克盡婦職。本書的宗旨在於彰顯母教是儒家文化非常重視的部份，也可以說，賢母的重責大任，尤其在啟蒙、督誡、訓勉等課子之事上，其子女的行為模式無形中也會延續母親教育的影子。自古以來，忠與孝本是相輔相成，對母親盡孝，自然而然地，也會對君主盡忠。身為一朝之官或學人，應關愛其子民，並竭盡所能善待百姓。中國有多少為國捐軀或誓死不易志的人物，皆是由賢母教養而成的典型代表。

而本書對歷史的貢獻有以下幾個方面：

首先，中國是個歷史悠遠、史學傳統發達的古國。在歷史的航程中，所產生並流傳至今的賢母事略撰著，是中華民族鑒古知今的文化資源。這些史料雖是由歷史人物及歷史事件的記述而構成，其間所產生的故事，自然不是歷代官方組織編纂的「正史」所能窮盡。但是，本書所研究的人物，是我所見到的中國人對於賢母事略的最好記錄。相對於「正史」中所記載人物列傳，以及其他文獻中包含的歷代賢母人物；本書的編纂，史料價值頗高，是對於歷代史傳以外賢母傳記史料的大規模輯集成果。

其次，歷代賢母之名，來源甚早，除了屢見於史籍，漸成為人物傳記之專名外，常多引用人物別傳或史料詳贍。本書不僅為研究中國歷史提供了寶貴的史料，而且其編輯宗旨，對於啟迪智慧與教育性，也有一定的參考價值。彭正雄畢生致力於出版與研讀典籍，欲以史家之筆，鎔冶個人親自整理評述歷代賢母事略，發為著述，以垂久遠，從而豐富了自我的生命。

再次，鑒於時代愈近則史料流存較多，但如這一系列史料不僅把中國歷代最具代表性的賢母文獻薈萃於書，而且以易讀性的文字冠以各賢母事略，並附注解記於篇後，數載辛苦，終

於寫成，彙集上百篇傳記於一書，讓四方讀者，便於閱讀與汲取學養。在歷史上，這些賢母均佔有相當重要的地位，她們之中，有的不僅能炊織養育，有的精通文藝，有的是文史才女或國母，有的是知情達禮、通大義者，她們多為不謀私利，嚴於律己，寬厚待人之女子。本書介紹中國史上絕無僅有的二百十二位賢母，她們在每一個不同的時空中，充分發揮了賢母的智慧，並以身教言教，作出了極具影響力的言行，教化賢君或名士。而作者持以求古探史的熱忱，博覽女史群書，並從歷代賢母豐采的寫照中，經認真遴選編排，前後花費多年時間，將中國史上出類拔萃的女性作一整理，撮要介紹其事略，期使讀者進一步瞭解歷代賢母的故事和貢獻。最後，本書對於總體價值與歷史意義作出說明。第一、總體說來，編纂規模大的特點。所載人物，既有歷代名人如王公貴族、達官顯宦、忠臣義士、文人學子等。各種傳記的賢母事略，均經認真考訂而著錄。第二、賢母事略，有的故事動輒攸關一國命脈之興衰；她們在教育上，為培養一國的棟樑默默貢獻了畢生的心血。作者善用生動描述，深入淺出地講解，寫得引人入勝而能牢牢地印入讀者的腦海之中，目不暇接，大擴胸襟，收到極好的教育效果。第三、最重要的是，透過這些賢母循循善誘，誨人不倦的實踐證明，而成為後人學習的典範。特別是文辭優美，寓意深長，也達到了文學思考的啟發性。

　　註：彭正雄，臺灣新竹市人，周歲就遷居臺北，今年74歲。在學生書局任職十多年後，自營文史哲出版社逾40年來，以做「古籍整理的代言人」為己任。現為中華民國圖書出版事業協會常務理事、中國詩歌藝術學會常務理事、中華民國新詩學會常務理事、中國文藝協會理事、臺北市中庸實踐學會理事長。

　　—— 刊登廣東廣州《信息時報》，2012.11.25C3版

附錄五

前進復前進
── 悠悠涉長道的彭正雄

紅袖藏雲

氣度是才情的容器，堅忍是成功的利器。一個重視文化、完全不計較代價，待人以寬宏，薰人以和氣，長期深耕文字，奮勉付出的「文史哲」出版社，亦即《華文現代詩》刊的發行人彭正雄，正是胸襟廣曠、氣度宏偉的典型人物。

歷練，靠用心學習

出生於新竹，父親是 228 事件的受難者，羈押 227 天，雙腳幾成殘廢，羈押期面會幸逢國術師告知藥洗處方，釋放後得以康復。商職期間半工半讀與父親協助工作，民國 51 年退役後隨即「學生書局」工作為了家計。由於工作勤勞得到老闆也是總經理劉國瑞的賞識，復又總經理馮愛群想介紹彭正雄推薦到「淡江」大學讀書。盡忠的彭正雄堅持不要，還告訴老闆：

「學生書局目前人手及財力不足，我一人當三人用。假使去唸，老闆的負擔加重，而且會影響書局的存亡。」彭正雄堅持己念。為了解先人留下的資料文獻，經常到中央圖書館翻閱古籍，藉由古籍了解到書的版本演繹史及老祖宗的智慧。於民國104年10月30日應邀淡江大學中文系博士班授課「書的版本演繹史」。

發現曾文正公遺漏的日記

民國54年，那時受台大教授吳相湘指引，學生書局出版了八本《湘鄉曾氏文獻》。彭正雄花了半年時間，在幾十箱「湘鄉曾氏八本堂」藏書，整理《湘鄉曾氏文獻》文稿裡，好不容易找到失落近百年曾國藩《曾文正公全集》的兩年文稿。赫然發現日記當中缺了兩年的資料，竟在一疊比手機還小的《綿綿穆穆之室》日記手稿本兩小冊，層層疊疊裹包著。原來湘軍作戰時間的兩年，曾文正公將日記寫在隨身攜帶的小冊子裡。「我國策顧問曾約農家找到遺缺文獻，曾公非常高興，總以為我是師大畢業。」彭正雄笑著說。曾約農完全不知道彭正雄靠自己摸索及認真學習。

信心所至，無所不能

民國60年8月1日，台灣退出聯合國當日，許多人擔心政局，好似逃難似的，舉家遷往海外。彭正雄卻執意選在當天，

成立「文史哲出版社」。當時本省人開立出版社困難重重，必須經過警備總部嚴格審核。60年代正值威權時代，彭正雄遠離近代史，朝向古典文學和古代歷史。「在學生書局，民國51年2月17日由基礎學起。我累積了許多出版知識與編輯經驗。有的甚至論文過不了關，我幫忙改個書名或改個字，也就過關。」彭正雄舉例說：「20多年前，台中師專陳某太太出了一本《台語音韻學研究》送到教育部，一個月被打回來。她來找我，我一看書名根本不對。所謂台語是菲律賓的土著語，將它改成《臺灣閩南語音韻學研究》，馬上過關。」

得到殊榮

位於羅斯福路一段巷弄，文史哲出版社隱身其中。包羅萬象的書，并然有序的陳列在書架上。民國80年，出版的種類由古籍開始向現代文學延伸。85年，彭正雄獲得難能可貴的「中國文藝獎章」。「那時文藝獎審查非常嚴格，必須有人推薦。理事會理事有27位，必須18位通過，倘若三分之二沒過，獎項從缺。」彭正雄喝口咖啡繼續說：「理事都是國民黨大老，要不就是中國資深作家。」作夢也沒想到的獎項，會落在非新文學領域的彭正雄身上，這項鼓勵從此使彭正雄更邁開大步向前走。

樂趣盡在其中

以工作為樂趣的彭正雄，40多年來，在只有三個成員工作的出版社，出了2800多種書籍。二、三十年前出版品必須用手

工剪貼，書要如期出版，經常徹夜不眠的彭正雄，因用眼過度，50 歲提早老花和白內障。為了對文化傳承及文字的熱愛，彭正雄花了 12 萬做人工智慧水晶體。由於編輯詩刊非常傷眼，因此恢復較慢。但是想到能為文壇服務，彭正雄一點都不覺得累。

重視文化生根

出過目錄學，重視先人留下的智慧文化，不計較成本付出的彭正雄，經常幫助文化人發行刊物。經濟不景氣當前，文壇國寶紀弦被三家出版社拒絕出版《千金之旅》乙書，彭正雄完全不計較成本鼎力協助。彭正雄說：「紀弦 92 歲中風，我幫紀弦出版詩集《年方九十》先以數位印刷 20 本應急，並且用航空寄到美國給他。聽說他從那天下午收到看到凌晨，看完精神好了大半。」

全民來寫詩、看詩

基於強化人文精神，鼓勵全民以詩文飄揚各角落，讓文字脈脈相承、生生不息，彭正雄不計成本的創辦了多元化的《華文現代詩》刊。並且強調，只要投稿被刊登，永遠都會收到出版社發行的詩刊。

生命是充實的。在彭正雄身上，看到、也嗅到。

—— 《有荷文學雜誌》第 22 期，高雄：大憨蓮文化工作室，2016 年 12 月 20 日，頁 39-41。

附錄六

出版俠士：《華文現代詩》發行人 彭正雄先生

顏　曉　曉

　　清晨微風徐徐，晨曦露出微笑。青山綠水正在召喚我這個都市土包子，準備前往那羅文學林，展開青蛙石詩路之旅。

　　遊覽車上坐滿熱愛文學的詩友們，摯友邱各容老師自然名列其中。忙著跟平日在臉書上神交已久的詩友們打招呼話家常，每個人臉上掛滿笑容，遊覽車裡盡是一片歡喜雀躍的鏡頭。

　　驚喜的是坐在我旁邊居然是仰慕已久的文壇前輩，素有出版達人稱號的彭正雄老師。白皙的皮膚俊美的五官，外

撰者顏曉曉

表溫文儒雅，說話更是謙和有禮，不禁讓我想到明馮夢龍《醒世恆言》：「生的丰姿瀟灑，氣宇軒昂，飄飄有出塵之表。」

我忍不住誇獎：「實在看不出您八十歲了，帥哥一名。」彭老師轉過頭微笑看著我：「老了，這幾年皺紋變多了。」他一面把耳朵貼近我，一面跟我說抱歉，這兩年他的耳力大不如前，所以必須仔細聽我說話。

我跟彭老師結緣於《華文現代詩》，這是他一手創辦，為新詩打造的文學雜誌。而我很榮幸的常常有作品在華文發表，所以聽到我的名字，即便這是我們第一次見面，也彷彿認識許久。

不同於其他詩刊，彭老師創辦的《華文現代詩》，所需經費皆由他個人承擔，而排版跟印刷更是他旗下的文史哲出版社一手包辦。他告訴我他們並不特別注重名家，是提供新人投稿園地，因此祇要作品達到水準，就有機會刊登其中，而目的是希望能夠拔擢更多的新人，讓新詩能夠遍地開花。

這不禁讓我想到另一位兩岸三地知名的作家寒川老師以及專注於兒童文學史料研究的邱各容老師都跟我說過同樣的話。他們都是從新人一路過來，因為作品被刊登，所以才更有動力繼續耕耘這一條文學之路，如今他們在各自的領域已長成大樹，也願意無條件幫助我們這些小草成長茁壯。而這三位前輩共同的特質是「尊重前輩照顧新人，不求回報。」這樣的人格特質，著實讓我對他們倍加尊敬。

此時，彭老師從背包拿出原本要送給其他人的自傳書還親自簽名贈與我，他的筆跡剛勁有力，就如同他的人生雖然遭遇過許多風浪但是從來沒有因打擊而放棄。

　　作為 228 受難者，這是他人生第一個受到的挫折。尤其他的父親彭春福先生，在獄中受到刑求雙腳幾近殘廢，這在當時僅僅 9 歲的彭老師心中留下難以抹滅的傷痕。甚至因為父親的關係彭老師還因此被列入黑名單，服役期間就算工作態度甚佳，仍然被指導員列為丙等考績。退役後還不得參與公務員考試，甚至經營出版社還被警總搜查過兩次，種種的打擊，也曾經讓他憤憤不平十分難過。

　　但是他卻告訴我，這件事應讓它成為過去，他心中早已放下仇恨，因為這是時代的悲劇，況且受難者內地人比本地多。而他能夠放下怨恨，是源自於他的父親彭春福老先生教育子女要放下仇恨，努力奮發凡事不與人爭，吃虧總是佔便宜。「嚴以律己、寬以待人」的教誨，深深影響到他往後的人生。

　　父親身體痊癒後，生活終於可以步入正常，這段時間彭老師求學、服役、就業、結婚一切按部就班，雖然曾經遭遇過不公平對待，但對他而言這不過是小小的考驗。

　　退伍後他進入台北學生書局工作，會計編輯兼打雜，一個人身兼數職，每天工作 12 個小時，來養活一家三口。另一方面得知父親因為經商失敗欠下債務，為了分擔父親壓力，下了班他還去踩三輪車載客幫忙還債，一直到午夜三點。這樣過了一段時間，被蒙在鼓裡的父母發現後，怕他身體過度勞累，要求他停止這樣的兼差，為了還債他又想了其他辦法，利用下班時間用他的會計專長，幫其他公司作帳，就這樣日以繼夜工作，終於幫父親還清債務。

聽到這一段經歷，我忍不住為他鼓掌，因為外表文質彬
彬的彭老師居然如此刻苦耐勞，根本就是無敵鐵金剛化身，
練就了超強的毅力。他笑著告訴我，神情充滿愉悅，說很感
謝有這一段經歷，讓他日後不管遇到任何挫敗，都能夠很快
的站起來。在學生書局九年半練就一身編輯排版的功夫，再
加上敏銳的會計能力，深得老闆們賞識，日後當他決定出來
創業，同樣地得到許多人的祝福及幫助。

旅途雖然漫長，但是因為與彭老師閒話家常相談甚歡。
我就像隻小麻雀嘰嘰喳喳地問個不停，而他也不厭其煩回答
我所有的問題。

以一己之力及為數不多的資金，彭老師創立「文史哲出
版社」。這個家庭式出版社創造了出版業許多的奇蹟。從學
術專書古籍文史及現代文學、詩相關叢書，應有盡有，深獲
各界好評。值得一提的是，他在工作之餘還不忘時時助人。
過去許多各大學文史學系的碩博士論文，即使自費，多數出
版社仍不願意印行，因為沒有利潤，而彭老師卻不在意，主
動伸出援手，就算賠錢也會幫忙助印。因為這樣的義舉，讓
許多當時還是學生，如今已成解惑授業的老師們銘記於心，
甚或在其著作中提及此事，難怪已過世的大作家無名氏稱彭
老師的義助是難得的俠氣。

不僅如此，他也幫助許多作家出版乏人問津的專業書
籍，雖然明知道這樣會賠錢，但是傳承文化的使命刻不容緩，
他不做誰來做？因為肩負的使命感，讓他在出版業因此聲名
大噪，更有人稱呼他是俠客、奇人。而這些都是與他相識多
年的君子之交邱各容老師告訴我的。彭老師不僅僅是出版達

人，同時也是一位對古典詩詞及文獻有深厚造詣的文化出版家。

　　因為無私的付出與奉獻讓彭老師結識更多國內外文化界的好朋友，而他早在民國 77 年就積極推動兩岸文化出版交流，而獲頒許多獎項。令人感動的是，像知名反共作家無名氏（卜乃夫）先生因為家人不在身邊，他的身後事也是由彭老師協助辦理，親送相交多年的老朋友最後一程。

　　美麗的那羅櫻花文學林和青蛙石天空步道，是我生平第一次以詩人身份來到這裡欣賞美詩美景，欣賞原住民舞蹈以及泰雅風味餐。同行的除了兩位老師之外，還有許多前輩和詩友，因為有共同的興趣以及燃燒的熱情，讓我們不僅僅是前來遊玩，更是以詩會友，互相交流。

　　一路上與彭、邱二位老師論文學話家常，他們都是在文壇立足多年的資深前輩，也都各自在自己的領域擁有一片天空，雖然已是耄耋之年，卻依然堅守崗位永不言棄。

　　尤其是彭老師在歷經人生的許多波折，卻能夠一一克服，不怨天不尤人，即使在事業風發之時遭遇喪子之痛，悲痛之餘也從不失志。這位在朋友親人口中的工作狂，是俠客也是奇人，曾經一天工作時間多達 16 個小時長達多年，即使年逾八十，依然保有這樣的工作熱情，實在令人感佩。而他在事業有成之外，家庭也幸福美滿，子女個個卓然有成，與青梅竹馬一同長大的妻子韓游春女士，剛度過了結婚 60 年的鑽石婚，而這樣慈孝家庭也受到世界和平婦女會表揚。巷弄間簡樸的二十幾坪辦公室，與妻女合組的文史哲出版社，一個人工作效率抵上許多人，創造了出版業驚奇，雖然吃虧總

當作吃補，但彭老師總說：「每次出一本新書，捧在手裡，我真是歡喜。」

不計較得失，不計較名與利，對周邊認識的人總是予以寬容。彭老師的一生實在精彩，並非短短一篇文章所能夠敘述完畢。因為他的勤奮努力寬容以及才華，讓他的人生能夠由黑翻轉，同時也激勵許多人生不平順的年輕人見賢思齊。

整整一天的詩路之旅，就在依依不捨中道別，帶給我滿滿的文學正能量。回到台北已是萬家燈火，彭老師卻告訴我，他還要回辦公室繼續工作，因為他的工作一定要如期完成，這是他對別人也是對自己的承諾。

望著彭老師步履輕快的背影，絲毫感受不到他的年紀，他說他每天早上都會快速健走訓練自己的體能，這也是多年來他一直保有的習慣從不懈怠。

彭老師的人生好像一本寶藏書，值得我們後輩細細閱讀，從中學習領悟。此時，他的出版工作依舊持續進行，而剛屆滿五週年的《華文現代詩》更會因他及一羣熱愛新詩的編輯前輩們，繼續在詩壇發光發熱。

出版俠士：《華文現代詩》彭正雄

根植於貧瘠的土壤
驟雨侵襲少年的成長
父親教誨始終縈繞腦海
陋巷中生長，埋首書海

沉默地划向人生每一頁夢想
耕耘六十載文化出版領域
文史哲出版社，書本成巨塔
指引迷航作者，不間斷地創作
文字，在人生中放閃

不居功，累積人脈
付出與奉獻時刻在生活中播撒
漸枯的文化再次開出花瓣
堅毅的雙手，每一處青筋都是勇敢
不凡的滄桑，出版界奮起領航

妻女相伴書海，馴服倨傲的波瀾
夢想，在期盼中持續領航
八十歲的步履依然輕快
馳騁在現在、未來的《華文現代詩》
翻開，每一頁精采

　　── 刊《印華日報》，2019.06.27，印華文藝 A10 版。
　　── 刊《更生日報》，2019.10.31，更生副刊 7 版。

附錄七

祝賀母親期頤百歲華誕

蕭 人 儲

（前黎明文化事業公司經理）

撰者戎裝照

　　我是一個小平民，我有一位賢能偉大的母親。

　　我的母親沒有讀過書，對做人做事的道理懂得很多。民國卅八（1949）年我在父親為楷公及堂兄人傑（均已逝世）的鼓勵，投考第三編練司令部電信訓練班，離鄉背井，先到贛州通天岩受訓，後因國軍失利大環境隨之突變，隻身隨軍輾轉來臺，軍中生涯卅七年從二等兵、一等兵、上等兵、下士、中士、上士、准尉、少尉、中尉、上尉、少校、中校、上校退伍，由於母親當年的耳提面命的教導，使我在人生的坎坷旅途一路

走過。

　　母親姓羅名三秀生於民前九年三月十九日，當時家境雖是小康，因社會環境的保守在鄉村的女孩能讀書，除非詩書世家可說少之又少，母親雖然沒有入堂讀書，可是在傳統式的家庭對三從四德，相夫教子，尤其對敦親睦鄰，待人處世，教育子女非常嚴謹。記得我五、六歲的時候家鄉鬧土匪，有一天家裡突然來了幾個手持大刀的人，將我的右手右腳綁起來掛在大門口大刀架在我的脖子上，要脅我母親交出貳佰元銀圓，當時父親已逃跑到後山，母親因為是三寸金蓮未能及時帶我逃走；母親對土匪的兇惡不僅毫無懼色，更不理會他們的無理要脅需求，足見母親的膽識過人不輸給一般有知識的人。

　　歲次壬午（2002）年五月一日即農曆三月十九日，是我母親的期頤華誕，我偕拙荊蔡素蘭女士與彭正雄先生四月廿六日搭國泰航空公司班機，經香港轉乘大陸東方航空公司飛機至南昌，彭先生是文史哲出版社發行人亦是董事長兼總經理，他代表出版同心會成員（健新書局董事長亦是前臺北市出版公會總幹事陳礎堂、全華科技出版公司董事長陳本源、大興圖書公司董事長周法平、知音出版社社長何志韶、前臺北市出版公會總幹事吳端、躍昇文化事業公司總經理林蔚穎、大學出版社負責人王麗敏、自由青年作家吳孟樵小姐）至江西泰和我老家向我母親百歲生日拜壽；我們抵達南昌時江西省出版總局長梁凱峰先生親至機場接待。因彭先生第一次來到江西，第二天由梁凱峰先生與科技出版社沈火生社長等人陪同驅車至廬山九江遊玩，廿九日再由梁局長的座車載我們至井崗山遊玩。五月一日回到泰和蘇溪鎮家鄉，彭先生首先將一對金手鐲及壽聯等賀禮

致送給家母並將手鐲戴上我母親的雙手，然後參加舍侄正芬的婚禮喜宴；晚上在祠堂為我母親暖壽，以傳統式大禮行之；凡是我母親的晚輩都叩頭拜壽，典禮非常隆重，全村數百人觀禮，鞭炮聲、鑼鼓聲響徹雲霄好不熱鬧；當我們家族行過拜壽禮，彭正雄先生突然從群中跑到我母親前雙腿跪下行大禮，並致送他自己準備的人民幣壹仟元紅包；這次家母百歲還有泰和縣旅臺同鄉李宗傑、郭篤周、傅學桑、楊贊淦、王道隆、白志琴、劉學渠、王說堯、歐陽克沛、郭慶堅鄉長致送的「婆娑星朗耀」匾額和我在軍中的長官前空降特戰司令廖明哲中將親自書寫的壽軸一幅，令我畢生難忘，衷心感激。我亦要謝我的胞弟在我離開家鄉幾十年全靠他與賢侄們的照顧侍奉，人伍弟！謝謝您。

　　民國四十三年我在金門的時候看過《胡適四十自述》，胡適先生說：「我孤零零地一個小孩，所有的防身工具，只有一個慈母的愛」又說「在這廣漠的人海裡，獨自混了二十多年，沒有一個人管束我。如果我學得了一絲一毫的好脾氣，如果我學得了一點點待人接物的和氣，如果我能寬恕人，體諒人，我都得感謝我的慈母」。我在祝賀母親期頤百歲之餘，願借胡先生的話作為本篇的結語，亦是獻給的壽禮。

　　—— 《江西文獻》第 189 期，民國 91 年（2002）8 月